Friederike Bauer
Katrin Böhning-Gaese

Vom Verschwinden der Arten

Der Kampf um die Zukunft der Menschheit

Klett-Cotta

Klett-Cotta
www.klett-cotta.de
© 2023 by J. G. Cotta'sche Buchhandlung Nachfolger GmbH,
gegr. 1659, Stuttgart
Alle Rechte vorbehalten
Cover: © Rothfos & Gabler, Hamburg
unter Verwendung einer Abbildung von © Felix Fornoff
Gesetzt von C.H.Beck.Media.Solutions, Nördlingen
Gedruckt und gebunden von GGP Media GmbH, Pößneck
ISBN 978-3-608-98669-3
E-Book ISBN 978-3-608-12137-7

Bibliografische Information der Deutschen Nationalbibliothek
Die Deutsche Nationalbibliothek verzeichnet diese Publikation in der
Deutschen Nationalbibliografie; detaillierte bibliografische Daten
sind im Internet über http://dnb.d-nb.de abrufbar.

Für unsere Kinder
Johannes, Leo und Sebastian

Inhalt

11 Vorwort

15 Kapitel 1 – Am Wendepunkt der Erdgeschichte
Beispielloser Verlust der Artenvielfalt

Die Bedürfnisse des Menschen im Mittelpunkt (18) ·
Umweltbewusstsein wächst langsam (22) · Das Thema
aus der Nische holen (24)

27 Kapitel 2 – Das große Sterben
Eine schleichende Entwicklung

Eine Million Arten vom Aussterben bedroht (29) ·
Nicht nur Arten, auch Lebensräume (33) · Der Schwund
geschieht leise und unauffällig (37) · Krankheiten als
Folge des Naturverlusts (40) · Umweltprobleme als große
Risiken (42)

44 Kapitel 3 – Wozu die ganze Pracht?
Artenvielfalt ist unsere Lebensgrundlage

Die Leistungen der Natur (47) · Biodiversität als
Maschinenraum der Natur (51) · Sauerstoff produzieren,

Schadstoffe filtern, CO$_2$ speichern (54) · Quell der
Erholung und Inspiration (57) · Die Natur überlebt –
so oder so (59) · Das Arche-Noah-Prinzip funktioniert
nicht (64)

66 Kapitel 4 – Nein, es ist nicht Plastik
Die Landwirtschaft als größte Vernichterin von Biodiversität

Veränderung der Erdoberfläche (69) · Ausbeutung von
Tieren und Pflanzen (74) · Klimawandel, künftig ein
wichtiger Faktor (79) · Verschmutzung der Umwelt (84) ·
Invasive Arten – ein unterschätztes Problem (87) · Mehr
Menschen verbrauchen mehr (91) · Technischer Fort-
schritt genügt nicht (92)

95 Kapitel 5 – Essen für alle! Aber ohne Artenverlust
Ein anderer Umgang mit Lebensmitteln

Hohe Produktivität auf Kosten der Artenvielfalt (99) ·
Agrarlandschaften diverser gestalten (102) · Die Agrarpolitik der EU (105) · Vor- und Nachteile des Ökolandbaus (109) · Weniger Fleisch, weniger Flächenverbrauch (111) · Produktivität in Entwicklungsländern
steigern (113) · Eine Agrarwende ist überfällig (117)

119 Kapitel 6 – Der Natur Raum geben
Schutzgebiete haben sich bewährt

Was zählt dazu, was nicht? (121) · Die Natur erholt sich,
wenn man sie lässt (124) · Artenreichtum vor allem in
Entwicklungsländern (127) · Bedürfnisse von Mensch
und Natur in Einklang bringen (129) · Die Bedeutung

indigener Völker (134) · Schutzgebiete gut managen (137) ·
Ökosysteme wiederherstellen (139) · Städte grüner
machen (142)

145 Kapitel 7 – Hoffentlich der ersehnte Aufbruch
     Neue internationale Ziele vereinbart

     Der lange Weg zum *Global Biodiversity Framework* (147) ·
     Unklare Finanzierung (150) · 23 Ziele – viele offene
     Fragen (152) · Vage Vorgaben für die Wirtschaft (156) ·
     Biodiversität und Klima: eine komplexe Beziehung (158) ·
     Win-Lose- und Lose-Lose-Ansätze (161) · Jetzt kommt es
     auf die Umsetzung an (165)

168 Kapitel 8 – Vom Wissen zum Handeln
     Wie wir gegensteuern können

     Das Naturverständnis überdenken (171) · Biodiversität in
     den Nachhaltigkeitsdiskurs aufnehmen (173) · Politische
     Rahmenbedingungen ändern (176) · Die richtigen Anreize
     setzen (177) · Die wahren Kosten offenlegen (179) · Berichts-
     pflichten für Unternehmen einführen (182) · Digitalisie-
     rung nutzen (184) · Neue Finanzprodukte auflegen (187) ·
     Rechtsprechung anpassen (188) · Forschung und Bildung
     ausweiten (191) · Bei sich selbst anfangen (193) · Als
     gemeinsame Aufgabe begreifen (197)

198 Kapitel 9 – 10 Punkte für einen besseren Umgang
     mit der Natur
     Wir alle können etwas beitragen

205 Anmerkungen

255 Danksagung

Vorwort

Die Natur ist politisch. Sie geht uns alle an. Egal, ob wir in der Stadt leben oder auf dem Land, ob wir unseren Salat selbst anpflanzen oder im Supermarkt kaufen, ob wir Spaziergänge im Park mögen oder lieber ins Kino gehen. Was bei uns wächst, grünt und blüht, was quakt, summt und zwitschert, kann uns nicht einerlei sein. Hier nicht und auch andernorts auf der Welt nicht. Wir alle hängen von der Natur, ihrem Reichtum und ihren Leistungen ab, wir brauchen Wasser, Luft, Essen und Erholung. Genau genommen sind wir ein Teil von ihr, auch wenn das durch unseren Lebensstil nicht immer gleich ersichtlich ist und wir uns schon längst nicht mehr so verhalten.

Tatsächlich übernutzen wir Menschen die Natur in atemberaubendem und bisher nie gesehenem Tempo. Wir haben sie uns in einer Weise »untertan« gemacht, die jedes gesunde Maß überschritten hat: Die Hälfte aller Ökosysteme wurde bereits massiv verändert, eine Million der geschätzten acht Millionen Arten ist vom Aussterben bedroht. Seit kurzem gibt es auf der Erde mehr vom Menschen hergestelltes Material als Biomasse, nämlich Stoffe wie Beton, Asphalt, Metall, Plastik, Glas oder Papier. Eine Verschiebung mit großer Tragweite.

Das Heimtückische daran ist: Der Prozess dieses Naturverlustes vollzieht sich schleichend und für uns nicht direkt spürbar; es ist also mehr ein stilles Sterben – und zwar auf allen drei Ebenen, die Biodiversität ausmachen: bei der Vielfalt der Arten, der Vielfalt innerhalb von Arten und der Vielfalt der Ökosysteme. Lange Zeit galt die Aufmerksamkeit hierbei vor allem einzelnen Tierarten wie Menschenaffen, Elefanten oder Nashörnern, deren drohendes Aussterben mit großer Anteilnahme verfolgt wurde. Ihr Schicksal ist zweifellos beklagenswert. Doch eigentlich geht es um viel mehr, um Lebensräume, die vernichtet werden oder veröden und reiches Leben nicht mehr zulassen. Jedes Jahr gehen schätzungsweise zehn Millionen Hektar Wald verloren – eine Fläche, die größer ist als Portugal – und damit einzigartige Habitate für Fauna und Flora, natürliche Filter für Wasser und Luft sowie Speicher für CO_2. Das Argument, eine Art mehr oder weniger mache keinen Unterschied, ist daher nicht nur zynisch, sondern auch fahrlässig.

Deshalb wird es Zeit, dass wir uns mit Biodiversität beschäftigen, dass wir diesen sperrigen Begriff in unser Vokabular und unsere Debatten einbauen. Er muss genauso zum Gesprächsthema werden wie der Klimawandel, die Energiekrise, die Corona-Pandemie, das Rentensystem oder die Ausbildung unserer Kinder. Biodiversität darf nicht länger als Nischenthema gelten, als etwas für Romantiker*innen oder Sonderlinge. Sondern sie muss ins Zentrum der politischen Auseinandersetzung. Bisher ist Biodiversität noch kein gleichwertiger Teil der Nachhaltigkeitsdebatte. Doch ohne rasche und durchgreifende Maßnahmen zu ihrem Erhalt entziehen wir uns die eigene Lebensgrundlage. Wenn Bienen nicht mehr bestäuben, wenn Böden ausgelaugt, Meere überfischt sind, dann wird es eng für uns Menschen. Das ist kein fernes Szenario, auch wenn wir die Auswirkungen noch nicht überall spüren: Nach Angaben des Schweizer Weltwirtschaftsforums ist rund die Hälfte der gesamten globalen Wirtschaftsleistung durch den Niedergang der Natur in Gefahr.

Im Dezember 2022 fand ein erfreulich beachteter und erfolgreicher Weltnaturgipfel in Montreal statt. Dort hat sich die Staatengemeinschaft ein ambitioniertes Programm für die nächsten Jahre mit dem Ziel verordnet, bis zur Mitte des Jahrhunderts wieder im Einklang mit der Natur zu leben. Dieses Dokument sollte zur Pflichtlektüre für alle Politiker*innen werden. Denn es enthält vieles von dem, was die Wissenschaft als Lösung empfiehlt, wie zum Beispiel mehr Naturschutzgebiete und weniger Pflanzenschutzmittel, zum Wohl der Natur und der Menschen.

Damit dieses Programm kein Papiertiger bleibt, muss es nun in den Einzelstaaten umgesetzt, in Gesetze und Verordnungen gegossen werden. Das wird nicht ohne weiteres geschehen; dazu braucht es auch Druck aus der Öffentlichkeit, Nachfragen von Bürger*innen – und ein insgesamt stärkeres Bewusstsein und Interesse für das Thema und die Beiträge, die wir alle dazu leisten können.

Genau darin liegt die Absicht dieses Buches – mehr Bewusstsein zu schaffen für die Bedeutung von Biodiversität. Dafür ziehen wir Bilanz, zeigen auf, wo wir stehen, wie dramatisch der Naturverlust ist, gehen den Ursachen nach, zeichnen die (internationale) politische Debatte nach und präsentieren Lösungen.

Wir – das sind eine anerkannte und preisgekrönte Biodiversitätsforscherin und eine erfahrene, auf dem Gebiet der Nachhaltigkeit ausgewiesene Journalistin und Buchautorin. Die eine kommt aus der Biologie, die andere aus der internationalen (Entwicklungs-)Politik. Dieses Buch ist ein Gemeinschaftswerk, eine Kombination unserer Kenntnisse und Kompetenzen aus der Biodiversitätsforschung und aus der politischen Arbeit als Journalistin. So unterschiedlich unser jeweiliger professioneller und persönlicher Hintergrund auch ist: Wir sind beide überzeugt davon, dass der Erhalt von Biodiversität eine Aufgabe ist, die uns in Zukunft sehr intensiv beschäftigen wird – und muss. Uns alle.

KAPITEL 1

Am Wendepunkt der Erdgeschichte

Beispielloser Verlust der Artenvielfalt

Wir leben auf einem »Planeten der Hühner«. Ihr Bestand ist in den vergangenen Jahren sprunghaft auf heute 23 Milliarden gestiegen[1]; sie werden für den Menschen gehalten. Keine einzige Vogelart kommt oder kam jemals so häufig vor[2]. Damit gibt es nicht nur etwa drei Mal so viele Hühner wie Menschen, ihre Masse übertrifft mittlerweile auch bei weitem die aller wildlebenden Vögel. Deren Bestände wiederum sinken fortwährend. Allein in den USA ist in den vergangenen fünf Jahrzehnten fast ein Drittel aller Vögel verschwunden; das entspricht etwa drei Milliarden Tieren[3]. Dadurch hat sich ein Missverhältnis in der Vogelwelt ergeben, das in dieser Größenordnung besonders auffällig sein mag, insgesamt aber symptomatisch ist: Ob Vögel oder Wälder, Savannen oder Säugetiere, Fische oder Korallenriffe, überall schwindet der natürliche Lebensraum und mit ihm die biologische Vielfalt. Und zwar in rasender Geschwindigkeit und beispiellosem Ausmaß.

Trotzdem ist dieser Umstand noch nicht ins allgemeine Bewusstsein eingedrungen. Vielleicht weil wir uns daran gewöhnt haben, von Krisen und Katastrophen, von Kontroversen und Kipppunkten zu hören. Oder weil wir derer überdrüssig sind und denken: Ist sowieso nicht mehr zu retten. In dieser Melange unterscheidet sich ein Krisenphänomen nicht mehr nennenswert von den anderen, wenn alles sowieso auf den »absoluten Tiefpunkt« oder die »größte Katastrophe«, also auf den Weltuntergang zuläuft. Das ist ein Fehler. Denn beim Schwund von Natur und Arten handelt es sich um eine wirklich existenzielle Krise und deshalb um einen tatsächlich negativen Superlativ, dem wir aber nicht hilflos ausgeliefert sich. Wir können etwas dagegen unternehmen. Dafür muss der Rückgang an natürlichen Lebensräumen und der Artenvielfalt allerdings als solcher benannt werden, weil er mittlerweile dramatische Ausmaße angenommen hat und in der Geschichte der Menschheit noch nie so groß war, in dem Sinne historisch und sogar biblisch ist: Die Aussterberaten liegen heute mindestens zehn bis hundert Mal über der durchschnittlichen Rate der letzten zehn Millionen Jahre[4], einzelne Quellen gehen sogar vom Tausendfachen aus. Etwas konkreter heißt das: Die natürlichen Ökosysteme sind weltweit schon um etwa die Hälfte zurückgegangen und nur noch etwa zu einem Viertel vom Menschen weitgehend unberührt[5].

Auf diese Weise beeinflussen wir als einzelne Art die Natur mit Folgen, die Tausende oder sogar Millionen Jahre in die Zukunft reichen. Selbst wenn wir auf einen Schlag aussterben würden, wäre in Millionen Jahren anhand der Ablagerungsgeschichte der Erde erkennbar, dass hier ein außergewöhnliches Ereignis stattgefunden haben muss: eine fundamentale Umgestaltung der Natur. Dass die aktuelle Entwicklung in der Paläontologie als Beginn des sechsten Massenaussterbens der Erdgeschichte bezeichnet wird, könnte man noch mit den Worten kommentieren: Nichts Neues, das gab es ja schon fünf Mal. Allerdings besteht zwischen heute und den vorangegangenen Fällen ein entscheidender Unterschied: Sie hatten natürliche Ursachen, gingen auf Vulkanausbrüche und Asteroiden-Einschläge zurück. Jetzt sind wir Menschen der Grund für den Verlust. Wir greifen in unerhörtem und nie gesehenem Maß in die Natur ein – und das noch nicht einmal sehr lange.

Zwar hat der Mensch schon immer Spuren auf der Erde hinterlassen, weil er Tiere jagte, Bäume fällte, Feuer machte, Werkzeuge schmiedete, Material für Höhlen und Hütten sammelte, Felder anlegte und Müll verbreitete. So starb zum Beispiel der etwas behäbige und flugunfähige Dodo-Vogel auf Mauritius und Réunion vor mehr als 300 Jahren ganz einfach deshalb aus, weil europäische Siedler – etwas verkürzt dargestellt – sein Fleisch und seine Eier verzehrten[6]. Auch große Teile der Urwälder in Europa verschwanden. Paradebeispiel sind hier die Römer, die für ihren intensiven Häuser- und Schiffsbau großflächig Wälder abholzten. Mit anderen Worten: Wo der Mensch lebte, arbeitete und starb, prägte er seine Umgebung und vernichtete dabei auch Natur. Aber das Ausmaß lässt sich in keiner Weise mit der heutigen Dimension vergleichen.

So richtig Fahrt aufgenommen hat der große Verbrauch an Natur vor etwa sieben Jahrzehnten, in den sogenannten »goldenen« fünfziger Jahren, die für Aufbruchsstimmung, grenzenlosen Optimismus und neuen Wohlstand stehen. Allerdings markieren sie auch den Anfang einer inzwischen galoppierenden Entwicklung. Der Einfluss des Menschen auf die Natur verläuft erdgeschichtlich betrachtet nämlich nicht linear, sondern beschleunigt sich seit damals ganz massiv. Vieles davon geschah vermutlich nicht einmal bewusst, sondern ist vor dem Hintergrund der Zeitgeschichte und den spezifischen Bedürfnissen der Nachkriegszeit durchaus nachvollziehbar. Aber inzwischen kennen wir die Grenzen, wissen, dass die Ressourcen der Erde endlich sind und müssen deshalb entschlossen umsteuern.

Damals, der Zweite Weltkrieg war gerade überwunden, sollte alles endlich wieder schön werden, in Deutschland genauso wie in vielen anderen Ländern der Welt. Man wollte nach vorne blicken, nicht zurück. Gewalt sollte Gewinn weichen, das Angenehme die Angst verdrängen. Man war auf Aufbau, auf Wachstum ausgerichtet, auf Konsum, Sicherheit und auch auf »heile Welt«. Die Natur war einfach da, sie schien unerschöpflich und spielte keine größere Rolle in den Überlegungen von damals.

Die Bedürfnisse des Menschen
im Mittelpunkt

Ein Bild des bekannten deutschen Fotografen Jupp Darchinger fängt die damalige Stimmung sehr schön ein und legt gewissermaßen Zeugnis vom Zeitgeist ab[7]: Eine Familie macht einen Sonntagsausflug, ein Picknick im Freien; alles wirkt harmonisch und friedlich. Eine Decke liegt auf dem Gras, die Eltern ruhen bequem auf Luftmatratzen und verzehren mitgebrachte Stullen. Selbst an Porzellangeschirr fehlt es nicht. Der Sohn spielt gleich eine Runde Federball, den Schläger hat er schon in der Hand. So weit ist alles gut und nachvollziehbar. Interessant und entlarvend an diesem Foto ist nicht der Vordergrund, sondern das Dahinter, die Sekundärbotschaft: dass der VW, das Statussymbol des wirtschaftlich wiedererwachenden Deutschlands, mitten in der Landschaft parkt und der Wald nur als Kulisse dient. Im Vordergrund steht der

Mensch mit seinen Bedürfnissen und Errungenschaften, so könnte man die Aussage des Fotos zusammenfassen.

Man muss eine einzige Abbildung nicht überinterpretieren, um Belege für dieses Denken zu finden. Hinweise gibt es genügend aus jener Zeit. Nahezu jedes Buch und jede Ausstellung über die 1950er Jahre offenbaren das Streben nach Materiellem: vom neuen Fön über das Küchenglück mit Herd, Kühlschrank und Waschmaschine, das schmucke, aber biedere Wohnzimmer mit Nierentisch, das aufkommende Fernsehen, das kalorienreiche Essen mit Schweinefleisch und Torten bis hin zum raumgreifenden Straßen- und Städtebau und dem beginnenden Tourismus. Konsum und Zuversicht schienen zu einem neuen Wert zu verschmelzen. Immer ging es um das Fortkommen des Menschen, selten um die Folgen für die Natur.

Wirtschaftsminister Ludwig Erhard gab mit seinem »Wohlstand für alle« das Motto der damaligen Zeit vor. Dagegen wäre grundsätzlich nichts einzuwenden. Warum sollten nur die Reichen ein warmes Bett und ein wohliges Zuhause haben? Zumal Erhard, volkswirtschaftlich hergeleitet, genau aussprach, wonach sich die Menschen sehnten. Nach den Hungerjahren der 1940er Jahre, dem Hungerwinter von 1946/47 wünschten sie sich volle Tische, gemütliche und sichere Heime als Sinnbild für diese neue Ära. Und das nicht nur in Deutschland. Fast die ganze Welt hatte unter dem Wahnsinn des Zweiten Weltkriegs, seiner Grausamkeit und seinen Einschränkungen in irgendeiner Form gelitten. Dass die Produktion danach erst einmal Vorrang hatte, die neuen technischen Möglichkeiten begeistert aufgenommen wurden, überrascht nicht weiter.

Aber dass es dabei fast keine Gedanken an die Folgen für die Natur gab, war ein krasses Versäumnis und – aus heutiger

Sicht – eine vollkommen falsche Weichenstellung. In Erhards Klassiker *Wohlstand für alle*[8], ein Buch mit fast 400 Seiten, findet sich nicht ein einziges Mal das Wort Natur. Sie spielte als Faktor in den damaligen Überlegungen so gut wie keine Rolle. Sie war da, man nutzte sie in seinem Fortschrittsstreben nach Belieben. Doch es blieb nicht bei Unkenntnis oder Unwissenheit; die Aufbruchsstimmung jener Jahre löste mitunter auch technologische Allmachtsfantasien aus. So vertrat zum Beispiel der Wortführer der amerikanischen Insektizidhersteller, Robert White-Stevens, damals sogar die Meinung, der Mensch werde »dauerhaft die Kontrolle über die Natur«[9] gewinnen.

Auch bei den Vereinten Nationen, die als Sinnbild einer neuen, besseren Welt galten, spielten die Themen Umwelt und Ressourcenverbrauch zunächst keine große Rolle. Wer sich Berichte und Reden aus der damaligen Zeit ansieht, etwa den Jahresbericht des legendären UN-Generalsekretärs Dag Hammarsjköld 1955[10], stellt fest, dass es überwiegend um Fragen von Krieg und Frieden und wirtschaftliche Entwicklung ging. Drohende Konflikte und neue Not beherrschten die Themen jener Jahre. Das galt sogar für den erklärten Naturliebhaber Hammarsjköld, der seine Freizeit am liebsten an den Küsten und in den Wäldern Südschwedens verbrachte. Selbst er sprach gerne, ähnlich wie Ludwig Erhard, von einem *more abundant life for all* – einem opulenteren Leben für alle[11]. Ernsthafte Bedenken, dass der Wohlstand nicht zu Lasten der Natur gehen dürfe und ausbeuterisches Wirtschaften Folgen zeitige, kamen bei den Vereinten Nationen erst später richtig auf. Die erste Weltkonferenz zu Umweltfragen fand 1972 in Stockholm statt; auch das Sonderprogramm für Umweltfragen UNEP gibt es erst seit damals, also fast dreißig Jahre nach Gründung der Weltorganisation.

Zwar reicht der Naturschutz deutlich länger in die Geschichte zurück und ist wahrscheinlich so alt wie die Nutzung der Natur selbst, aber er erhielt erst im letzten Viertel des 20. Jahrhunderts breitere Aufmerksamkeit. So brachte zum Beispiel Franz von Assisi bereits im 12. Jahrhundert eine tiefe Wertschätzung der Natur zum Ausdruck, pries in seinem berühmten Sonnengesang die Schönheit der Schöpfung und predigte der Legende nach sogar zu seinen »Brüdern«, den Vögeln. Alexander von Humboldts Begriff der Natur als zusammenhängendes Ganzes und Netz des Lebens steht am Beginn des modernen Naturverständnisses. Und der Nachhaltigkeitsbegriff aus der deutschen Waldwirtschaft, nach dem nur so viel Holz entnommen werden soll, wie natürlich nachwachsen kann, geht ins 17. Jahrhundert zurück. Die ersten Naturschutzgebiete gibt es seit dem 19. Jahrhundert; in Deutschland seit 1836 am Drachenfels. Im südlichen Afrika und in den USA entstanden im 19. Jahrhundert ebenfalls Schutzgebiete, wenn auch zum Teil aus eigennützigen Gründen, manchmal dienten sie den Herrschenden einfach als Jagdgründe und wurden deshalb geschont. Naturschutzbewegungen wie der NABU datieren bis zur Wende des vorigen Jahrhunderts zurück. Auch bei den Nationalsozialisten spielte die Natur bekanntermaßen eine erhebliche ideologische Rolle. 1935 wurde ein Reichsnaturschutzgesetz verabschiedet, das allerdings vor allem die Blut-und-Boden-Weltanschauung und die völkische Gesinnung der Nazis untermauerte.

Umweltbewusstsein wächst langsam

Doch die Erkenntnis, dass der Mensch die Erde für alle Zukunft prägt und dabei sogar Gefahr läuft, sich selbst auszulöschen, ist sehr viel jünger. Das Bewusstsein für die Endlichkeit natürlicher Ressourcen wuchs erst ab den 1960er Jahren langsam und zunächst nur punktuell. Als Schlüsselpublikation gilt Rachel Carsons *Der stumme Frühling* aus dem Jahr 1962. Darin warnt die Amerikanerin eindringlich vor dem großflächigen Einsatz von Pestiziden und dessen Folgen für Mensch und Natur. Die Vögel verschwinden und verstummen, beobachtete sie, daher auch der Titel. Aus heutiger Sicht gleicht ihre Aussage fast einer Prophezeiung, denn obwohl Vögel weniger bedroht sind als die meisten anderen Artengruppen, ist auch bei ihnen der Schwund beängstigend hoch.

Zehn Jahre später fand in Stockholm nicht nur die erste Umweltkonferenz statt, sondern im selben Jahr brachte der Club of Rome den inzwischen als Klassiker geltenden Band *Die Grenzen des Wachstums*[12] heraus, in dem aufgezeigt wurde, dass die Menschheit bei weiter hohem Wachstum früher oder später an Grenzen stoßen werde. Die siebzig Autoren, überwiegend Wissenschaftler*innen, konstatierten im Grunde die Übernutzung der Natur auf allen Ebenen, die seit den 1950er Jahren exponenziell zunahm und bis heute besteht.

Das zeigen zahlreiche Statistiken, deren Kurven meist steil ansteigen[13]. Einerseits geht es den Menschen aufs Ganze gesehen noch nie so gut auf der Erde wie heute. Wir leben länger[14], sind besser medizinisch versorgt, genießen mehr Wohlstand, haben einen deutlichen Anstieg des Bruttosozialprodukts erfahren[15, 16] und sind insgesamt besser gebildet als früher. Dieser Effekt lässt sich vor allem beobachten, wenn man sehr lange Zeiträume betrachtet: Während im Jahr 0 geschätzte 230 Millionen Menschen auf der Erde lebten und im Schnitt nur 24 Jahre alt wurden, das Bruttosozialprodukt bei rund 750 Dollar lag, waren es 1950 etwa 2,5 Milliarden Menschen mit einer Lebenserwartung von 46 Jahren und einem Bruttosozialprodukt von fast 3.300 Dollar. Das ist eine deutliche Steigerung, die sich allerdings über einen sehr langen Zeitraum vollzogen hat. Im Jahr 2020 lagen wir bei 7,8 Milliarden Menschen, die im Schnitt darauf hoffen konnten, 73 Jahre alt zu werden. Das Bruttosozialprodukt betrug bereits 2016 mehr als 14 500 Dollar[17], auch wenn die Spannbreite auf der Welt sehr groß war und weiterhin ist. Seit den 1950er Jahren ist damit eine Entwicklung eingetreten, die als »Große Beschleunigung« – als »Great Acceleration« gilt.

Diese an sich gute Entwicklung hat eine Kehrseite, deren Folgen wir heute immer deutlicher sehen und spüren: Das oben beschriebene Wachstum ist einhergegangen mit einer beispiellosen Veränderung der Natur, mit der wir die ökologischen, evolutiven und geologischen Prozesse zunehmend überschreiben. Nicht ohne Grund ist inzwischen von einem neuen geologischen Zeitalter, dem Anthropozän die Rede, dem Zeitalter der Menschen, in dem sie zum entscheidenden Faktor geworden sind. Genau wie die Kurven bei Lebenserwartung, Bruttosozialprodukt, Bildung und einigen anderen positiven Kennwerten seit den 1950er Jahren steil ansteigen, verhält es sich auch beim Energieverbrauch, beim Ausstoß von Kohlendioxyd, beim Verlust natürlicher Ökosysteme, beim Fischfang, beim Einsatz von Düngemitteln, bei der Stickstoffbelastung von Küstengewässern und vielem mehr[18]. Und diese Trends sind eindeutig bedrohlich.

Fatalerweise haben daran auch einschlägige internationale Vereinbarungen bisher nicht genug geändert. Seit 1992 gibt es das internationale Übereinkommen über die Biologische Vielfalt (CBD), das inhaltlich durchaus stark ist und den Schutz und die nachhaltige Nutzung der Natur vorsieht. Es hatte im Konflikt mit anderen Interessen lange Zeit jedoch weder die nötige Aufmerksamkeit noch die entsprechende Durchschlagskraft erreicht. Seit dem Weltnaturgipfel in Montreal Ende 2022 beginnt sich das nun hoffentlich zu ändern. Das Interesse scheint zu wachsen, aber es fehlt noch an der notwendigen Umsetzung. Bisher jedenfalls wurde der Rückgang der Biodiversität kaum aufgehalten, das Wachstum zu Lasten der Natur in keiner Weise gestoppt, geschweige denn umgekehrt. Immer noch wird alle vier Sekunden Wald in der Größe eines Fußballfeldes abgeholzt[19], immer noch sind Hunderttausende Arten vom Aussterben bedroht. Und mit jeder Art, die verschwindet, werden Millionen Jahre Evolutionsgeschichte ausgelöscht. Doch es sind die Menschen, die die Natur brauchen – auch wenn sie vorgeben, es sei umgekehrt. Denn sie sind ein Teil von ihr, haben sich mit ihr entwickelt und sind bis heute durch Tausende Bezüge aufs Engste verbunden. Wenn die Menschheit so weitermacht wie bisher, sägt sie sich den sprichwörtlichen Ast ab, auf dem sie sitzt.

Das Thema aus der Nische holen

Es bleibt daher nur ein Ausweg: den negativen Einfluss auf die Natur zurückzunehmen. Die Errungenschaften bei der Versorgung mit Lebensmitteln, bei der Bildung, bei der medizinischen Versorgung und auch bei der Lebenserwartung möchte niemand aufgeben. Die sollen möglichst nicht verloren gehen. Aber sie müssen anders erreicht, vom Naturverbrauch entkoppelt werden. Sie dürfen nicht länger mit dem rasanten Schwund an Arten und natürlichen Lebensräumen einhergehen, wie wir ihn seit einigen Jahrzehnten beobachten. Diese irre Beschleunigung gilt es zu stoppen, denn weitere sieben Jahrzehnte im Geist der 1950er Jahre wird zwar der Planet verkraften, aber der Mensch nicht. Das Wirtschaften, bei dem Natur als endlos und frei verfügbare Masse gilt, muss endgültig der Vergangenheit angehören. Und auf der Bewusstseinsebene gilt es, dem Konsumglauben eine neue Vorstellung vom guten Leben entgegenzusetzen. Nämlich, dass es von unschätzbarem Wert ist, wenn Vögel singen, Insekten summen und Blumen blühen – und dass damit, überspitzt formuliert, mehr Wohlbefinden einher geht als mit dem nächsten billigen Plastikspielzeug. Damit dieser Wandel gelingt, damit wir das Wachstum auf Kosten der Natur bremsen, muss viel geschehen, auf ganz vielen Ebenen, nicht zuletzt auf der politischen.

Noch genießt das Thema Biodiversität in der breiten Öffentlichkeit nicht die Aufmerksamkeit, die ihm angesichts seiner existenziellen Bedeutung eigentlich zukommen müsste. Zwar lassen Nachrichten vom Insektensterben oder vom Verlust tropischer Wälder immer wieder aufhorchen, aber Artenvielfalt ist trotz des Gipfels von Montreal bis heute eher ein Randthema. Ihm wird längst nicht die Bedeutung des Klimawandels beigemessen, dessen Gefahren mittlerweile allgemein anerkannt sind. Dabei hat der Verlust an Biodiversität mindestens ähnliche Vernichtungskraft wie der Anstieg der Erdtemperatur, vielleicht sogar noch größere: Der Klimawandel entscheidet darüber, WIE wir leben, wie wir mit mehr Wirbelstürmen, größerer Trockenheit, neuen Krankheiten oder weniger produktivem Land zurechtkommen. Der Artenschwund entscheidet darüber, OB wir leben.

Die Menschheit steht an einem Wendepunkt. Es liegt an uns, ob wir diese existenzielle Krise, diesen Biodiversitätsverlust missachten und daraus einen SUPERGAU werden lassen oder ob wir die Zeichen der Zeit verstehen und das Schlimmste noch verhindern. Möglich ist das, wie verschiedene wissenschaftliche Modelle zeigen, doch es erfordert neue Prioritäten in Politik und Wirtschaft – aber in letzter Konsequenz auch bei uns allen. Kurz gesagt: Das Thema muss weg vom Rand, raus aus seiner Nische, rein ins öffentliche Bewusstsein und ins Zentrum des politischen Handelns.

KAPITEL 2

Das große Sterben

Eine schleichende Entwicklung

Indiens Geier zählten noch vor rund dreißig Jahren zu den häufigsten Greifvögeln der Welt – und hatten über Jahrtausende hinweg die Funktion einer Art Gesundheitspolizei: Sie fraßen Aas, darunter auch verendete »heilige« Kühe, die sich aus religiösen Gründen zahlreich auf Indiens Straßen finden. Bis in den Neunzigerjahren das Schmerzmittel Diclofenac in der Tiermedizin populär wurde. Schon bald setzten es Milchbäuer*innen und Halter*innen von Zug- und Lastentieren ein, weil das Medikament sehr kostengünstig ist. Allerdings hat es auch einen fatalen Nebeneffekt: Es löst bei Geiern Nierenversagen aus und ist so giftig wie Zyankali für den Menschen[1, 2]. Innerhalb von 15 Jahren sanken die Bestände dreier Geierarten in Indien um mehr als 95 Prozent. Infolgedessen wurden Kühe nicht mehr wie früher auf natürlichem Wege beseitigt.

Und – vielleicht noch schwerwiegender – die Zahl verwilderter Hunde nahm zu, weil sie mehr Aas fressen konnten. Da Hunde auch Menschen beißen, kam es zu einem deutlichen Anstieg von Tollwutfällen. So hat der Rückgang der Geierpopulationen, was an sich schon beklagenswert wäre, wahrscheinlich auch noch den Tod von fast 50 000 Menschen verursacht[3]. In der Europäischen Union ist das Mittel ebenfalls für die Veterinärmedizin freigegeben. Der erste tote Geier, der nachweislich an Diclofenac gestorben ist, wurde im September 2020 in Katalonien gefunden. Nun steht zu befürchten, dass es auch in Südeuropa, wo das Mittel derzeit vor allem auf dem Markt ist, zu einem Geiersterben kommen könnte – mit noch unabsehbaren Folgen[4].

Das Beispiel zeigt, welche Wirkungen schon das Aussterben ganz weniger Arten mit sich bringen kann. Und es zeigt auch, dass sich Effekte nicht im Vorhinein abschätzen lassen, weil so ein Verlust eine Kettenreaktion auslösen kann. Nun ist das Verschwinden von Arten nicht per se beunruhigend. Sterben gehört zum Leben, auch zur Natur. Tiere und Pflanzen leben in einer sich ständig wandelnden Umwelt. Entweder sie passen sich an, oder sie werden von besser angepassten Arten verdrängt, zum Beispiel weil die Klimabedingungen und Lebensräume sich verändern. Insofern ist das Auftauchen und Verschwinden von Arten nichts Ungewöhnliches, sondern der Normalfall, und gehört seit jeher zum Lauf der Natur und der Evolution. Allerdings ist die Geschwindigkeit, mit der das gerade geschieht, atemberaubend und bewegt sich außerhalb dieser Norm. Sie ist, das kann nicht oft genug betont werden, mindestens zehn bis hundert Mal höher als in der Zeit, bevor der Mensch die Welt dominierte, und deshalb ein klarer Hinweis darauf, dass wir die Verursacher dieses Sterbens sind. Wäre die Erdgeschichte ein Tag mit 24 Stunden, dann würde der moderne Mensch erst einige Sekunden auf diesem Planeten leben. Doch schon in dieser kurzen Zeit hat er bereits drei Viertel der Erde genutzt und übernutzt, den größten Teil davon in den vergangenen siebzig Jahren[5, 6, 7].

Dabei wissen wir noch nicht einmal, wie viele Arten es auf der Welt eigentlich gibt. Als wahrscheinlichste Zahl gelten um die acht Millionen[8], es könnten aber auch fünf, zehn, zwölf oder 15 Millionen sein. Tatsächlich verstreicht praktisch keine Woche, in der nicht eine neue Art entdeckt wird. Allein die Senckenberg Gesellschaft für Naturforschung hat im Jahr 2021 fast 300 Arten neu beschrieben[9]. Dazu gehörte zum Beispiel ein Mini-Frosch, der nur zwischen 27 und 33 Millimeter misst und nun *Phrynoglossus myanhessei* heißt. Er lebt in Myanmar und wurde längere Zeit übersehen, weil er aufgrund seiner äußerlichen Ähnlichkeit einer anderen weitverbreiteten Art – *Phrynoglossus martensii* – zugeordnet wurde. Dass es sich um eine neue Art handelte, fiel erst auf, als sich herausstellte: Diese Tiere quaken völlig anders. Eine molekulargenetische Analyse bestätigte die Vermutung – es wurde eine neue Art beschrieben. Solche Funde in der Natur gibt es praktisch permanent, weil ein Großteil aller Arten noch nicht identifiziert ist. Bei der Namensgebung stehen dann übrigens auch immer wieder Prominente Pate. So heißt ein Käfer *Agra schwarzeneggeri* weil er einen außergewöhnlich entwickelten Bizeps aufweist. Ein paar schleimige Käfer, *slime mold beetles*, wurden in den USA 2005 nach drei damals wenig beliebten Politikern *Agathidium bushi, Agathidiium cheneyi* und *Agathidium rumsfeldi*, Bush, Cheney und Rumsfeld, benannt[10].

Eine Million Arten vom Aussterben bedroht

Aber genauso schnell, wie neue Arten entdeckt und klassifiziert werden, vergeht die Pracht auch schon wieder: Nach Angaben des Weltbiodiversitätsrats (Intergovernmental Platform on Biodiversity and Ecosystem Services – IPBES) sind heute »mehr Arten als je zuvor weltweit vom Aussterben bedroht«, nämlich eine Million von geschätzten acht Millionen. Und das nicht erst in einer fernen Zukunft, sondern bereits in den kommenden Jahrzehnten. Wenn wir nicht massiv gegensteuern, so der Weltbiodiversitätsrat, wird das globale Artensterben in naher Zukunft dramatische Ausmaße annehmen. Das sind düstere Aussichten und zeigt klar die Notwendigkeit zum Handeln.

In der jüngsten Menschheitsgeschichte sind noch relativ wenige Arten als ausgestorben dokumentiert, jedenfalls in den letzten, vergleichsweise gut untersuchten 500 Jahren. Zu ihnen gehören der schon erwähnte Dodo auf Mauritius, der Lappenhopf auf Neuseeland, die Floreana-Riesenschildkröte auf Galapagos und die Rieseneidechsen auf den Kanarischen Inseln[11]. Auch wenn solche Zahlen wegen der vielen unbekannten Arten mit großer Vorsicht zu genießen sind, lässt sich festhalten, dass zum Beispiel bei den Säugtieren in den vergangenen fünf Jahrhunderten »nur« zwischen ein und zwei Prozent verloren gegangen sind[12], ähnliches gilt auch für Vögel. Das wäre an sich eine gute Nachricht. Aber sie ist trügerisch: Denn erstens sind bereits während der Eiszeit und bis zum Jahr 1500 Hunderte von Säugetieren und Vögeln ausgestorben, viele davon groß und imposant, wie das Mammut, Wollnashorn, der Riesenhirsch, der Höhlenlöwe, die Säbelzahnkatze, auch die bis zu drei Meter großen Riesenkängurus Australiens oder riesige Lemuren und Elefantenvögel auf Madagaskar. Und zweitens wissen wir oft gar nicht, was bereits verloren wurde, vor allem bei den vielen kleinen Tier- und Pflanzenarten. Etwa ein Drittel aller Wälder sind schon verschwunden[13]. Was darin gelebt hat, ist zu einem großen Teil nicht bekannt. Und schließlich schrumpft seit einigen Jahrzehnten der Bestand vieler Arten dramatisch; und mit ihm steigt das Risiko des Totalverlustes rapide an. Der Schwund findet also noch unterhalb der Aussterbeschwelle statt, ist deshalb aber nicht ungefährlich, nur noch nicht überall spür- und erfassbar oder gar dokumentiert.

Einigermaßen belastbare Daten über die Veränderungen der Bestände sind erst seit zirka 1970, also seit etwa fünfzig Jahren, und nur für wenige Artengruppen und Länder verfügbar: Das Aussterben von Arten ist der Endpunkt dieser unheilvollen Entwicklung, vorher schrumpfen die Bestände – und zwar in den letzten Jahrzehnten ganz massiv: In dieser Zeit sind über zwei Drittel der erfassten Säugetiere, Amphibien, Reptilien, Fische und Vögel verschwunden[14]. Und das betrifft nicht nur seltene Arten, sondern mittlerweile auch die häufigen, insbesondere die in der Agrarlandschaft. In Deutschland zum Beispiel sind in ganzen Regionen sogar Feldlerchen, Schwalben, Kiebitze, Rebhühner oder Stare gefährdet[15]. Vögel, die noch vor einigen Jahrzehnten überall zu entdecken waren. Besonders dramatisch ist der Rückgang beim Kiebitz: seit 1980 um 93 Prozent, beim Rebhuhn um 91 Prozent und bei der Turteltaube um 89 Prozent[16]. Auch Stare gelten in Deutschland mittlerweile als gefährdet. Sie zählen eigentlich zu den am weitesten verbreiteten Vogelfamilien der Welt und umfassen fast 120 Arten[17]. Unsere Stare sind wegen ihrer großen, spektakulären Formationsflüge bekannt, sie leben eigentlich in Wäldern oder im Grasland, aber heute wegen der zum Teil alten und höhlenreichen Bäume auch in Parks und auf Friedhöfen. Sie sind wichtige Schädlingsbekämpfer und dazu berüchtigte Kirsch- und Traubenräuber. Doch mittlerweile brüten in Deutschland nur noch geschätzte drei bis vier Millionen Paare und damit etwa zwei Millionen Paare weniger als noch vor zwanzig Jahren[18].

Und auch der Blick in die weitere Welt zeigt, wie groß das Problem ist: Vom Aussterben bedroht sind derzeit nach Angaben der Weltnaturschutzunion mehr als vierzig Prozent der Amphibienarten, mehr als ein Drittel der Haie und Hai-Verwandten, etwa ein Drittel der riffbildenden Korallen, der Nadelbäume, knapp ein Drittel der Krustentiere und etwa ein Fünftel aller Reptilien[19]. Auf der roten Liste befindet sich zum Beispiel der Feldhamster, auch so ein Tier, das man noch vor nicht allzu langer Zeit überall antreffen konnte und von dem es früher Millionen gab. Ohne Gegenmaßnahmen wird er aber, so die Prognose, in weniger als dreißig Jahren der Vergangenheit angehören[20]. Ebenfalls auf der roten Liste stehen die Nebrodi-Tanne, verschiedene Reptilien, Frösche, Heuschrecken und Libellen sowie das Okapi[21]. Die Liste liest sich längst nicht mehr wie eine Zusammenstellung exotischer Tierarten vom anderen Ende der Erde. Sondern das Sterben findet überall und in allen Tier- und Pflanzengruppen statt.

Am allermeisten »in die Enge getrieben« sind Palmfarne, von denen über sechzig Prozent als vom Aussterben bedroht, stark gefährdet oder gefährdet gelten[22]. Diese »Boten aus der Urzeit« oder »lebenden Fossilien«, wie sie auch genannt werden, sind stolze rund 300 Millionen Jahre alt. Sie sind nicht nur schön, einige der kleineren Arten gelten als beliebte Zierpflanzen, sondern eigentlich auch hart im Nehmen. Jedenfalls haben sie drei der fünf vorangegangenen Massenaussterben überlebt – jetzt aber drohen sie zu verschwinden. Warum? Weil ihr natürlicher Lebensraum schrumpft. Allein dieses Beispiel illustriert, wie tiefgreifend die Veränderungen sind, denen wir die Natur derzeit aussetzen. Und es zeigt auch, dass es nicht nur um geschätzte »Lieblinge« wie Affen, Tiger, Löwen, Elefanten oder Nashörner geht. Wenn in einem

Zoo ein Panda geboren oder wenn ein Rhinozeros aufwändig umgesiedelt wird, dann geschieht das unter großer Anteilnahme der Öffentlichkeit. Dann laufen die sozialen Medien mit Tweets und Filmclips heiß. Große Säugetiere, die es vielleicht irgendwann nicht mehr gibt, bewegen und berühren uns. Sie sind dem Menschen nahe, haben Charisma und lösen starke Gefühle aus. Natürlich sind auch sie ein wichtiger Teil der biologischen Vielfalt. Dass man sie schützen muss, steht außer Frage. Aber der Verlust erstreckt sich auf viel, viel mehr und geschieht eher unbemerkt, unsichtbar und unspektakulär, aber deshalb nicht minder gefährlich, wie etwa bei Farnen, Insekten oder Würmern. Im Gegenteil. Es geht um den »bedrohlichen Tod von Tausenden und Hunderttausenden von einmaligen Organismen, die die Evolution in Jahrmillionen rund um den Globus hervorgebracht hat«[23] und die dauerhaft verschwinden könnten. Dann sind bestimmte biologische Eigenschaften für immer von der Erde gelöscht. Damit geht »ein Stück der Naturgeschichte unserer Erde mit einer einmaligen Kombination von Eigenschaften, Merkmalen und anderen biologischen Attributen unwiederbringlich verloren«[24]. Ganz so, als würden alle Bibliotheken dieser Erde abbrennen und unser ganzes Wissen vernichtet.

Nicht nur Arten, auch Lebensräume

Nicht nur die Arten und Bestände werden weniger, auch die Biomasse insgesamt schrumpft: Wenn Wälder Ackerland weichen, Sümpfe trockengelegt werden, Gewerbegebiete Wiesen verdrängen, blühende Almen zu Ski-Pisten werden, dann vollzieht sich ein schleichender »Enteignungsprozess« der

Natur. Tatsächlich hat sich das Verhältnis zwischen menschengemachter und natürlicher Masse im Jahr 2020 erstmalig umgekehrt: Seit kurzem besteht mehr als die Hälfte allen Materials auf der Erde nicht mehr aus Biomasse, wie im Urzustand der Erde, sondern aus Stoffen wie Beton, Asphalt, Metall, Plastik, Glas oder Papier[25, 26]. Ein Vorgang von großer Tragweite. Messen kann man das auch an der Kohlenstoffmasse, die sich dramatisch in Richtung Mensch samt der von ihm domestizierten Tierwelt verschoben hat. Demnach entfallen 120 Megatonnen Kohlenstoff auf Haustiere, 55 Megatonnen auf den Menschen und nur fünf Megatonnen auf wildlebende Säugetiere[27]. Das sind verschwindende 2,8 Prozent. Wohin man auch blickt, alles geht immer nur in eine Richtung und die lautet: Die Natur wird unter Druck gesetzt und zurückgedrängt. Inzwischen sind etwa drei Viertel der Landfläche und zwei Drittel der Meere[28] durch menschliche Aktivitäten verändert worden. Nur ein geringer Teil ist heute noch als »unberührte Natur« zu bezeichnen.

Eines der eklatantesten Beispiele dafür sind die Wälder, von denen umgerechnet und zusammengenommen etwa zwölf Mal die Fläche der Bundesrepublik verloren gegangen ist. Und das allein in den letzten dreißig Jahren[29]. Zwar ist die Entwaldungsrate zwischenzeitlich etwas gesunken, aber es gibt Hinweise darauf, dass sie derzeit wieder steigt, weil in Ländern wie Brasilien letzthin ohne Scheu und Skrupel abgebrannt und abgeholzt wurde. Nur etwa ein Drittel der weltweiten Landfläche besteht derzeit noch aus Wäldern[30]. Welche Auswirkungen das haben kann, zeigt ein Beispiel aus den Usambara-Bergen in Ost-Tansania: Sie bestehen aus Gesteinen des Erdaltertums und haben steile, tief zerfurchte Hänge, ursprünglich bedeckt mit uralten Regenwäldern, die zu den artenreichsten Afrikas, ja sogar der ganzen Welt, gehörten. Die Gegend zählte auch viele Endemiten, das sind Arten, die nur dort vorkommen, manchmal sogar nur auf einer einzigen Bergkette, wie das Usambaraveilchen – daher auch der Name –, der Usambara-Uhu oder die Sokoke-Zwergohreneule. Doch dann legten die Deutschen während der Kolonialzeit im kühlen und malariafreien Höhenklima die ersten großen Farmen, Kaffee- und Teeplantagen und zahlreiche Missionsstationen an. Später, vor allem in den letzten Jahrzehnten, holzte die lokale Bevölkerung Bäume nach und nach in großem Stil ab, weil sie Holz und Einkommen brauchte oder weil sie das Land bewirtschaften wollte.

Das hat die steilen Hänge im Laufe der Zeit blank gewaschen: Wo Wälder vorher Regen gedämpft, wo Wurzeln die Erdkrume stabilisiert und festgehalten hatten, trat schließlich der blanke Felsen zutage. Diese selbst verursachte Erosion nahm den Menschen ihre Existenzgrundlage. Heute ist der Boden weg, Ackerbau kaum möglich, das Auskommen kläglich. Armut, Hunger, Fehlernährung, jämmerliche Unterkünfte und spärliche Kleidung sind die Folge. Wer von Kweisaka unten in der Ebene hoch in die Berge zum Amani Nature Reserve fährt, einem der wenigen Waldschutzgebiete in der Region, sieht Menschen in Lumpen am Straßenrand. Sie stellen Straßenschotter in Handarbeit her, indem sie mit einem Stein andere Steine in kleinere Brocken spalten und den Schotter dann in Säcke abfüllen. Die Arbeit eines Sisyphos erscheint weniger mühsam. Die Bevölkerung hat sich selbst geschadet, und es besteht kaum Aussicht auf Besserung.

Ähnlich ungünstig sieht die Zukunft der Weltmeere samt ihrer Lebewesen aus: Nicht nur belasten wir sie mit immer mehr Plastikmüll – im Pazifik befindet sich bereits ein Müllstrudel von der Größe Europas, jährlich kommen geschätzte elf Millionen Tonnen[31] dazu –, sondern wir dezimieren auch die Fischbestände in unzulässiger und vor allem nicht nachhaltiger Art und Weise. Prognosen zufolge wird es Mitte des Jahrhunderts mehr Plastik als Fische in den Weltmeeren geben[32]. Das bedeutet einerseits, dass der Eintrag von Plastik trotz des Verbots von Einzelprodukten wie Strohhalmen in der EU oder Plastiktüten in Ruanda und trotz großer öffentlicher Aufmerksamkeit für das Thema noch längst nicht gestoppt ist: Tatsächlich ist der Verbrauch seit den 1950er Jahren stetig gestiegen, von damals rund 1,5 Millionen Kubikmetern auf heute fast 370 Millionen Kubikmeter pro Jahr[33]. Der größte Teil davon landet im Meer. Das Missverhältnis entsteht auch dadurch, dass die Fischbestände abnehmen – durch Verschmutzung, den Klimawandel und, am wichtigsten, durch Überfischung. Mittlerweile sind ein Drittel der Fischbestände dauerhaft überfischt, weitere sechzig Prozent bis an die Grenze der Nachhaltigkeit ausgebeutet[34]. Ähnlich wie beim Plastik, nur in umgekehrter Richtung, hat sich die Menge gefangener Fische seit den 1950er Jahren vervielfacht: von unter zwanzig Millionen Tonnen auf grob achtzig Millionen Tonnen pro Jahr seit 1990[35]. Mit anderen Worten: Es geht viel hinein in die Meere, was dort nicht hingehört. Und es wird viel herausgeholt, was eigentlich dort bleiben sollte. Dazu kommt der Klimawandel, der die Weltmeere langsam, aber sicher erwärmt.

Alles zusammengenommen erhöht den Druck auf die biologische Vielfalt der Meere und auf den Bestand der Fische, von denen inzwischen viele Arten vom Aussterben bedroht sind: wie zum Beispiel der Blauflossenthunfisch, bestimmte Zackenbarscharten sowie der atlantische Kabeljau[36]. Letzterer gehörte bis vor dreißig Jahren zu den meist verbreiteten Fischarten der Welt. Der Legende zufolge konnten die ersten

Europäer, die in Richtung Nordamerika segelten, den Kabeljau sogar völlig mühelos mit Körben aus dem Meer ziehen, so reichhaltig war der Bestand. In den Jahrhunderten seither wurde er immer weiter dezimiert, am stärksten in den vergangenen Jahrzehnten. Jetzt droht der Kabeljau auszusterben. Und das ist nur ein Beispiel unter vielen. Extrem gefährdet sind auch ein Drittel der Haie und Rochen sowie bis zu einem Drittel der Korallen, letztere meist als Folge des Klimawandels, der Erhitzung und Versauerung der Meere[37]. Das gilt aber nur bei einer Erhöhung der Erdtemperatur auf 1,5 Grad; werden es zwei Grad, bleiben noch weniger Korallenflächen übrig[38]. Doch Korallenriffe gelten wiederum als Kinderstube der Fische, so dass ein Faktor den nächsten beeinflusst und eine gefährliche Entwicklung in Gang kommt, die dringend gestoppt und umgekehrt werden muss.

Der Schwund geschieht leise und unauffällig

Das Fatale daran ist, dass es – anders als beim Klimawandel – keine eindeutig identifizierbaren Kipppunkte beim Artensterben gibt. Die Populationsrückgänge, die wir derzeit erleben, gelten zwar als Vorboten des Aussterbens, aber sie geschehen in einem schleichenden Prozess. Zunächst verringern sich die Bestände, dann werden einzelne Populationen ausgelöscht, schließlich ist die Art nicht mehr in allen Teilen ihres ursprünglichen Verbreitungsgebiets, sondern nur in einigen Regionen anzutreffen, und irgendwann stirbt sie aus. Dafür können verschiedene Faktoren verantwortlich sein: Verlust der genetischen Vielfalt und damit eine geringere Anpassungsfähigkeit, Inzucht, aber vor allem auch Umwelt-einflüsse. Oft verstärken sich die Faktoren gegenseitig und führen dann in den sogenannten »Teufelskreis des Aussterbens« oder in eine »Abwärtsspirale des Aussterbens«.

Es ist also mehr ein stilles Sterben, das sich gerade vollzieht. Und zwar auf allen drei Ebenen, die Biodiversität ausmachen: Vielfalt der Arten, Vielfalt innerhalb der Arten und Vielfalt der Ökosysteme. Alles schwindet, und zwar leise und unauffällig. Der große Knall ist weltweit noch nicht eingetreten. Bei Seen weiß man zwar, dass sie »umkippen« können, wenn stetig Düngemittel eingeleitet werden, weil diese die Nährstoffkonzentration erhöhen. In der Folge steigt die Biomasse, allen voran der Algen, bis diese den gesamten Sauerstoff verbraucht haben und das Gewässer »erstickt«. Selbst wenn die Zufuhr von Düngemitteln abrupt gestoppt würde, dauerte es sehr lange, bis ein solches Gewässer wieder in einen sauerstoffreichen Zustand käme[39]. Hier kann es also tatsächlich und ganz wörtlich zu Kipppunkten kommen. Auch Riffe können von einem korallen-dominierten in einen algen-dominierten Zustand springen[40].

Allerdings belegen neuere Studien[41], dass solche klaren Zäsuren beim Verlust von Biodiversität eher selten sind. Ganz im Gegenteil. Meist treten eher kontinuierliche Änderungen auf, keine sprunghaften. Aber das macht die Sache so gefährlich. Denn wir erkennen die wahren Folgen womöglich erst, wenn es zu spät ist. Und es wird noch komplizierter: Manchmal genügen schon kleine Änderungen, um einen großen Wandel herbeizuführen, wie das Beispiel der Dornenkronen-Seesterne vor der australischen Küste zeigt: Wandert der Seestern in großer Zahl dort in ein Riff ein, bleiben nach kurzer Zeit von den Korallen nur noch Skelette übrig: Schon ein einziges Tier kann innerhalb eines Jahres zwischen fünf und 13 Quadratmeter lebendes Riff vernichten. Früher traten solche Dornenkronen-Überfälle selten auf, inzwischen alle 15 Jahre[42]. Der Grund? Wahrscheinlich Düngemitteleintrag ins Meer durch benachbarte Plantagen, vor allem Zuckerrohrfarmen. Die jungen Seesterne ernähren sich von Plankton, das eigentlich so begrenzt vorhanden ist, dass keine Überpopulation entsteht. Durch den Dünger vermehrt sich das Phytoplankton jedoch sehr stark – und mit ihm der Bestand der Seesterne. Es braucht also manchmal nicht viel, um enorme Schäden anzurichten.

In anderen Fällen dauert es lange und geht mit massiven Eingriffen einher, bis spürbare Folgen eintreten. Es gibt keine allgemein gültigen Regeln, keine Maßzahl, die signalisieren würde, wann etwas zu viel ist und existenziell bedrohlich wird. Im Vergleich dazu sind der Anstieg der Treibhausgase in der Atmosphäre und der Klimawandel einfacher zu verstehen. Auch hier existieren Unsicherheiten, aber inzwischen ist doch relativ gut erforscht, wie hoch die Konzentration sein darf, um die Erderwärmung auf einem erträglichen Maß zu halten. Anders beim Verlust von Biodiversität. Wir können uns nirgends hundertprozentig sicher sein, dass unser Handeln ohne Folgen bleibt. Meist wissen wir es erst hinterher. Belegbar ist der Schwund insgesamt, und der ist massiv, aber die Auswirkungen auf einzelne Ökosystemleistungen lassen sich kaum vorhersagen.

Zumal sich Effekte gegenseitig verstärken können. Eine Studie vom Kilimanjaro aus dem Jahr 2019[43] belegt zum Beispiel, dass sich höhere Temperaturen und intensive Landnutzung zusammen gravierender auf die Artenvielfalt auswirken und damit schwerwiegendere Folgen zeitigen als die einzelnen Faktoren in Summe. Dadurch ändern sich auch Ökosystemfunktionen wie die Verfügbarkeit von Wasser, die Bodenfruchtbarkeit und vieles mehr. Konkret zeigte sich, dass die negativen Wirkungen intensiver Landwirtschaft besonders stark unter heißen und trockenen Bedingungen ausfielen. Zugleich wurden stärkere negative Wirkungen von Hitze und Trockenheit dort registriert, wo die Lebensräume durch Menschen stark genutzt und gestört waren. Solche Kombinationseffekte machen Vorhersagen noch schwieriger. Diese Erkenntnis hat große Auswirkungen auf unseren Spielraum im Umgang mit der Natur. Denn der ist vor diesem Hintergrund ziemlich klein. Deshalb heißt es, sich mangels eindeutiger Prognosen an das Prinzip Vorsicht zu halten und möglichst viel Biodiversität zu erhalten.

Krankheiten als Folge des Naturverlusts

Eine der prägendsten Folgen unseres Umgangs mit der Natur in jüngster Zeit und dort vor allem mit Tieren dürfte die Corona-Pandemie sein. Wer hätte vor einigen Jahren mit einer globalen Pandemie wie COVID19 gerechnet? Inklusive aller Konsequenzen von Todeszahlen in Millionenhöhe, Anstieg der Armutsraten, Wirtschaftseinbrüchen, von Lockdowns bis Schulschließungen, von Reisebeschränkungen bis Impfkampagnen. Solche Szenarien galten als vollkommen unrealistisch und doch haben wir genau das in den vergangenen Jahren erlebt. Auch wenn der Ursprung von COVID19 noch nicht endgültig geklärt ist, besteht kein Zweifel daran, dass das Virus von Tieren auf den Menschen übergesprungen ist[44], möglicherweise von Fledermäusen über das Schuppentier auf uns. Dieses Tier erfreut sich in verschiedenen asiatischen Ländern großer Beliebtheit. Man spricht seinen Schuppen potenzsteigernde Wirkung zu; das Fleisch gilt als

Delikatesse. Deshalb nimmt man an, dass es als Zwischen-wirt gedient hat. Das heißt, der Mensch ist in zu engen Kon-takt mit Wildtieren getreten – und dabei kann es immer zu einem Überspringen von Viren und anderen Krankheits-erregern kommen, auch in Zukunft.

Schon heute gehen rund siebzig Prozent aller neu auf-tretenden Infektionskrankheiten wie Ebola, Zika, Influenza oder HIV/Aids auf sogenannte Zoonosen zurück. Das sind Krankheiten, die von Tieren auf Menschen und umgekehrt übertragen werden. Nach Angaben des Weltbiodiversitäts-rats[45, 46] gibt es noch unglaubliche 1,7 Millionen nicht er-kannte Viren, hauptsächlich in Säugetieren, darunter vor al-lem in Fledermäusen, Nagetieren und Primaten, aber auch in Vögeln, von denen mindestens ein Drittel auf den Men-schen überspringen könnte. Je mehr der Mensch natürliche Ökosysteme und ihre Artengemeinschaften verändert, desto wahrscheinlicher sind solche Übertragungen. Besonders stark steigt die Begegnungsrate beim Handel mit Wildtieren, nicht selten auf Märkten. Solche Wildtiermärkte steigern die Wahrscheinlichkeit einer Übertragung von Krankheitserre-gern– sie gelten übrigens auch beim Corona-Virus als der wahrscheinlichste Weg – und sollten deshalb jedenfalls dort verboten werden, wo sie nur Luxus- und keine Grundbe-dürfnisse decken[47]. »Ohne präventive Strategien werden Pandemien häufiger auftreten, sich schneller ausbreiten, mehr Menschen töten und die Weltwirtschaft mit schlim-meren Folgen belasten als jemals zuvor«, urteilt der Welt-biodiversitätsrat[48]. Dabei wären vorbeugende Maßnahmen, so rechnet das Expertengremium vor, trotz hoher Anfangs-investitionen auf Dauer um ein Vielfaches billiger, als den nächsten Pandemien hinterherzurennen und dann zu versu-chen, die Schäden, seien es wirtschaftliche oder gesundheitliche, einzudämmen und zu beseitigen. Pandemien kosten demnach etwa hundertmal mehr, als naturfreundliche Maßnahmen wie Wälder zu erhalten oder Naturschutzgebiete auszuweiten.

Umweltprobleme als große Risiken

Die größten Gefahren, vor denen wir heute global stehen, sind überwiegend im Bereich Umwelt und Gesellschaft und weniger bei geopolitischen Konfrontationen angesiedelt. Das gilt trotz des Ukraine-Konflikts und der neuen Ost-West-Auseinandersetzung. Dem *Global Risk Report* des Weltwirtschaftsforums aus dem Jahr 2022 zufolge fallen acht von zehn der stärksten Risiken für die nächste Dekade in diese Kategorien: Ganz vorneweg steht der Klimawandel, gefolgt von Extremwetterereignissen und auf Platz drei dem Verlust an Biodiversität[49]. Das sind wohlgemerkt von der Wirtschaft identifizierte Risiken – und keine Aussagen von »Naturschwärmern«. Sie ergeben sich im Fall der Biodiversität aus dem kleiner werdenden Naturkapital aufgrund abnehmender oder aussterbender Arten, durch die Zerstörung von Infrastruktur oder durch Produktionsausfälle und die Unterbrechung von Lieferketten. Dennoch findet diese sehr reale Gefahr noch nicht die Aufmerksamkeit, die eigentlich nötig wäre, noch weniger bestimmt sie die Entscheidungen von Wirtschaft, Politik und Gesellschaft. Dort ist Natur, trotz sich langsam ändernder Rhetorik und zaghaften Schritten in Richtung Nachhaltigkeit, immer noch nicht ihrem tatsächlichen Wert entsprechend berücksichtigt und in den Bilanzen von Unternehmen und Nationen abgebildet. Die Kosten dafür zahlen wir irgendwann später oder unsere Kinder und Enkelkinder, und das wahrscheinlich mit Zins und Zinseszins.

Was wann und wie schnell geschieht, wenn wir die Naturvernichtung im Maß der vergangenen siebzig Jahre fortsetzen, lässt sich derzeit nicht mit Bestimmtheit vorhersagen. Aber klar ist: Ohne Umsteuern wird dieses Verhalten Folgen haben, die unsere größten Befürchtungen noch übersteigen dürften. Nicht ohne Grund ist inzwischen von einer Doppelkrise die Rede, mit der wir es zu tun haben: Klimawandel und Verlust an Biodiversität – zwei Faktoren, die sich gegenseitig beeinflussen und verstärken. Daraus ergibt sich eine hochgefährliche Mischung für uns und unser aller Zukunft. Dabei ist das Aufhalten des Verlusts an Biodiversität ein entscheidender Faktor zur Lösung der verhängnisvollen »Doppel-Krise«, weil er die Erderwärmung abmildern kann. Einstweilen aber schreitet das stille Sterben weiter voran, denn vom Stoppen und Umkehren sind wir noch weit entfernt. Tatsächlich ging es der Natur noch nie so schlecht wie heute. Dieser Umstand veranlasste UN-Generalsekretär Antonio Guterres bereits zu der Aussage, der Mensch führe einen »sinnlosen und selbstzerstörerischen Krieg gegen die Natur«[50].

KAPITEL 3

Wozu die ganze Pracht?

Artenvielfalt ist unsere Lebensgrundlage

»Alles hängt mit allem zusammen«, lautete die grundlegende Erkenntnis des berühmten Naturforschers Alexander von Humboldt. Damit prägte er eine neue Sicht auf die Natur, welche die Wissenschaft seit Generationen beeinflusst hat und für das Thema Biodiversität von großer Bedeutung ist. Allerdings, so möchte man seine Sicht ergänzen, wissen wir zwar, dass alles mit allem zusammenhängt, aber häufig auch heute noch nicht, wie. Jedenfalls nicht im Einzelnen. Das Netz der Natur ist so dicht und komplex, dass ihr Zusammenspiel erst in Ansätzen erforscht ist und Prognosen unsicher bleiben. Deshalb wissen wir auch bis heute nicht, wie viele Arten es auf der Welt eigentlich braucht.

Man könnte daraus den zynischen Schluss ziehen, dass es auf eine Art mehr oder weniger nicht ankomme. Was macht es schon, wenn die Regenwürmer verschwinden? Wozu braucht man die überhaupt? Das war tatsächlich lange nicht vollkommen klar. Doch jetzt, da allein in Deutschland ein Drittel der Regenwurmarten auf der roten Liste der bedrohten Arten steht, stellt sich heraus, dass sie sehr wohl einen Nutzen haben: Durch das Graben von Tunnelsystemen lockern und durchlüften sie den Boden und sorgen so dafür, dass Pflanzen wachsen können. Zudem ist ihr Kot ein sehr guter Bio-Dünger. Ihre Ausscheidungen enthalten rund sieben Mal mehr Nährstoffe als normale Gartenerde[1]. Und das ist nur ein Beispiel von Millionen. Noch lässt sich nicht beziffern, wie viele und welche Arten für das Überleben der Menschen nötig sind, aber es besteht kein Zweifel daran, dass »viel gut ist«. Denn die Fülle wirkt wie eine Art Versicherung. Versagt die eine Art, etwa wegen Trockenheit, Hitze oder verstärkten Niederschlägen, übernimmt eine andere ihre Funktionen – gerade in Zeiten steigender Erdtemperaturen eine essenzielle Form der Vorsorge und des Schutzes.

Welche Auswirkungen ein Weniger an Vielfalt selbst in unseren gemäßigten Breiten schnell haben können, zeigten die Hitzesommer seit 2018 eindrücklich: Im Harz sieht man mittlerweile in den Hochlagen quadratkilometerweise nur toten Wald. Warum? Weil die Fichte dominierte; sie bietet viele Vorteile und galt als »Brotbaum« der Forstwirtschaft, denn sie wächst schnell, hat gerade Stämme und ist relativ robust. Jahrzehntelang wurde sie in vielen Gegenden standortfremd angebaut, meist in Monokultur. Diese Praxis ging allerdings auf Kosten der Vielfalt. Die heißen und trockenen Sommer der letzten Jahre haben, verbunden mit einer Zunahme an Schädlingen, zum großflächigen Absterben von Fichten geführt, aber auch zum Tod einzelner anderer Bäume, von Lärchen, Kiefern und sogar von Buchen. Der Harz bildet keine Ausnahme, auch in der Eifel, im Sauerland und im Thüringer Wald hat viel Wald die Hitze und Trockenheit nicht überlebt. Bereits 2020 mussten in Deutschland nach Angaben des Thünen-Instituts fast 300 000 Hektar Fläche wieder aufgeforstet werden[2]; der Hitzesommer von 2022 ist hier noch gar nicht mitgerechnet. Das ist mehr als die Gesamtfläche des Saarlandes. Schon machen sich viele

Förster*innen Sorgen, dass an manchen Stellen überhaupt kein Wald mehr wachsen wird.

Einfacher durch die Trockenperiode sind Mischwälder gekommen. Weil jede Baumart ihre eigenen Schädlinge hat, bieten sie weniger Angriffsfläche als Monokulturen. Und weil sich Baumarten zudem gegenseitig ergänzen in ihren Kronen- und Wurzelsystemen, sind sie besser mit Licht, Wasser und Nährstoffen versorgt – das macht sie weniger anfällig für Trockenheit, Schädlinge und andere Herausforderungen. Übrigens nicht nur bei uns, wie Studien zeigen: Vergleiche von Wäldern auf fünf Kontinenten haben ergeben, dass diese in gemischter Form überall resilienter waren – und zudem produktiver als Monokulturen, obwohl oft das Gegenteil angenommen wird. Und zwar um durchschnittlich 15 Prozent[3]. Zwar ist auf Basis der heutigen Forschungsergebnisse schwer vorherzusagen, welche Arten in Zukunft angepflanzt werden sollten. Klar ist aber, dass die Lösung in bunt zusammengesetzten Wäldern mit einer Vielfalt an Baumarten liegt.

Ähnliches kann auch beobachten, wer seinen Rasen teilweise in Wiese umwandelt. Letztere ist weitaus widerstandsfähiger als Rasen, aus vergleichbaren Gründen wie beim Wald: Der Rasen hat eine hohe Produktivität, wenn er ausreichend gedüngt und ständig gegossen wird. Bleibt das aus, verkümmert er oder stirbt sogar ab. Anders die Wiese, die aus vielen Arten besteht, mit unterschiedlichen Kräutern und Gräsern, von einjährig bis mehrjährig, mit tiefen und flachen Wurzeln, mit hohem oder niedrigem Stickstoffbedarf, kleinen und großen Blättern, mit mehr oder weniger Widerstandskraft gegen Blattfresser und Pilze, mit oder ohne Blüten. Die Arten unterstützen sich gegenseitig bei der Aufnahme von Nährstoffen. Die Wiese ist viel robuster und stabiler, weil immer irgendetwas wächst, egal wie trocken oder nass Frühling und Sommer sind. Man kann das sogar mit Aktien vergleichen: Ein diversifizierter Fonds, klug zusammengesetzt, ist stabiler als ein einzelner Wert. Diesen Portfolio-Effekt findet man ganz ähnlich in der Natur. Der Rasen als Monokultur hat eine einzige Funktion: Er soll schön und grün aussehen. Die Wiese hat viele Funktionen, sie liefert Biomasse für blattfressende Insekten, blüht und ernährt Bestäuber, sie bildet Samen aus und füttert damit Vögel, sie baut Humus auf und bindet Kohlenstoff. Und sie sieht, hat sich das Auge erst einmal umgewöhnt, schön bunt aus, nicht zuletzt weil sie Schmetterlinge, Bienen und Vögel anlockt.

Vielfalt ist also wichtig, um die Natur zu erhalten, von der wir Menschen leben. Und zwar auf weitaus umfassendere Weise, als wir uns gemeinhin bewusst machen. Die Bewohner*innen einer Millionenmetropole brauchen ebenfalls die Natur, obwohl sie vielleicht eher von Beton umgeben sind. Aber auch sie benötigen Luft zum Atmen, Wasser zum Trinken und Brot (oder Ähnliches) zum Essen, um die offensichtlichsten Bedürfnisse anzuführen. Man spricht in diesem Zusammenhang von Ökosystemleistungen, also von »Gütern« und »Dienstleistungen«, die uns die Natur bereitstellt und die wir nutzen oder weiterverarbeiten können.

Die Leistungen der Natur

Diese Leistungen kommen in drei verschiedenen Varianten vor: Da wären einmal – und am direktesten – die materiellen Leistungen der Natur, zu denen Ressourcen aller Art gehören, zum Beispiel in Form von Energie etwa als Brennholz, Dung, Torf, Kohle oder Öl. Auch liefert die Natur Essen und Trinken für uns Menschen und Futter für die Tiere. (Bau-) Stoffe wie Kalkstein oder Kreide, Fasern oder Wachse, Papier oder Harze, Farbstoffe oder Muscheln sind ebenfalls natürlichen Ursprungs, genauso wie ein Teil unserer Kleidung oder Druckmaterialien. Pflanzen, Fische oder Vögel schmücken unsere Häuser und Wohnungen, dienen als Dekoration. Tiere leisten uns Gesellschaft, leiten und beschützen uns, zum Beispiel Hunde, oder fungieren als Transportmittel und Arbeitskräfte, wie Ochsen, Pferde oder Esel.

All das ist klar und einleuchtend. Weniger offensichtlich sind biochemische Ressourcen, Naturstoffe mit medizinischer Wirkung. So spielen zum Beispiel Bakterien, Pilze oder Flechten eine bedeutende Rolle bei der Entwicklung neuer Medikamente. Und das nicht erst heute. Menschen haben schon seit Jahrtausenden bei Krankheiten auf die heilende Wirkung der Natur vertraut. Einer der ältesten dokumentierten Hinweise darauf fand sich auf einer etwa 5000 Jahre alten sumerischen Tontafel im indischen Nagpur, auf der zwölf Rezepte für das Zubereiten von Heilmitteln aus insgesamt 250 Pflanzen standen[4]. Im Mittelalter hatten Kräutersammler, sogenannte Wurzler, oder Kräuterfrauen in Europa eine wichtige medizinische Funktion. Beispiele finden sich aus allen Weltregionen und Epochen. Und selbst heute orientiert sich die Pharmaindustrie bei der Entwicklung neuer Arzneien sehr häufig an Vorbildern aus der Natur. So sind etwa drei Viertel aller Antibiotika natürlichen Ursprungs, genauso wie knapp zwei Drittel aller Zytostatica, die vor allem für Chemotherapien gegen Krebs eine Rolle spielen[5]. Und auch bei der Erforschung noch nicht heilbarer Krankheiten wie Alzheimer und Parkinson spielen natürliche Stoffe eine entscheidende Rolle, wie Farnesol, das sich im Öl von Moschus-körnern und Lindenblüten findet[6]. Im Kampf gegen anti-mikrobielle Resistenzen, also Resistenzen gegen heutige Antibiotika, könnten neue Substanzen aus der Natur eben-falls den entscheidenden Unterschied machen: Die Weltge-sundheitsorganisation betrachtet das Problem als eines der größten Gesundheitsgefahren für die Menschheit und urteilt: »Antibiotische Resistenzen gefährden die Erfolge der mo-dernen Medizin.«[7] Erst vor kurzem haben Forscher ein Mo-lekül aus den Blättern von Kastanienbäumen extrahiert, mit dem sie hoffen, resistente Bakterien neutralisieren zu kön-nen[8]. Noch mehr neue Erkenntnisse in diese Richtung sind durch den Einsatz von künstlicher Intelligenz und anderen digitalen Methoden zu erwarten. Mit deren Hilfe lassen sich in der Natur, so die Hoffnung, Heilung für weitere Krankhei-ten finden und entsprechende Medikamente entwickeln – aber dafür muss das natürliche Reservoir, aus dem man schöpfen kann, möglichst umfangreich bleiben.

Umgekehrt sind auch Gifte häufig natürlichen Ursprungs: Das Nervengift Curare ist legendär; es wurde von den süd-amerikanischen Ureinwohner*innen zur Jagd, aber auch im Kampf genutzt. Europäische Eroberer waren tief beeindruckt von seiner tödlichen Wirkung; erste Zeugnisse davon gibt es bereits im 16. Jahrhundert. Der Fliegenpilz oder der grüne Knollenblätterpilz sind so giftig für den Menschen, dass er daran sterben kann. Einer der am stärksten natürlich vor-kommenden krebsfördernden Stoffe, das Aflatoxin, wird von einem Schimmelpilz gebildet, der auf Brot und Nüssen wächst[9, 10]. Und auch die bekanntesten Rauschmittel kom-men aus der Natur: Tabak, Cannabis, in weiterverarbeiteter Form Wein und Bier. Die Natur versorgt uns also mit einer langen Liste an materiellen Leistungen, manche nutzbringender als andere, deren Palette allerdings umso breiter ist, je größer die Vielfalt.

Dann wieder dient eine Pflanze oder ein Tier auch einfach als Vorbild, als Modell für einen Nachbau. Man spricht dann von Bionik. Dass Flugzeuge Vögeln nachempfunden wurden, vergisst man schon fast. Doch genau das war Leonardo da Vincis Idee: den Vogelflug auf eine Maschine zu übertragen. Weniger offensichtlich ist die Sache beim Klettverschluss, der Kletten nachempfunden ist, daher übrigens auch der Name. Die Saugnäpfe zum Befestigen von Haken auf glatten Oberflächen gehen auf Tintenfische zurück. In der Automobilindustrie hat man sich bei der Entwicklung von leichter Karosserie vom Panzer des Kofferfisches inspirieren lassen; die Strukturen von Bienenwaben und Schildkrötenpanzern gelten als Vorbilder für Folien und elastische Bleche[11]. Bei Fassadenfarben und Lacken diente die Lotuspflanze als Beispiel. Sie verfügt über winzige Wachserhebungen, durch die Wasser und Schmutz einfach abperlen. Diesen sogenannten Lotus-Effekt haben sich die Entwickler abgeschaut[12]. Es gibt unzählige Beispiele aus allen Kategorien, bei denen Pflanzen und Tiere Pate für ein neues Produkt standen und stehen. Auch wenn die materielle Leistung hier nicht so direkt sein mag wie bei der unmittelbaren Nutzung oder Extraktion, versorgt uns die Natur doch mit Ideen und Anregungen, auf die wir ohne ihr Vorbild womöglich nie gekommen wären.

Nicht selten entstehen solche Leistungen auch erst durch ein – zufälliges – Zusammenspiel, wie das Beispiel des Guanos zeigt, der sich durch eine chemische Reaktion aus Kalkstein und Exkrementen von Seevögeln bildet. Guano ist phosphatreich, und bevor neue chemische Verfahren entdeckt und eingeführt wurden, war er der wichtigste Dünger weltweit. Er galt als so wertvoll, dass die USA ihm im Jahr

1856 eigens ein Gesetz widmeten: den Guano Islands Act.
Dieser legte fest, dass jede unbewohnte Insel, auf der es
Guano gebe, zum Staatsgebiet der Vereinigten Staaten ge-
höre, wenn sie von einem US-Bürger entdeckt und friedlich
in Besitz genommen werde[13]. Mehr als fünfzig Inseln, über-
wiegend im Pazifik, gehörten zeitweise zum Staatsgebiet der
USA, einige stehen bis heute unter US-Kontrolle, dazu zählen zum Beispiel das Johnston-Atoll und die Midwayinseln.
Der winzige Inselstaat Nauru, ebenfalls im Pazifik, lebte viele
Jahrzehnte so prächtig vom Guano, dass er in den 1970er
Jahren fast bizarren Reichtum erreichte. Inzwischen sind die
Bestände zur Neige gegangen und leider die seinerzeit spru-
delnden Einnahmen nicht zukunftssicher investiert worden;
das Land stürzte in Armut[14]. Das Beispiel Guano macht
zweierlei deutlich: Welchen Wert Leistungen der Natur haben können. Und, vielleicht noch wichtiger: dass man solchen Nutzen nicht willentlich herbeiführen kann. Je weniger
Optionen zum Zusammenspiel in der Natur bestehen, desto
weniger Chancen auf Verwertbares bleiben auch für den
Menschen.

Biodiversität als Maschinenraum der Natur

Neben den materiellen Leistungen, von denen wir viele
selbstverständlich in Anspruch nehmen, meist ohne uns
überhaupt bewusst zu machen, wo sie herkommen, gibt es
noch die regulierenden Leistungen der Natur. Sie sorgen dafür, dass Ökosysteme funktionieren. Sie regulieren das Klima,
schützen den Boden, lockern ihn auf, bestäuben Pflanzen,
breiten Samen aus, reinigen Wasser und vieles mehr. Etwas

technischer ausgedrückt, könnte man sagen: Die Biodiversität ist der »Maschinenraum« der Natur. Was dort im Detail geschieht, entzieht sich meist unserer Kenntnis und Aufmerksamkeit, jedenfalls solange alles mehr oder weniger reibungslos läuft. Viele der Organismen, auf die wir am dringendsten angewiesen sind, haben wir am wenigsten im Blick, weil sie um ihre Leistungen gewissermaßen kein Aufhebens machen; sie erbringen sie still, wie Pflanzen, Insekten oder Würmer. Vieles davon ist für das menschliche Auge unsichtbar, zu klein oder unter der Erde verborgen, etwa Mikroorganismen und Bodentiere, aber auch Fische unter der Wasseroberfläche.

Zu den wichtigsten regulierenden Beiträgen der Natur zählt der Erhalt von Lebensräumen für Organismen, die direkt oder indirekt für uns Menschen wichtig sind. Von entscheidender Bedeutung ist auch die Bestäubung und Samenausbreitung, die die Natur selbst erledigt: Tiere, häufig Insekten, Vögel oder Fledermäuse, transportieren Pollen für die Bestäubung von Pflanzen oder sie bewegen Samen für die Regeneration von Pflanzen und ganzer Ökosysteme. Etwa neunzig Prozent aller wild blühenden Pflanzenarten und mehr als drei Viertel aller wichtigen Nahrungspflanzen sind mindestens teilweise auf die Bestäubung durch Tiere angewiesen[15]. Dadurch basiert unsere Ernährung zu mindestens einem Drittel auf Pflanzen, die von Tieren bestäubt werden[16]. Das entspricht einem geschätzten Marktwert von jährlich zwischen 235 und 577 Milliarden Dollar[17]. Und oft handelt es sich um Pflanzen, die für eine ausgewogene und gesunde Ernährung besonders wichtig sind, weil sie Obst, Gemüse, Samen oder Nüsse hervorbringen. Dazu gehören zum Beispiel Apfel- und Kirschbäume, aber auch Bananenstauden, Kakao oder Kaffeepflanzen.

Besonders beunruhigend ist das Sterben der Bienen und anderer Bestäuber. Sie sorgen für reiche Ernten und besuchen rund neunzig Prozent der wichtigsten Feldfrüchte[18]. Etwa 20 000 Bienenarten gibt es weltweit, bei der überwiegenden Mehrzahl handelt es sich um Wildbienen. Schrumpft ihr Bestand, hat das direkte Folgen für die Landwirtschaft und damit für unsere Nahrungsmittelversorgung. Zudem hätte das Verschwinden der Wildbienen und anderer Bestäuber auch gravierende Konsequenzen für die wilde Pflanzen- und Tierwelt. Unzählige Vogelarten, Primaten und Insekten leben ebenfalls von Pflanzen und ihren Früchten, die für ihre Bestäubung und Vermehrung wiederum auf Wildbienen und andere Insekten angewiesen sind. Es käme ohne Bienen in der Folge zu einem weiteren, sekundären Artensterben – mit noch schwerwiegenderen Folgen, die auch wieder auf den Menschen zurückschlagen würden.

Welche Bedeutung die Wildbienen für das Fortbestehen von Pflanzen, Tieren und Menschen haben, ist zum Glück, mindestens in Deutschland, mittlerweile ins öffentliche Bewusstsein eingedrungen. In Bayern gab es 2019 sogar ein Volksbegehren mit dem griffigen Titel »Rettet die Bienen«, dem sich innerhalb von nur zwei Wochen rund 1,7 Millionen Wahlberechtigte durch Unterschrift angeschlossen haben. Das Volksbegehren war erfolgreich, sogar das erfolgreichste in der Geschichte des Freistaats. Daraufhin wurde das Naturschutzgesetz in Bayern geändert und zum Beispiel um höhere Flächenziele im ökologischen Anbau ergänzt[19]. Dass manches davon noch nicht umgesetzt ist, steht auf einem anderen Blatt und hat eher mit der Behäbigkeit der Staatsregierung zu tun. Aber es gibt Fortschritte, zum Beispiel beim Ökolandbau und beim Thema Streuobst, wofür sogar ein Pakt unterzeichnet wurde. Demnach werden der jetzige

Bestand geschützt und zusätzlich eine Million Streuobst-bäume gepflanzt[20].

Rückgänge bei Bestäubern sind derzeit vor allem aus Europa und Nordamerika dokumentiert. Weltweit betrachtet, weiß man zwar, dass mehr als 16 Prozent aller Wirbeltier-Bestäuber wie Fledermäuse, Vögel, Affen, Beutel- und Nagetiere vom Aussterben bedroht sind, aber bei den Insekten gibt es über lokale und regionale Erkenntnisse hinaus noch kein klares Bild[21]. Da zu den Ursachen des Insektensterbens unter anderem der massive Einsatz von Pflanzenschutzmitteln, der Verlust von Wiesen und Weiden, hohe Düngeraten und monotone Landschaften ohne Hecken, Bäume und Brachflächen zählen, kann allerdings davon ausgegangen werden, dass die Gefahr überall lauert, wo Landwirtschaft maximal intensiv betrieben wird.

Sauerstoff produzieren, Schadstoffe filtern, CO_2 speichern

Es gibt noch weitere regulierende Leistungen der Natur: etwa die Produktion von Sauerstoff, das Filtern von Schadstoffen aus der Luft oder das Speichern von CO_2 in Wäldern, Böden und Mooren. Auch das Bereitstellen von Wasser gehört dazu, wie überhaupt der Wasserkreislauf ein in sich geschlossenes natürliches System darstellt, das durch Beeinträchtigungen von außen rasch gestört werden kann. Das zeigt sich am Beispiel des Kilimanjaro: Seine schneeglänzende Kuppe ist legendär. Aber der Berg mit seinen berühmten Vegetationszonen ist mehr als ein charismatisches Fotomotiv. Denn genau genommen ist der Kilimanjaro nicht nur der größte freistehende Berg der Erde, sondern auch eine Art Wasserturm, der wertvolles Nass für mehr als eine Million Menschen in einer sonst sehr trockenen Landschaft bereithält. Am Kilimanjaro selbst herrscht ein eigenes Klima; der Vulkan sorgt für Steigungsregen und ausreichend Feuchtigkeit. Dabei spielt die Vegetation eine zentrale Rolle, besonders der Wald an den Hängen mit seinen Flechten und anderen Epiphyten. Dieser »melkt« Wasser aus den Wolken und hilft dabei, es langsam in den Boden eindringen zu lassen. Auch stabilisiert er die Böden bei Starkregen und sorgt letztlich dafür, dass sauberes Wasser in Quellen als Trinkwasser und für die Bewässerung wieder zutage tritt.

Doch der Wald ist von oben her gefährdet, hauptsächlich durch Feuer, die manchmal absichtlich gelegt werden, um wilde Bienenstöcke auszuräuchern und ihren Honig zu sammeln, die manchmal aber auch unabsichtlich ausbrechen. Der Klimawandel verstärkt deren Häufigkeit noch. Auch hier löst eine Veränderung wieder weitere aus: Durch die zahlreicheren Brände wächst dort eine Erica-Vegetation, die schneller brennt als der ursprüngliche Wald – ein sich selbst verstärkender Effekt tritt in Kraft. Mittlerweile liegt die obere Waldgrenze um rund 300 Meter tiefer als Ende der 1970er Jahre. Diese Veränderung wirkt unbedeutend; damit verbunden gehen jedoch geschätzte zwanzig Millionen Kubikmeter Nebelwasser jährlich verloren. Das entspricht dem Wasserbedarf von rund einer Million Menschen pro Jahr[22]. Der Waldverlust ändert also nicht nur das Mikroklima, sondern auch den Wasserhaushalt der ganzen Gegend. Da Wasser in dieser heißen, trockenen Region Leben bedeutet, wirkt sich das negativ auf die Existenzen Hunderttausender Menschen und selbst auf den ökonomisch so wichtigen Tourismus aus.

Auch wirkt eine intakte Natur wie ein Puffer gegen extreme Wetterfolgen – während des Klimawandels ein immer wichtiger werdender Faktor. Zwar sind Überflutungen, Stürme, Hitzewellen und Tsunamis ebenfalls Naturphänomene, aber erstaunlicherweise sind sie für die Menschen, die in einer Umgebung mit reicher Vegetation leben, oft weniger gefährlich. Das hat sich eindrücklich beim vernichtenden Tsunami aus dem Jahr 2004 gezeigt, bei dem an den Küsten des Indischen Ozeans mehr als 200 000 Menschen starben und rund 1,7 Millionen ihr Obdach verloren[23]. Es stellte sich nämlich heraus, dass Gegenden mit Mangrovenwäldern sehr viel besser vor der destruktiven Wirkung der Megawelle geschützt waren als Küstenabschnitte ohne derartige marine Schutzwälder. Den Tsunami hätte niemand verhindern können, gegen diese Naturgewalt sind wir machtlos, aber die Auswirkungen können abgemildert werden. Einer Studie zufolge hätten schon dreißig Bäume pro hundert Quadratmeter genügt, um die Kraft des Tsunamis um mehr als neunzig Prozent zu brechen. Das gilt vielleicht nicht für die Gegenden, in denen der Tsunami mit maximaler Härte aufgeschlagen hat, aber in etwas weniger stark getroffenen Küstenabschnitten hätten Bäume wahre Wunder bewirken und viel Leid verhindern können[24]. Tatsächlich geschieht gerade das Gegenteil: Mangrovenwälder, die eine Schnittstelle zwischen Land und Ozean bilden und an tropischen und subtropischen Küsten zu finden sind, gehen mit großer Geschwindigkeit verloren. In nur zwanzig Jahren wurden vierzig Prozent davon zerstört[25]. Dabei bilden sie eine starke Barriere gegen Sturmfluten, sind darüber hinaus Heimat für unzählige Fischarten und binden sehr viel CO_2 – etwa so viel wie alle Fahrzeuge in Deutschland zusammen in einem Jahr ausstoßen[26].

Quell der Erholung und Inspiration

Doch die biologische Vielfalt ist viel mehr als ein Füllhorn und ein Maschinenraum; sie stärkt uns auch indirekt, trägt zu unserem Wohlbefinden bei. Bäume, Flüsse, Seen, Wälder lassen uns durchatmen und zur Ruhe kommen. Wir können uns in der Natur erholen, entspannen, uns körperlich und seelisch regenerieren. Schönheit und Freude sind mit der Natur verbunden, wie nicht nur die klassische Malerei etwa von Caspar David Friedrich beweist, sondern auch die zeitgenössische Fotografie, zum Beispiel von Sebastião Salgado, der jahrelang das brasilianische Amazonasgebiet bereiste und in spektakulären Fotografien festhielt. Die Natur inspiriert uns, sie gibt Halt und Kraft, lässt uns innehalten und zufrieden werden. Ob als Heilung, Entspannung, Erholung oder Muße, ob beim Wandern, Fischen, Schwimmen, Schnorcheln, beim Vögelbeobachten oder bei der Gartenarbeit, wir spüren ihre wohltuende Wirkung. Mehr noch, die Natur prägt auch unsere Identität; Landschaften schaffen Gefühle von Zugehörigkeit, des Verwurzeltseins, der Verbundenheit. Töne, Gerüche, Anblicke, ikonische Tierarten, Bäume oder Blumen – wer kennt sie nicht? Sie prägen unsere Kindheit, unser Leben, unsere Kulturen, auch unsere Spiritualität, sie stiften Sinn und geben Orientierung.

Dies zeigt das Beispiel des pazifischen Lachses, der für viele Menschen nicht nur eine ökologische, sondern eine kulturelle Schlüsselart ist: Lachse gehören zum Leben und zur Identität der indigenen Völker an der nordwestlichen Pazifikküste, die sie sogar als Familienmitglieder betrachten und ihnen großen Respekt entgegenbringen. Die Lachse sind viel mehr als Fische, die gefangen, gegessen und verkauft werden. Sie sind Teil der Gemeinschaft, der Kultur, gelten mithin als Teil des sozialen Netzes und sind entsprechend als solche zu behandeln. Deshalb feiert man ihre Existenz in Zeremonien und ergeht sich in Praktiken des Gebens, Handelns und Teilens. Die Weltsicht dort lautet: »Wenn du für die Lachse sorgst, dann sorgen sie für dich.« Die Fürsorge für ihr Wohlergehen ist eng mit der eigenen Perspektive auf die Natur und auf das Leben verbunden[27].

Nicht immer ist das Verhältnis von Mensch und Natur so innig wie bei diesen indigenen Völkern am Pazifik. Aber auch dort, wo es weniger offensichtlich scheint, ist die Verbindung enger als manche glauben mögen. Studien zufolge gibt es einen mittlerweile auch messbaren Zusammenhang zwischen der Artenvielfalt und der Psyche: Menschen sind gesünder, je mehr um sie herum zirpt, zwitschert und wächst[28]. Auf einen einfachen Nenner gebracht, lautet die Schlussfolgerung: Je mehr Natur, desto mehr Wohlbefinden. Untersuchungen von mehr als 30 000 Menschen in ganz Europa zeigen jedenfalls, dass ein signifikanter Zusammenhang zwischen Vogelvielfalt und Zufriedenheit besteht. Der Zusammenhang ist sogar so stark, dass dies selbst höhere Einkommen aufwiegen kann: So hat man festgestellt, dass zehn Prozent mehr Vogelarten in einer Region genauso viel bringen für die Lebenszufriedenheit wie zehn Prozent mehr Einkommen[29]. Nicht nur Geld macht also glücklich, lautet die logische Schlussfolgerung, sondern auch Artenvielfalt.

Welche Wirkung die Natur auf unsere Psyche entfaltet, hat nicht zuletzt die Corona-Pandemie eindrücklich gezeigt. Ohne großflächige Untersuchungen anzuführen, lässt sich doch mit einiger Sicherheit feststellen, dass Spaziergänge in Parks, an Flüssen, durch Felder, Wiesen und Wälder für die meisten von uns in der Hochzeit der Pandemie ein dringend benötigter Ausgleich und Rettungsanker waren. Vielleicht haben wir hier sogar deutlicher denn je gespürt, wie sehr wir für unser Wohlbefinden auf all das angewiesen sind. In einer Zeit, als ablenkende Alternativen ausblieben und verwehrt waren, galt auf andere und besondere Weise der Rousseau zugeschriebene Leitspruch *retour à la nature* als Remedur und Rezeptur, die unfreiwillige Gefangenschaft und Zurückhaltung psychisch durchzustehen. Es wäre schön, wenn die Gewohnheit des regelmäßigen Treffens zu Spaziergängen statt zu Bier oder Wein (obwohl auch dagegen nichts einzuwenden ist) über die Pandemie hinaus erhalten bliebe.

Die Natur überlebt – so oder so

Die Leistungen der Natur für den Menschen können also gar nicht hoch genug eingeschätzt werden. Fast alles, was wir für unsere Existenz benötigen, kommt in irgendeiner Form aus der Natur. Genau genommen brauchen wir sie unendlich viel mehr als die Natur uns. Sie wird in irgendeiner Form bestehen bleiben, aber ob wir überleben, hängt davon ab, wie rücksichtsvoll wir in den nächsten Jahren und Jahrzehnten mit ihr umgehen und wie sehr es uns gelingt, Artenvielfalt zu erhalten und wieder zu fördern. Denn mit dem Rückgang der Biodiversität nehmen auch die Ökosystemleistungen für den Menschen ab.

Der Weltbiodiversitätsrat unterscheidet 18 verschiedene Typen von Leistungen der Natur und hat deren Trend über die vergangenen fünfzig Jahre erfasst – mit einer verheerenden Bilanz: 14 davon nehmen ab, darunter ganz massiv die Bestäubung und die Bereitstellung von Lebensräumen für möglichst viele Arten. Aber auch die Regulierung der Luft-qualität und des Klimas, das Bereitstellen von Trinkwasser, die Bodenqualität, die Regulierung von Schädlingen und Krankheiten und die Fischbestände haben stark gelitten. Einzig die Versorgung mit Energie, Nahrung, Futtermitteln und diversen Materialien wie Fasern hat in den vergangenen fünf Jahrzehnten zugenommen[30]. Der Mensch hat Ökosysteme für eine maximale Ausbeute an materiellen Leistungen geformt, was allerdings häufig zu Lasten der regulierenden und immateriellen Leistungen geht, wie sich am Beispiel des Klimawandels eindeutig zeigt: Zwar steht uns durch die Nutzung fossiler Ressourcen wie Kohle und Öl mehr Energie zur Verfügung, aber durch deren Verbrennen entweicht auch mehr CO_2 in die Atmosphäre. Ähnliches gilt für den Gewinn landwirtschaftlicher Flächen: Das Abholzen von Wäldern hat zu einem Mehr an Nahrungsmitteln geführt – für eine steigende Weltbevölkerung durchaus bedeutsam –, aber gleichzeitig wurden dadurch gebundenes CO_2 freigesetzt, die Bestäubungsfunktion eingeschränkt, die Wasserqualität gemindert und die ästhetischen und gesundheitsfördernden Effekte der Natur gesenkt[31].

Hinzu kommt, dass gerade die ärmsten Menschen, oft in Ländern des globalen Südens, am stärksten direkt auf die Leistungen der Natur angewiesen sind. Sie leben meistens auf dem Land und noch viel unmittelbarer von ihrer natürlichen Umgebung als industrialisierte Gesellschaften. Ob von kleinen Landwirtschaften, Feuerholz oder Wasser aus einer Quelle – ihre Existenz hängt direkt von natürlichen Ressourcen ab. Zwar gibt es auch in so gut wie jedem Produkt, das Menschen in Industrieländern nutzen, natürliche Komponenten, aber fällt ein Teil davon aus, bieten sich fast immer Alternativen – und seien sie aus anderen Weltregionen. Berechnungen des WWF zufolge tragen allein in der Europäischen Union ein Sechstel aller gehandelten Lebensmittel zur Entwaldung in den Tropen bei[32]. Dadurch entsteht ein Paradox: Diejenigen, die am meisten auf die Natur angewiesen sind, auch und gerade für ihr tägliches Leben, können sich gegen deren Schwund am wenigsten stemmen.

Gerade im Kampf gegen die Armut gilt vielen die Rücksichtnahme auf die Natur als Luxus-Faktor. Sie schonend zu behandeln, das könnten sich ärmere Staaten nicht leisten, lautet häufig die Aussage. Zumindest nicht sofort, sondern erst, wenn die Armut ein gutes Stück überwunden sei. Dadurch entsteht ein Teufelskreis aus Not, Degradierung von Natur und noch größerer Not. Als Folge brauchen Menschen auf dem Land gerade in Entwicklungsländern immer länger und müssen weitere Strecken zurücklegen, um ihre tägliche Existenz zu sichern, etwa um Feuerholz zu sammeln oder Wasser zu holen[33]. In Bangladesch zum Beispiel verbringen Frauen rund die Hälfte ihrer Zeit mit dem Besorgen von Nahrungsmitteln und dem Zubereiten von Mahlzeiten[34]. Die Last des ökologischen Niedergangs sei für alle spürbar, heißt es beim Umweltprogramm der Vereinten Nationen UNEP, aber »unverhältnismäßig stärker für arme und verletzliche Menschen«, weil Produzent*innen und Konsument*innen in reicheren Ländern ihren »ökologischen Fußabdruck oft in ärmere Länder« exportierten[35]. Geschätzte achtzig Prozent der nachhaltigen Entwicklungsziele (SDGs) in der internationalen Agenda zur Überwindung von Armut, Not, Ungleichheit und dem Raubbau an der Natur sind durch den Verlust an biologischer Vielfalt gefährdet[36].

Biodiversität ist für die Zukunft des Menschen überlebenswichtig, das steht außer Frage. Sie ist kein externer Faktor, etwas Anderes, Separates, wie gelegentlich behauptet.

Doch ob und wie stark jede Art für unser Überleben gebraucht wird, ist noch unklar. Zwar kann man Schlüsselarten benennen: In den Tropen zum Beispiel werden mehr als neunzig Prozent aller Baumarten von Wirbeltieren, im Wesentlichen von Vögeln ausgebreitet[37]. Unter ihnen finden sich ein paar große mit riesigen Schnäbeln, etwa Tukane und Nashornvögel, die auch lange Distanzen fliegen können. Sie sind entscheidend als Samenausbreiter und gelten als »Gärtner des Waldes«.

Auch Seeotter sind eine Schlüsselart – wie das neuerliche Schrumpfen ihrer Bestände im Nordpazifik innerhalb weniger Jahre beweist[38]. Die Folgen sind verheerend für die küstennahen Tangwälder. Die Marderart hat Berühmtheit vor allem deshalb erlangt, weil sie spaßig anzusehen ist: Seeotter zertrümmern die Schalen von Muscheln an Steinen, um an ihren Inhalt zu gelangen. Meist legen sie sich dabei einen Stein auf die Brust und schlagen die Muscheln mit den Vorderpfoten dagegen. Wer schon einmal beobachten konnte, wie geschickt sie sich dabei anstellen, wird das Bild kaum wieder vergessen. Auch wenn Seeotter vor allem wegen des originellen Vorgehens beim Öffnen von Muscheln bekannt sind, besteht ihre Hauptnahrung aus Seeigeln. Schon einmal standen die Seeotter kurz vor der Ausrottung: Wegen ihres Pelzes wurden sie bis etwa 1910 intensiv gejagt. Zur Rettung der Tiere schlossen Russland, England, die USA und Japan 1911 den Beringsee-Vertrag, der den Seeotterfang in einigen Regionen völlig untersagte. Dadurch konnten sich ihre Bestände teilweise erholen und bis 1970 fast die einstige Populationsdichte erreichen. Doch nun sinkt ihr Bestand wieder, weil sie von Killerwalen gefressen werden. Dadurch wächst die Population der Seeigel – ihre Biomasse ist bereits um das Achtfache gestiegen –, was sich wiederum verheerend auf

Tangwälder auswirkt, weil Seeigel diese abweiden und sie dabei völlig zerstören können. Während die Stachelhäuter 1991 noch rund ein Prozent des Tangbestands abfraßen, waren es nur sechs Jahre später bereits fast 48 Prozent[39, 40].

Dazu muss man wissen, dass küstennahe Tang- oder Kelpwälder, so unspektakulär sie wirken mögen, mit ihren Braunalgenbeständen Lebensräume und Nischen für zahllose weitere Pflanzen- und Tierarten bieten. Sie gelten als Gegenstücke zu den Regenwäldern und ähnlich wie diese als Hotspots der Artenvielfalt. Sie beherbergen Algen, Moostierchen, Würmer, Muscheln, Schnecken, Anemonen, Krebse und zahlreiche Fische, die ihre Kinderstube ausschließlich in den Tangwäldern haben. Schon Charles Darwin notierte vor über hundert Jahren dazu:»Inmitten der Blätter des Riesentangs leben zahlreiche Fische, die nirgendwo sonst Nahrung oder Schutz finden. Und auch Seevögel, Otter, Seehunde und Delfine würden wohl bald verschwinden, würde der Kelp zerstört.«[41]

Doch warum fressen Killerwale plötzlich Seeotter, obwohl wahrscheinlich Tausende von Jahren lang kein Räuber-Beute-Verhältnis bestanden hat? Die wahrscheinlichste Erklärung ist der drastische Schwund an Seelöwen und Robben. Und deren Rückgang wiederum hängt mit einem zunehmenden Mangel an geeigneten Nahrungsfischen durch Überfischung und die Erwärmung des Meerwassers aufgrund des Klimawandels zusammen[42]. Damit sind letztlich Eingriffe des Menschen Ursache des Seeottersterbens und des Absterbens der Tangwälder. Das Beispiel illustriert sehr deutlich, wie ein Schaden den nächsten verursachen und zu immer größeren Folgen führen kann – häufig, ohne dass vorher absehbar gewesen wäre, wie sich so ein Beziehungsgeflecht umgestaltet. Und es demonstriert, dass es Arten gibt, die im noch weitgehend unbekannten Geflecht der Natur eine Schlüsselrolle spielen. Sie stehen oft an der Spitze des Nahrungsnetzes und können überproportional große Wirkungen auf ganze Ökosysteme entfalten. Andere Beispiele für Schlüsselarten mit sogenannten kaskadierenden Effekten auf Ökosysteme sind Wölfe, Jaguare, Füchse oder – in Seen – Barsche.

Das Arche-Noah-Prinzip funktioniert nicht

Das bedeutet im Umkehrschluss allerdings nicht, dass man scheinbar weniger wichtige Arten erübrigen könnte. Häufig kennen wir ihre Rollen nur einfach nicht oder haben das Wechselspiel mit anderen Arten noch nicht genügend verstanden. Die Mehrzahl der Arten ist noch nicht erforscht und erfasst. Wie könnten wir auf dieser Grundlage ihre jeweilige Funktion und ihren Nutzen einschätzen? Vielleicht stellt sich eine heute »unauffällige« Art morgen als Schlüsselart und als überlebenswichtig heraus, etwa weil sie mit weniger Wasser auskommt oder gegen Pilze besonders resistent ist, weil sie auch bei hohen Temperaturen noch gut wächst oder ihr ein ärmerer Boden genügt. Deshalb wäre es fahrlässig, die Arten in Ranglisten von essenziell bis verzichtbar einzuteilen und sich auf die Rettung von »Top-Arten« zu konzentrieren. Das Arche-Noah-Prinzip funktioniert hier leider nicht.

Dem Artensterben tatenlos zuzusehen, hieße auf Risiko zu spielen und zu hoffen, dass auch künftig genügend Pflanzen und Tiere übrig bleiben, die unter sich ständig verändernden Bedingungen weiterhin das liefern können, was wir Menschen zum Leben und Überleben benötigen. Eine selektive

Rettung, so sie überhaupt möglich und praktikabel wäre, führte nicht zum Ziel. Sie wäre unklug und verantwortungslos. Deshalb kann die Antwort nur lauten: Es muss so viel Biodiversität wie möglich erhalten werden.

Oder anders formuliert: Das fortgesetzte Artensterben ist so, als kündigten wir jeden Tag aufs Neue unsere Lebensversicherung. Jeder klar denkende Mensch erkennt hier sofort den destruktiven Charakter der Maßnahme. Beim Schwund an Biodiversität hingegen fehlt das Bewusstsein für deren Folgen und den Ernst der Lage leider immer noch in großen Teilen. Und das ist fatal. »Denn ohne Artenvielfalt in intakten Ökosystemen«, sagt Bundesentwicklungsministerin Svenja Schulze, »können wir nicht angemessen auf Ernährungskrisen, Klimawandel und Krankheitserreger reagieren«.[43] Und das ist nur ein Teil der Leistungen, die die Natur uns über lange Zeit ganz selbstverständlich zur Verfügung gestellt hat und auf die wir dringend angewiesen sind.

KAPITEL 4

Nein, es ist nicht Plastik

Die Landwirtschaft als größte Vernichterin
von Biodiversität

Fragt man Besucher*innen des Senckenberg Museums, was
sie für das schlimmste Umweltproblem halten und worum
man sich als Erstes kümmern müsste, lautet die häufigste
Antwort: Plastikmüll. Natürlich kann niemand in Abrede
stellen, dass dieses geniale wie schädliche Material zu einem
globalen Problem geworden ist und enorme Gefahren mit
sich bringt. Aber Plastik ist nicht die einzige Herausforderung, der wir uns derzeit gegenübersehen und schon gar
nicht der Hauptgrund für den Rückgang an Biodiversität.
Andere Faktoren, wie veränderte Landnutzung und Klimawandel, sind wichtiger. Hier existiert also eine interessante
Fehlwahrnehmung.

Offenbar haben die dramatischen Bilder von schwimmen-
den Plastikteppichen im Meer, von Flaschenbergen an Strän-
den, von Seepferdchen, die ihren Schwanz um ein Wattestäb-
chen gewickelt haben, von toten, mit Plastik vollgestopften
Vögeln oder von verendeten Walen mit bis zu vierzig Kilogramm Plastik in ihren Mägen ihre Wirkung nicht verfehlt.
Auch das Video einer Meeresbiologin, die vorsichtig einen
Strohhalm aus der Nase einer Meeresschildkröte zieht, kann

niemanden kalt lassen[1]: Das Tier leidet ganz offensichtlich große Qualen bei dieser Rettungsaktion. Am Ende hält die Biologin ein langes Stück blutverschmiertes Plastik in die Kamera, als Warnung und Mahnung zugleich. Das Video wurde in kurzer Zeit über 110 Millionen Mal aufgerufen, fast 130 000 User fühlten sich zu einem Kommentar genötigt[2]. Allein das zeigt, wie viel Betroffenheit solche Bilder auslösen können.

Dazu kommen Nachrichten über (Mikro-)Plastik, das sich mittlerweile selbst an den tiefsten Stellen der Weltmeere findet, wie im Marianengraben, 11 000 Meter unter der Wasseroberfläche. Oder hoch oben auf dem Mount Everest, wo sich kleine, wie Würmer aussehende Fäden, die plötzlich auftauchten, später als Plastikfasern entpuppten. Egal wie entlegen, wie hoch oder tief gelegen – nichts scheint dem mittlerweile allgegenwärtigen Plastik entkommen zu können. Dabei beeinträchtigt dieses Mehr an Plastik allein in den Weltmeeren mehrere Hundert Arten, darunter 86 Prozent der Meeresschildkröten, 44 Prozent der Seevögel und 43 Prozent der marinen Säugetiere[3]. All das ist ein weiterer deutlicher Beleg, dass wir uns im Zeitalter des Anthropozäns befinden. Allerdings sind die schädlichen Wirkungen von Plastik wegen der plakativen Bilder und guter Informationskampagnen von Initiativen wie der Plastic Ocean Foundation mit ihrer sehr engagierten Mitbegründerin Joanne Ruxton[4] auch gut dokumentiert und inzwischen einer größeren Öffentlichkeit durchaus bewusst.

Obwohl das Problem noch längst nicht gelöst ist, die Plastikberge weiter wachsen, gibt es doch mittlerweile in allen Weltgegenden Maßnahmen dagegen: Seit Mitte 2021 sind in der EU viele Einwegplastikprodukte wie Trinkhalme, Rührstäbchen, To-go-Becher und manches mehr verboten[5].

Ruanda hat die Plastiktüte schon im Jahr 2007 gleich ganz untersagt[6] und gehört in Hinsicht auf dieses Problem nun zu den saubersten Ländern überhaupt. Weltweit haben mindestens 77 Länder in irgendeiner Form den Gebrauch von Plastikprodukten limitiert oder verboten[7]. Und im Frühjahr 2022 wurde bei den Vereinten Nationen die Voraussetzung für ein internationales und rechtlich bindendes Abkommen zur Reduktion von Meeresmüll bis 2024 ausgehandelt. Das entsprechende Verhandlungsmandat dazu haben die Delegierten bei einer Umweltkonferenz in Nairobi erteilt. Damit ist eine Konvention längst nicht in Kraft, noch nicht einmal ausgehandelt. Bis es so weit ist, werden sicher viele weitere Plastikteile in die Flüsse und Meere gespült, aber ein wichtiger erster Schritt ist gemacht.

Vielleicht wegen der großen Medienpräsenz und weil Plastik wirklich überall sicht- und spürbar ist, hat das Thema im Verhältnis zu anderen Umwelt-Herausforderungen eine deutlich größere Bedeutung in den Köpfen der Menschen erlangt, als es – mindestens mit Bezug zur Artenvielfalt – der Realität entspricht. Unter den Ursachen für den Rückgang von Biodiversität jedenfalls kommt es erst auf Rang vier, und innerhalb der Kategorie »Umweltverschmutzung« spielen andere Faktoren eine noch größere Rolle. Weitaus bedeutsamer als Grund für den Artenschwund sind vor allem die veränderte Landnutzung, die Ausbeutung von Arten und der Klimawandel. Nach der Umweltverschmutzung folgt auf Rang fünf die Ausbreitung invasiver Arten. Zusammen nennt man sie die *big five*, weil sie für den überwiegenden Teil des Verlusts an Artenvielfalt verantwortlich sind.

Veränderung der Erdoberfläche

Mit weitem Abstand an der Spitze steht die Nutzung von Land. Der Mensch hat die Erdoberfläche im vergangenen Jahrtausend stark modifiziert: landwirtschaftliche Flächen wuchsen, Wälder schwanden, Flächen wurden versiegelt: es entstanden Häuser, Straßen, Brücken, Eisenbahnschienen und Fabriken. Die menschlichen Eingriffe sind unübersehbar. Wie stark, das hat unlängst selbst Forschende vom Karlsruher Institut für Technologie überrascht. Sie haben einen hoch aufgelösten Kartensatz namens »HILDA« (Historic Land Dynamics Assessment) entwickelt, der mit Satellitendaten und Landnutzungsstatistiken globale Veränderungen zwischen 1960 und 2019 rekonstruierte[8, 9]. Das Ergebnis: In nur sechs Jahrzehnten wurde fast ein Drittel der globalen Landfläche auf irgendeine Weise verändert. Der Wert war damit nach Angaben aus Karlsruhe etwa vier Mal so hoch, wie langfristige Analysen bis dahin angenommen hatten. Auch das ist wieder ein Hinweis auf »die große Beschleunigung«, die seit den 1950er Jahren eingesetzt hat. Zwar verläuft die Entwicklung global betrachtet nicht überall gleich, im Norden scheint sie seit etwa 2006 gestoppt, im globalen Süden hat sie sich dafür auch in dieser Zeit weiter beschleunigt, insgesamt ist der Trend allerdings klar und deutlich: Natürliche Lebensräume gehen verloren.

Die Hauptursache hierfür ist die Landwirtschaft. Zwischen 1963 und 2005 nahm die weltweite Anbaufläche für Nahrungsmittel um etwa 270 Millionen Hektar zu. Das entspricht etwa acht Mal der Fläche Deutschlands. Diesen Wandel in der Landnutzung erleben wir vor allem in den Tropen, ausgerechnet da, wo die Lebensräume mit der höchsten Artenvielfalt zu finden sind. Von der Klimawirkung als CO_2-Speicher ganz zu schweigen. Hier gehen natürliche Ökosysteme im Moment besonders stark verloren, durch das Abholzen von Wäldern, für die Rinderhaltung oder den Anbau von Soja, wie häufig in Lateinamerika, oder für Palmöl-Plantagen, wie vielfach in Südostasien. Die Schneisen, die das verursacht, sind überall zu beobachten, ganz besonders im Amazonas, wo riesige Flächen Regenwald zerstört werden; stattdessen herrschen oft Monokulturen vor, so weit das Auge reicht.

Der Raubbau hinterlässt tiefe Spuren, wie Satellitenfotos der NASA zum Beispiel aus Peru zeigen. Hier sieht man aus dem All neben echten Flüssen auch riesige »Ströme aus Gold« inmitten des Regenwaldes – Hunderte dicht nebeneinander liegende Gruben, die von Goldgräbern ausgehoben wurden und mit Wasser gefüllt sind[10, 11]. Wenn sich die Sonne darin spiegelt, sehen sie aus wie glitzernde Flüsse – Zeugnisse eines drastischen menschlichen Eingriffs. Daneben befinden sich aufgrund des Goldrauschs ganze Dschungel-Städte mit allem, was das Leben so braucht, Bordelle inklusive. Auch die borealen Urwälder im Norden Russlands werden ausgebeutet[12], genauso wie Wälder in Kambodscha, Malaysia und vielen anderen Weltgegenden. Die Mondlandschaften, die der Tagebau der Kohleförderung hinterlässt, kennen wir auch aus Ostdeutschland, Kolumbien, den USA oder Vietnam. Die Liste des sichtbaren Wandels im Umgang mit Land ließe sich lange fortsetzen und zwar mit Stätten rund um den Globus.

Auch in Kenia gibt es kaum noch Wälder, Schätzungen sprechen von einem bis zwei Prozent der Landfläche[13, 14, 15]. Sie aber haben früher das Wasser und damit auch den Boden gehalten und der Natur in trockenen Zeiten auf vielfältige

Weise, auch durch Tau, Wasser zur Verfügung gestellt. Das Bevölkerungswachstum von knapp sechs auf 56 Millionen in gut fünfzig Jahren[16, 17] hat den Druck auf die Natur erhöht: Landwirtschaftlich nutzbare Flächen wurden unter den Pflug genommen. Die Folgen waren unter anderem Versteppung und Bodenerosion. Das ließ nicht nur die Artenvielfalt verarmen, sondern hat auch Folgen für den Wasserhaushalt: Für die oft sehr kräftigen tropischen Niederschläge in dieser Region gibt es kein Halten mehr. Gewaltige Überschwemmungen und große Trockenheit wechseln sich ab. Ein Teil dieser Katastrophen ist menschengemacht.

So weit in die Ferne muss man allerdings gar nicht blicken. In Deutschland geht ebenfalls natürliches Land verloren, vor allem für Agrar-, Siedlungs- und Verkehrsflächen. Und das nicht erst seit kurzem. Ein augenfälliges Beispiel dafür ist der Rhein. Der badische Ingenieur Johann Gottfried Tulla, im 19. Jahrhundert auch als »Bändiger des wilden Rheins« gefeiert, verkürzte den größten Fluss Europas zwischen Basel und Bingen um sage und schreibe achtzig Kilometer. Aus einem natürlich mäandernden Wasserlauf in einer Auenlandschaft wurde der Fluss auf ein einziges und mehr oder weniger gleich schmales Bett von 200 bis 250 Meter Breite eingeengt, begradigt und vertieft. Dazu kamen Dammanlagen und Verstärkungen an den Rändern, um die Form abzusichern. Tulla steht für eine der größten Landschaftsveränderungen am Oberrhein. Wo der Fluss vorher aus vielen Armen mit kleinen Inseln bestand, fließt er nun eingepfercht in einer einzigen Wasserstraße[18]. Das hat auf den ersten Blick durchaus Vorteile: Es wurde viel Land gewonnen, auf dem man nun Landwirtschaft betreiben konnte, die Überschwemmungen und Mückenplagen nahmen ab, der Schiffsverkehr wurde kürzer und schneller, die Attraktivität des Flusses als Standort für wirtschaftliche Aktivitäten aller Art größer.

Die Menschen dankten es Tulla mit überschwänglicher Begeisterung – in vielen Rhein-Gemeinden tragen Denkmäler, Straßen und Schulen bis heute seinen Namen, wie zum Beispiel in Wörth am Rhein, in Karlsruhe oder in Maximiliansau. Bald aber zeigte sich, dass man hier gegen eine alte Bauernweisheit verstoßen hatte, nach der man nicht »pfennigweise klug« und »talerweise dumm« sein sollte. Die Begradigung des Rheins, das Durchschneiden seiner Schleifen hatte einen hohen Preis: Das Wasser floss schneller, der Fluss vertiefte sein Bett, der Grundwasserspiegel sank, die Auenwälder, die viel Wasser speicherten, waren verschwunden. Böden wurden landwirtschaftlich genutzt, Flurbereinigungen vorgenommen. Feuchtgebiete, Baumgruppen und Wäldchen – alles was einer maschinengerechten Bearbeitung der Flächen entgegenstand, wurde aus dem Weg geräumt[19]. Damit aber sind auch alle Landschaftselemente verschwunden, die früher das Wasser zurückgehalten und die Hochwassergefahr gebannt hatten, genau wie ein großer Teil der Biodiversität.

Und der Rhein ist nur ein Beispiel. Vergleichbare Eingriffe in die Natur von Flussläufen finden sich weltweit. Umgekehrt liegen nur noch wenige Ströme in ihrem natürlichen Bett. In den Alpen gilt der Tagliamento als letzter ungezähmter Fluss; zu seinem Reich gehören ursprüngliche Landschaften, malerische Orte und eine einzigartige Fauna und Flora: Er wird deshalb auch als »König der Alpenflüsse«[20] bezeichnet. Ähnlich unberührt ist die Vjosa, die im Nordwesten Griechenlands entspringt und in Albanien in die Adria mündet. Beide zeichnen sich durch ein streckenweise bis zu zwei Kilometer breites Flussbett, sich dynamisch ändernde Flussschleifen, ausgedehnte Schotterflächen, bewachsene kleine Inseln und Auenwälder mit einer bemerkenswerten Vielfalt an Arten aus. Zwar brauchen wir Menschen Wasser aus Flüssen und gewinnen mit der Wasserkraft auch vergleichsweise sauber und emissionsarm Energie, Gewässer vollkommen unberührt zu halten, bleibt deshalb ein frommer Wunsch. Trotzdem sollte neben der Nutzung auch immer der Schutz ein Anliegen bleiben, beides klug austariert sein; ein blinder Glaube an technische Lösungen hat sich beim Ausbau von Flüssen nicht bewährt.

Dazu kommt das Wachstum der Städte, die ihre Ausdehnung in den vergangenen drei Jahrzehnten mehr als verdoppelt haben[21]. Inzwischen leben nach UN-Angaben mehr Menschen in Städten als auf dem Land, bis zur Mitte des Jahrhunderts sollen es sogar zwei Drittel sein[22]. Manchmal schwellen Städte in rasendem Tempo an und explodieren regelrecht: Lagos in Nigeria zum Beispiel zählte in den 1960er Jahren einige Hunderttausend Einwohner, 1990 waren es bereits über vier Millionen, 2015 um die fünfzehn Millionen und Prognosen sagen bei gleichbleibender Zunahme irgendetwas zwischen vierzig und sechzig Millionen bis zur Mitte des Jahrhunderts vorher[23, 24]. Unvorstellbare Größenordnungen – die mit einem unglaublichen Verbrauch an Land einhergehen. Nicht alle Städte vergrößern sich so schnell wie Lagos, doch in der Mehrzahl wachsen sie, und zwar meist völlig unstrukturiert. Wenn nicht intelligente Stadtplanung den bisherigen Flächenfraß (und Ressourcenverbrauch) ablöst, kann man sich leicht ausmalen, wie viel Natur noch vernichtet wird, bis alle Menschen in Städten ein Dach über dem Kopf haben.

Ausbeutung von Tieren und Pflanzen

Nach der Umwandlung der Landoberfläche als wichtigster Ursache für den Verlust an Biodiversität folgt an zweiter Stelle die exzessive Nutzung von Tieren und Pflanzen: Wir beuten viele Arten schneller aus, als sie sich fortpflanzen können. Konkret verantwortlich dafür ist unser Konsum an Fleisch, Fisch, Holz, aber auch an Pflanzenmaterial aller Art. Wir jagen Tiere mit Gewehren oder Fallen, ziehen Fische mit meist riesigen Netzen aus allen Weltmeeren und ernten, sammeln oder fällen Bäume und andere Pflanzen. Und das alles meist ohne Rücksicht auf ihre Lebens- und Reproduktionszyklen.

Nicht richtig sichtbar, aber besonders problematisch ist der schon angesprochene ungezügelte Fischfang. Dabei wäre für verrückt erklärt worden, wer noch zu Beginn des 20. Jahrhunderts behauptet hätte, der Fisch in den Meeren könne einmal derart dezimiert werden. Nach der Zwangspause der beginnenden industriellen Fischerei durch den Zweiten Weltkrieg erschienen die Fischbestände nämlich noch unendlich. Manche sahen darin gar die Lösung für die Ernährung einer wachsenden Weltbevölkerung. Doch der technische Fortschritt eroberte nicht nur das Land, sondern auch die Meere. Innerhalb weniger Jahrzehnte breitete sich der industrielle Fischfang von den klassischen Fischereigebieten auf der Nordhalbkugel über alle Weltmeere aus und entfernte sich auch immer weiter von den Küsten. Bei den Jagdzügen durch die Ozeane kommen oft rücksichtslose Methoden zum Einsatz: Netze werden über den Grund geschleppt, dabei geraten auch Krabben, Seesterne und viele andere Meerestiere hinein, die als Beifang an Bord verenden und wieder ins Meer geworfen werden. Zusätzlich werden Kaltwasser-korallen, Schwämme oder festsitzende Muscheln von den Rollen der Netze oder Metallketten zerschlagen, die zum Aufscheuchen am Boden lebender Arten dienen[25]. In der Nordsee pflügen solche Netze weite Teile bis zu drei Mal jährlich um[26]. Damit gehen auch wertvolle Lebensräume für Jungfische wie Seegraswiesen oder Korallenriffe verloren. Das ist genauso schädlich wie Bulldozer in tropischen Wäldern – nur sehen wir es nicht.

Inzwischen sind auf den Weltmeeren schwimmende Fabriken unterwegs, die mit modernster Technik ausgerüstet ihre Beute präzise orten und dann gezielt abgreifen. Wo früher scharfkantige Riffe und Wracks umfahren werden mussten, sorgen heute hochsensible 3D-Sonargeräte, digitale Karten und Satellitennavigation für metergenaues Fischen. Auf dem freien Meer können große Fischschwärme sogar geortet, umfahren und bis auf das letzte Exemplar »sauber« erbeutet werden. Direkt an Bord werden die Fänge sofort verarbeitet, verpackt und in großen Kühlsystemen gelagert[27]. Diese Industrieschiffe haben die traditionellen Kleinfischer im wahrsten Sinne des Wortes an den Rand gedrängt. Deren Netze bleiben heute immer häufiger leer. Ein plakatives Beispiel findet man an den Küsten vor Somalia und Kenia: In der Vergangenheit hatten Trawler die Gewässer mehr oder weniger leergefischt. Mancher Fischer tauschte deshalb sein Boot gegen ein Gewehr und wurde Pirat. Nicht, dass dies eine erstrebenswerte Berufsalternative wäre, aber ein Gutes hatte es doch: Aus Angst vor Überfällen wagte sich für viele Jahre kaum noch ein Schiff in die Seegebiete vor Somalia – die Fischbestände erholten sich; es gab daraufhin wieder mehr Fisch, als gefangen werden konnte. Auch Arten, die schon verschwunden waren, kehrten zurück, wie der Barrakuda oder der Schnappfisch[28]. Zwar taugt diese Geschichte keinesfalls als Vorbild, aber eines zeigt das Beispiel eindrücklich: Fischbestände können sich erholen, wenn man sie lässt.

Auch an Land hat die Jagd auf Wildtiere inzwischen dramatische Formen angenommen und einen starken Rückgang vieler Arten zur Folge, vor allem in den Tropen und Subtropen Südostasiens, Afrikas und Südamerikas. Auf der einen Seite ist Tierfleisch wichtig für die Versorgung mit Proteinen. Damit sichert die Jagd Menschen, die am Existenzminimum leben, zumindest die Versorgung mit lebenswichtigem Eiweiß. Komplett verteufeln kann man die Jagd deshalb nicht. Aber mit der Urbanisierung und steigenden Einkommen gelangt Buschfleisch auch auf die Märkte in den Städten. Dort kann man Meerkatzen, Schuppentiere, Nashornvögel, Flughunde, Schildkröten und selbst Stücke von Elefanten und Menschenaffen kaufen. Aber muss man sie wirklich essen? Und muss man Nashörner wegen ihres Horns jagen? Dabei ist ihr Schutz in Südafrika eigentlich eine Erfolgsgeschichte. Vom Breitmaulnashorn gab es nämlich im ersten Drittel des vergangenen Jahrhunderts dort nur noch einige Dutzend Exemplare. Für die letzten Tiere wurde ein Schutzgebiet eingerichtet, der heutige südafrikanische Hluhluwe-iMfolozi-Park. Um die Population weiter zu stützen, startete der südafrikanische Naturschützer Ian Player in den 1960er Jahren die »Operation Rhino«[29]. Mit großem Erfolg: Die Tiere wurden vom Hluhluwe-iMfolozi-Park in weitere Schutzgebiete umgesiedelt; so dass ihr Bestand in Südafrika bis zum Jahr 2005 auf über 13 000[30] Tiere stieg. Durch zunehmende Wilderei, vor allem getrieben durch die Nachfrage aus Südostasien, wo man dem Horn potenzsteigernde Wirkung nachsagt, sanken die Populationen jedoch wieder. Es folgten erneute Schutzmaßnahmen. So geht das seit Jahrzehnten hin und her. Zuletzt ist die Zahl der gewilderten Nashörner wieder stark gestiegen, möglicherweise aufgrund der COVID 19-Pandemie. Der ausbleibende Tourismus zog Einkommensverluste nach sich; da wirken die großen Gewinnspannen bei der Wilderei als Alternative sehr verlockend[31]. Nashörner sind trotz aller Schutzversuche weiterhin vom Aussterben bedroht – Arten wohlgemerkt, die es seit fünfzig Millionen Jahren gibt. Ähnliches gilt für Elefanten, weil man ihr Elfenbein, das »weiße Gold« möchte. Obwohl der Handel mit Elfenbein seit vielen Jahren verboten und vom Washingtoner Artenschutzabkommen geächtet ist, geht die Jagd nach Elfenbein und damit auf Elefanten weiter.

Eine erste Studie, die den Rückgang von Vögeln und Säugetieren in den Tropen untersucht und mit Gebieten verglichen hat, in denen nicht gejagt wird, kommt zu erschütternden Ergebnissen: Der Bestand an Vögeln war im Schnitt um 58 Prozent, der von Säugetieren um durchschnittlich 83 Prozent niedriger, und zwar in einem Umkreis von bis zu vierzig Kilometern rund um die Zugangspunkte – Straßen oder Siedlungen – der Jäger[32]. Es zeigte sich auch, dass der Jagddruck in solchen Gegenden deutlich höher ist, die leichteren Zugang zu größeren Städten haben, in denen das Fleisch der Tiere gehandelt wird. Das lässt nur einen Schluss zu: Mit jeder Straße, die in tropischen Wäldern gebaut wird, steigen die Jagdaktivitäten. Entlegene Gebiete mit einem reichen Bestand an Vögeln und Säugetieren gehören zunehmend der Vergangenheit an. Und noch ein Muster gibt es: Die größeren und mächtigen Tiere weichen zuerst, weil sie lohnendere Beute sind. Wissenschaftler*innen sprechen in diesem Zusammenhang von »leeren Wäldern«, die zwar auf den ersten Blick gesund aussehen, aber ihre großen Wildtiere verloren haben[33]. Da auch diese eine bedeutende Funktion im komplexen Zusammenspiel von Ökosystemen haben, etwa bei der Samenausbreitung, Bestäubung oder dem Entsorgen von Aas, wird das mutwillige Ausräumen der Wälder nicht ohne Folgen bleiben.

Doch es geht nicht nur um Arten, die kriechen oder krabbeln; auch Sträucher, Gräser und Bäume werden übernutzt. Tropenhölzer wie Teak und Mahagoni sind legendär und mindestens in einigen Weltgegenden schon empfindlich dezimiert[34]. Dass brutale Entwaldung für Klima und Biodiversität schädlich sind, liegt auf der Hand. Im Gegensatz dazu bietet der selektive Holzeinschlag eine gute Methode, Schutz und Nutzung in Einklang zu bringen, zumal das für die örtliche Bevölkerung mit Einnahmen verbunden ist. Wenn einzelne Bäume gezielt gefällt werden, ist das für viele Tier- und Pflanzenarten schonender als der radikale Kahlschlag. Nichtsdestotrotz kann auch diese Technik einzelne Baumarten an den Rand des Aussterbens bringen, wenn man den Bäumen keine Zeit zum Nachwachsen lässt. Beispiele dafür sind Palisander- und Ebenholzbäume in Madagaskar und glattblättrige Mahagoni-Arten in Mittel- und Südamerika[35].

Die direkte Ausbeutung von natürlichen Stoffen hat inzwischen ein Maß erreicht, das weit über der Nachhaltigkeitsgrenze liegt. Unvorstellbare sechzig Milliarden Tonnen Ressourcen werden der Natur jedes Jahr entrissen – etwa doppelt so viel wie noch vor vierzig Jahren[36]. Wenn der jetzige Trend fortdauert, fehlt schon bald ein großer Teil der Tier- und Pflanzenvielfalt, zumal in der Kombination mit der Abholzung von Wäldern: Hochrechnungen zufolge wird es dann in etwa 77 Jahren keinen Regenwald mehr geben[37], die Ozeane sind womöglich schon Mitte des Jahrhunderts leer. Solche Rechnungen und Vorhersagen sind wissenschaftlich umstritten[38]. Aber allein die Tatsache, dass man über derartige

Szenarien nachdenken muss, wo doch noch vor rund siebzig Jahren alles reichlich vorhanden war, gibt Anlass zu großer Sorge.

Klimawandel, künftig ein wichtiger Faktor

Nach Punkt eins und zwei der *big five* – veränderte Landnutzung und ausgebeutete Arten – folgt mit einigem Abstand der Klimawandel. Noch sind seine Auswirkungen auf die Artenvielfalt begrenzt, aber er wird künftig eine große Rolle spielen. Für uns Menschen ist er derzeit schon spürbarer: Man denke an die Überflutung im Ahrtal, die Hitzesommer der letzten Jahre, dazu die Ernteausfälle und das Absterben von Wäldern selbst bei uns. Man denke aber auch an die vielen Dürren und Überschwemmungen vor allem auf der Südhalbkugel, die Hitze in Indien 2022 oder die verheerenden Überschwemmungen in Pakistan. Dem Weltklimarat zufolge werden Extremwetterereignisse an Zahl, Intensität und Dauer noch deutlich zunehmen[39]. Was wir heute sehen, ist also erst der Anfang.

Das gilt auch für die Auswirkungen auf die Artenvielfalt, die sich in der Zukunft erst richtig zeigen werden. Generell gesprochen, führt der Klimawandel dazu, dass Arten ihre Lebensräume verschieben oder wechseln müssen, um ihrer bevorzugten klimatischen Nische zu folgen, zum Beispiel Richtung Norden oder auf höhere Gefilde und Berge. Solche Verschiebungen finden bereits in großem Stil statt[40]. Gleichzeitig verändern sich lokale Artengemeinschaften: Arten, die eigentlich im warmen Süden leben, im Mittelmeerraum, wandern nach Deutschland ein oder vermehren sich hier.

Arten, die eher die Kälte lieben, die im Wesentlichen im Norden, in Skandinavien leben, werden in Deutschland seltener und sterben lokal aus[41]. In der Bodenseeregion zum Beispiel sind Gewinner des Klimawandels die Mittelmeermöwe, Zipp- und Zaunammer, der Orpheusspötter oder der Purpurreiher, also typische Vögel des Mittelmeerraums. Verlierer des Klimawandels sind Fitis und Gelbspötter, Bekassine und Uferschnepfe, Arten die eher im Norden Europas zu Hause sind[42]. Gefährdet sind damit Arten, die bereits heute im hohen Norden oder auf Bergen leben, weil sie keine anderen Ausweichmöglichkeiten haben. Geradezu symbolisch ist das Schicksal der Eisbären, deren Lebensraum aufgrund des schmelzenden Arktis-Eises drastisch abnimmt. Damit gibt es zahlreiche Arten, deren »Fortbestand auch davon abhängt, inwieweit sie in der Lage sind, sich auszubreiten, geeignete klimatische Bedingungen zu finden und ihre Fähigkeit zur evolutionären Anpassung aufrecht zu erhalten«[43], formuliert es der Weltbiodiversitätsrat. Aber wie sollen sich Arten überhaupt von hier aus nach Norden ausbreiten in unserer intensiv vom Menschen genutzten Landschaft? Letztlich müssen viele von ihnen von Naturschutzgebiet zu Naturschutzgebiet »springen«; selbst für Arten mit gutem Ausbreitungsvermögen wie Vögel ist das eine Herausforderung, die nicht alle meistern[44].

Lebensräume verändern sich zudem durch den Anstieg des Meeresspiegels. Noch ist davon wenig zu spüren, weil die Pegel sehr langsam und quasi in Zeitlupe steigen: bisher im Schnitt um rund zwanzig Zentimeter seit Beginn der Industrialisierung, derzeit um mehr als drei Millimeter pro Jahr[45, 46]. Gründe dafür sind die Ausdehnung von Wasser bei höheren Temperaturen, schmelzende Gletscher und der Verlust von Eisschilden beispielsweise in Grönland. Ganz abgesehen davon, dass Milliarden von Menschen – Schätzungen zufolge rund ein Drittel der Weltbevölkerung – in Küstengebieten leben[47] und von einem höheren Meeresspiegel ganz direkt in ihrer Existenz bedroht wären, treten dadurch natürlich auch Veränderungen für Fauna und Flora ein. Welche und wie, lässt sich derzeit noch nicht präzise abschätzen. Der größte Teil dieser Entwicklung liegt in der Zukunft, Prognosen sind mit großen Unsicherheiten behaftet: Die Vorhersagen des weiteren Anstiegs schwanken stark und geben zwischen 35 Zentimeter und 1,80 Meter oder mehr bis zum Ende des Jahrhunderts an – abhängig vom Grad der Erderwärmung. Beziehungsweise davon, wie schnell es uns gelingt, das fossile Zeitalter und klimaschädliche Praktiken hinter uns zu lassen[48, 49, 50]. Dass der Meeresanstieg jedoch auch Folgen für die Artenvielfalt mit sich bringen wird, ist anzunehmen. Ein Fall ist bereits dokumentiert: das Aussterben der Bramble-Cay-Mosaikschwanzratte. Sie wurde zuletzt 2009 nachgewiesen und 2016 für ausgestorben erklärt, als erste Säugetierart, die mit großer Wahrscheinlichkeit durch den Klimawandel ausgerottet wurde[51]. Diese Rattenart lebte auf einer kleinen isolierten Koralleninsel im Great Barrier Reef vor der Küste Australiens, die am höchsten Punkt nur etwa drei Meter über dem Meeresspiegel liegt. Der ist allerdings in den vergangenen Jahren gestiegen und hat das Eiland bei Hochwasser häufiger überschwemmt als früher, so dass der Lebensraum des endemischen Nagetiers quasi unterging. Es starb aus.

Außer dem Lebensraum, der sich verschiebt oder schwindet, sind es die steigenden Temperaturen selbst, die gefährlich werden können, weil Pflanzen und Tiere mit größerer Hitze und Trockenheit nicht zurechtkommen. Besonders stark sind Korallen von der Erwärmung der Meere bedroht.

Sie leben symbiotisch zusammen mit Algen, die ihnen die prächtigen Farben verleihen und sie unter anderem mit Zucker versorgen. Bei längerer Hitze gerät das System aus dem Gleichgewicht, die Algen benötigen mehr Nährstoffe für sich selbst – und hören auf, diese Nährstoffe mit ihren Symbiose-Partnern zu teilen. Im Endeffekt stoßen die Korallen ihre Algenpartner ab[52]. Das führt zur berüchtigten Korallenbleiche. Solange solche Stressphasen nur kurz und selten sind, können sich die Korallen wieder regenerieren. Bei häufigen Hitzeperioden fehlt diese Zeit der Erholung allerdings. Zum ersten Mal trat das Phänomen am Great Barrier Reef im Jahr 1998 auf. Seither sind gut achtzig Prozent aller Korallen mindestens einmal stark ausgebleicht[53], Vorhersagen zufolge werden sie bei einer Erwärmung von zwei Grad zu 99 Prozent verloren gehen[54]. Da die Erdtemperatur nach derzeitigen Vorhersagen um mehr als zwei Grad steigen wird, steht es schlecht um die Zukunft der Korallenriffe. Dadurch verlieren wir atemberaubend schöne Unterwasserlandschaften, aber auch wesentliche und essenzielle marine Biodiversität. Es ist, als verschwänden alle Regenwälder der Erde auf einen Schlag. Das hat direkte Folgen, auch für uns: Die Schutzwirkung der Riffe als Barrieren entfällt genauso wie die Nahrungs- und Erwerbsgrundlage für Millionen von Menschen in Küstengebieten. Das sind Verluste, die wir uns angesichts einer steigenden Weltbevölkerung nicht leisten können.

Manchmal sind es auch die höheren CO_2-Konzentrationen, die einer Art zusetzen. Das gilt etwa für den australischen Koala-Bären, der in Gefahr ist, weil er fast ausschließlich Eukalyptusblätter frisst. Deren Nährwert sinkt mit steigenden Kohlendioxydwerten und dadurch leiden die flauschigen Beuteltiere womöglich schon bald an Unterernährung[55]. Gefahr droht ihnen noch von anderer Seite: nämlich durch

Buschfeuer, deren Zahl aufgrund des Klimawandels bereits deutlich zugenommen hat. Besonders dramatisch waren sie in Australien 2019/2020[56], wo man mittlerweile vom *black summer* spricht; ihnen sind Millionen Säugetiere, Vögel, Frösche und Amphibien zum Opfer gefallen. Schätzungen zufolge haben die Buschfeuer 60 000 Koalas beeinträchtigt; sie wurden getötet, verletzt, litten Hunger oder verloren ihr Habitat[57]. Der WWF nimmt an, dass es nur noch 500 000 wildlebende Koalas gibt. Die Australian Koala Foundation fürchtet, dass es um deren Bestand sogar noch deutlich schlimmer stehen könnte; sie geht von nur noch 60 000 Tieren aus. Im Jahr 2016 wurden die Koalas deshalb auf die Rote Liste bedrohter Arten gesetzt[58, 59].

Im Bericht des Weltklimarats aus dem Jahr 2022 heißt es entsprechend: Schon die bisherige Erderwärmung berge ein erhebliches Risiko (»Kernrisiko«), dass Biodiversität schwinde und Ökosysteme geschädigt oder verändert würden[60]. Jede weitere Erhöhung der globalen Temperaturen werde dieses Risiko »mit sehr großer Sicherheit« weiter steigern. Landen wir am Ende bei 1,5 Grad, wonach derzeit nichts aussieht, wären zwischen drei und 14 Prozent aller untersuchten Arten an Land sehr ernsthaft vom Aussterben bedroht. Bei drei Grad[61], worauf wir ohne eine drastische Wende in Sachen Klimaschutz derzeit zusteuern, beträfe das bis nahezu dreißig Prozent aller terrestrischen Arten, bei vier Grad bis fast vierzig Prozent. Man muss keine Hellseherin sein, um zu wissen, dass die Welt dann im ganz wörtlichen Sinne anders aussehen würde. In den Ozeanen fiele der Verlust diesen Angaben zufolge etwas geringer aus, veränderte aber auch dort die Bestände. Der Klimawandel geht an der Natur also definitiv nicht spurlos vorüber; allerdings werden die tiefsten Spuren erst in der Zukunft sichtbar.

Verschmutzung der Umwelt

Erst an vierter Stelle der Hauptursachen folgt die allgemeine Verschmutzung der Umwelt, auch durch Plastikmüll, von dem schon die Rede war. Dieser Faktor ist präsenter, vielleicht weil Umweltverschmutzung direkter, fühlbarer und sichtbarer ist als das Roden der Wälder irgendwo in den Tropen oder das Überfischen der Meere. Das Thema steht schon länger auf der gesellschaftlichen und politischen Agenda, zumal in Deutschland, wo wir uns spätestens seit den 1970er Jahren Gedanken um Waldsterben, Luftverschmutzung, illegale Müllkippen, aber auch um die Atomkraft machen. Der legendäre Sprung des früheren Umweltministers Klaus Töpfer in den Rhein, mit dem er die Sauberkeit des größten Flusses in Europa dokumentieren wollte, ist ein sichtbares Zeichen für das Umweltbewusstsein, das hierzulande über die Jahre gewachsen ist – wenn natürlich trotzdem längst nicht alle Umweltsünden getilgt sind. Auslöser war unter anderem die sogenannte Umweltkatastrophe von Sandoz 1986, bei der nach einem Brand in der gleichnamigen Chemiefabrik bei Basel mit Chemikalien angereichertes Löschwasser in den Fluss gelangte und ganze Fischpopulationen, aber auch unendlich viele kleine, unauffällige Arten sterben ließ. Als Reaktion darauf entstand im Laufe von Jahrzehnten ein Netz an Abkommen mit Vorgaben und Auflagen, in das alle Anrainerstaaten eingebunden sind und das im Laufe der Zeit einiges bewirkt hat. Mittlerweile schwimmen wieder Lachse im Rhein; der Fluss ist insgesamt sauberer geworden, wie der BUND festhält. »Die Chemieanlagen am Rhein sind tatsächlicher sicherer geworden.« Allerdings ist die Konzentration schwer abbaubarer Verbindungen etwa durch Medikamentenreste oder Bestandteile von Sonnenschutzmitteln immer noch zu hoch[62].

Doch die negativen Umwelt-Einflüsse wie jene im Rhein sind, so gravierend sie im Einzelnen auch sein mögen, meist »nur« lokal und regional spürbar. Darüber hinaus gibt es Ereignisse wie die Ölunfälle des Tankers Exxon Valdez vor Alaska im Jahr 1989 oder die Explosion der Bohrplattform Deepwater Horizon im Golf von Mexiko im Jahr 2010. Sie haben zweifellos eine desaströse Wirkung, die große Areale mit Öl verschmutzt, Hunderttausende Meerestiere töten und ganze Meeresregionen über Jahrzehnte vergiften. Aber all das sind einmalige Ereignisse. Fast gravierender sind die schleichenden Prozesse mit langfristigen und großflächig negativen Folgen. Sie sind heimtückisch, weil man ihre Auswirkungen nicht erwartet und lange kaum bemerkt. Dazu gehört die Überdüngung in der Landwirtschaft, besonders mit Stickstoff und Phosphor. Beide Stoffe dienen dazu, bessere und größere Ernten zu erzielen und die Produktivität pro Hektar Land zu steigern. Dagegen ist grundsätzlich erst einmal nichts einzuwenden. Effiziente Landwirtschaft ist nötig, um eine wachsende Weltbevölkerung zu versorgen. Aber heute wird zu viel, mit den falschen Techniken oder in der falschen Jahreszeit gedüngt. Dadurch werden Stickstoff und Phosphor ausgewaschen, gelangen in Grundwasser, Seen und Flüsse und schließlich ins Meer und schaden dort genauso der Biodiversität wie auf den überdüngten Flächen selbst[63].

Schädlich ist auch die hohe Konzentration an reaktivem Stickstoff in der Luft, wie z. B. Ammoniak, weil dadurch Nährstoffe selbst in entlegene Gegenden und Naturschutzgebiete eingetragen werden[64]. Sogar in Grönland hat man erhöhte Stickstoffwerte gemessen. Einer neuen chinesischen

Studie zufolge sind die Ammoniak-Emissionen zwischen 1980 und 2010 um fast achtzig Prozent gestiegen[65]. Die intensive Landwirtschaft habe einen Stickstoffüberschuss produziert, der die Umwelt schädige und die menschliche Gesundheit beeinträchtige, heißt es dort. »Die Landwirtschaft ist verantwortlich für etwa zwei Drittel der globalen Belastung mit reaktivem Stickstoff«, und dabei vor allem der Ackerbau und die Tierhaltung. Demnach sind es in erster Linie landwirtschaftliche Praktiken beim Anbau der drei Feldfrüchte Weizen, Mais und Reis sowie bei der Haltung der vier Nutztierarten Rinder, Hühner, Ziegen und Schweine, die den Anstieg bewirkt haben. Die Forscher*innen weisen zugleich darauf hin, dass sich die Belastung durch weniger Tierhaltung und eine veränderte Landwirtschaft senken ließe. Dazu zählt etwa, Gülle und Dünger richtig in den Boden einzuarbeiten, um den Austausch mit der Luft und damit die Entstehung von Ammoniak zu verringern.

Eine hohe Nährstoffkonzentration verändert Lebensgemeinschaften; sie fördert Arten, die Stickstoff lieben; diese setzen sich dann gegen andere Arten durch. In überdüngten Lebensräumen bleiben mithin weniger Arten übrig. Sichtbar ist das etwa in Mooren, die oft einen Nährstoffmangel aufweisen[66]. Das bedeutet, dass es dort Arten gibt, die mit wenigen Nährstoffen auskommen können. Oft haben sie sogar spezielle Strategien dafür entwickelt. Wie der Sonnentau, der mit klebrigen Tentakeln auf seinen Blättern Insekten fängt, langsam zersetzt und verdaut. Werden Moore über Niederschläge »unfreiwillig« gedüngt, kommt es zu einer Verdrängung typischer Moorpflanzen; es setzen sich »Allerweltsarten«, letztlich sogar Büsche und Bäume durch, die speziell an diese Umgebung angepasste Flora stirbt irgendwann aus.

Ähnliches kann man bei artenreichen blühenden Wiesen beobachten. Werden sie gedüngt, absichtlich oder unabsichtlich über die Luft, sinkt die Vielfalt: Orchideen, Echtes Labkraut, Wiesensalbei oder Wiesenknopf verschwinden – und mit ihnen die Insekten, die mit diesem Pflanzenreichtum verbunden sind. Stattdessen sprießen Gräser, Löwenzahn und Scharfer Hahnenfuß, die man überall finden kann. Im schlimmsten Fall regt das verstärkte Düngen, vor allem in Seen und Meeren, zu starkem Algenwachstum an. Manchmal kommt es sogar zu einer plötzlichen und massenweisen Vermehrung von Algen, man spricht dann von »Algenblüte« oder »Algenpest«. Im Mittelmeer treten sie alle paar Jahre auf, zum großen Leidwesen der Anrainerstaaten. Nicht nur der Tourismus leidet darunter, sondern die Algen sinken irgendwann zu Boden, werden dort durch Mikroorganismen abgebaut – ein Prozess, der Sauerstoff aufzehrt. Im Ergebnis entstehen sauerstoffarme »Todeszonen«; nach UN-Angaben hat sich deren Zahl in gut zehn Jahren weltweit auf fast 700 verdoppelt[67].

Invasive Arten – ein unterschätztes Problem

Die Verschmutzung der Umwelt, wie wir sie heute überall auf der Welt, aber besonders in Schwellen- und Entwicklungsländern erleben, hat ganz klar negative Auswirkungen auf die Natur und ihre Artenvielfalt. Das leuchtet ein und ist den meisten Menschen mehr oder weniger bewusst. Doch auch gebietsfremde Arten bereiten – etwas weniger offensichtlich – immer wieder große Probleme. Diese können gewissermaßen über einen neuen Lebensraum herfallen und dort großen Schaden anrichten. Solche Arten werden deshalb als invasiv bezeichnet. Nicht jede fremde Art zählt zu dieser Kategorie, ist in dieser Weise übergriffig, manchmal leben »neue und alte Bewohner« auch ganz friedlich nebeneinander oder ergänzen sich sogar prächtig. So waren viele Nahrungspflanzen, etwa Weizen oder Reis, in den USA ursprünglich nicht heimisch, werden dort aber seit langem ohne Probleme angebaut. Umgekehrt brachten spanische Eroberer Pflanzen wie Kartoffeln, Tomaten, Paprika oder Mais mit nach Europa, die von unseren Speiseplänen nicht mehr wegzudenken sind.

Aber häufig geht es weniger friedlich zu, es kommt zu »Angriffen« auf einheimische Arten. Gebietsfremde Arten werden oft zufällig eingeschleppt, nicht selten durch Reisende oder Transporte. Zebramuscheln[68] zum Beispiel waren ursprünglich nur in ukrainischen und russischen Gewässern zu finden und gelangten, meist angeheftet an Schiffsbäuchen, unabsichtlich in andere Weltgegenden. Heute findet man sie in Nordamerika, Großbritannien, Irland, Schweden und einigen anderen Ländern. Dort richten sie große ökologische und ökonomische Schäden an, weil sie über wurzelartige Proteinfäden verfügen, mit denen sie sich an Steinen, Hafenanlagen, Booten und Wasserleitungen regelrecht festkrallen können. Auch einheimischen Muscheln setzen sie kräftig zu, indem sie diese durch ihr Andocken gewissermaßen bewegungsunfähig machen und so am Essen und Vermehren hindern. Außerdem filtern sie massenweise Plankton aus dem Wasser, das anderen Lebewesen dann fehlt. In den USA ist die Plage in einigen Staaten inzwischen so groß, dass offizielle Stellen die Bevölkerung aufgerufen haben, nach Zebramuscheln Ausschau zu halten und sie, wann immer möglich, schnellstens zu entfernen.

Ein weiteres Beispiel ist die asiatische Python[69], die in den Everglades Floridas wohl absichtlich ausgesetzt wurde. Sie gilt als Hauptgrund für den starken Rückgang an Säugetieren in der Gegend. Weil sie sich farblich gut an ihre neue Umgebung anpassen kann, wird sie nicht nur von ihren Opfern kaum erkannt, sondern auch nicht von den Rangern des Nationalparks. Diese bemühen sich nach eigenen Angaben seit Jahren darum, der Schlangen habhaft zu werden und sie umzusiedeln oder zu töten, mit gemischtem Erfolg. Exotische Tiere einfach von A nach B zu verfrachten, ist häufig gefährlicher, als angenommen, weil sich die Folgen kaum abschätzen lassen, und sollte deshalb unterbleiben. In den Nationalparks Floridas wird dringend davor gewarnt, exotische Tiere auszusetzen.

Auch asiatische Tigermücken, die Gelb-, Dengue- und Zika-Fieber sowie einige andere Viruserkrankungen übertragen können, sind heute bereits weltweit verbreitet. Im Mittelmeerraum zum Beispiel sind sie inzwischen häufig anzutreffen. In Deutschland wurden einzelne Exemplare auf Rastplätzen entlang der A5 und in einer Freiburger Kleingartenanlage entdeckt[70]. Ursprünglich nur in den süd- und südostasiatischen Tropen und Subtropen beheimatet, wurde die Mücke in andere Erdteile eingeschleppt, zum Beispiel in Autoreifen, die deren Eier enthielten. Ein weiteres Beispiel ist die Krebspest, eine meist tödlich verlaufende Pilz-Krankheit bei Krebsen. Der Erreger gelangte durch amerikanische Flusskrebsarten nach Europa[71], die ihn übertragen, aber selbst nicht daran erkranken. Einheimische Krebse dagegen sterben meist einen langsamen Tod. Sie verlieren ihren Fluchtreflex, wenn sie infiziert sind, kratzen sich mit ihren Schreitbeinen an Augen und Gliedmaßen und werden teilweise gelähmt. Irgendwann fallen die Gliedmaßen ab, der

Krebs kippt um und stirbt. Erkennbar ist der Pilz am weißen Belag, der sich auf Augen und Scherengelenke legt. Unter den einheimischen Arten sind davon der Edelkrebs betroffen[72], den die Weltnaturschutzunion IUCN mittlerweile als »verletzlich« klassifiziert, in Deutschland ist er sogar vom Aussterben bedroht, aber auch der Steinkrebs, in Deutschland stark gefährdet, und der Dohlenkrebs.

Mit der Globalisierung, die Menschen und Güter permanent um die ganze Welt schickt, haben diese gefährlichen »blinden Passagiere« leichteres Spiel als früher. Sie nehmen unter den Ursachen für den Rückgang der Artenvielfalt den fünften Rang ein. Nach Angaben des Weltbiodiversitätsrats haben gebietsfremde Arten seit 1980 um rund vierzig Prozent zugenommen[73]. »Die Rate, mit der invasive Arten eingeführt werden, scheint höher zu sein als je zuvor und es gibt keine Anzeichen für eine Verlangsamung«, heißt es dort.

Deshalb ist es besonders wichtig, dass man Tiere und Pflanzen nicht leichtfertig – womöglich als Urlaubsmitbringsel – in andere Weltgegenden umsiedelt. Zudem braucht es mehr Vorsorgemanagement; das lohnt sich auch finanziell. Senckenberg-Forscher*innen haben errechnet: Die Kosten der Schäden durch invasive Arten sind mindestens zehn Mal so hoch wie die Ausgaben, die notwendig wären, um diese ungewünschte Migration zu unterbinden. »Wie der Klimawandel sind invasive Arten eine enorme Bedrohung für die biologische Vielfalt. Sie verändern unter anderem Lebensräume und entziehen einheimischen Tieren Nahrung und Ressourcen – zusätzlich zu dieser Schädigung der Ökosysteme sind sie aber auch einfach teuer«[74], das heißt: Sie verursachen hohe Kosten.

Mehr Menschen verbrauchen mehr

Die Hauptursachen für den Artenschwund verstärken sich noch durch weitere – tiefer liegende – Faktoren, zu denen insbesondere die steigende Weltbevölkerung und ein höherer Wohlstand zählen. Wie bereits in Kapitel eins kurz erwähnt, lebten im Jahre 0 geschätzte 230 Millionen Menschen auf der Erde. Die erste Milliarde wurde um 1820 erreicht und seither geht es steil nach oben, die Acht-Milliarden-Grenze wurde im Herbst 2022 durchstoßen, bis zur Mitte des Jahrhunderts leben vermutlich 9,7 Milliarden Menschen auf der Welt[75]. Allein in den letzten sechzig Jahren stieg die Zahl von drei auf acht Milliarden. Mehr Menschen brauchen mehr Essen, mehr Wasser und mehr Güter. Sie wollen sich kleiden, ein Dach über dem Kopf haben und im Winter heizen. Zumal ein Großteil der Menschheit bis heute nicht einmal das Nötigste zum Leben hat und der Nachholbedarf in vielen Ländern des globalen Südens enorm ist. Der weltweite Lebensstandard wird sich Prognosen zufolge also weiter erhöhen – und sollte auch steigen, um Armut und Hunger zurückzudrängen. Das ist eine Frage der Solidarität, der Gerechtigkeit, aber auch der Konfliktprävention.

Mehr Wohlstand geht, wenn wir nach bisherigem Muster weitermachen, deshalb auch immer mit einem Mehr an Naturverbrauch einher, und zwar mit deutlich mehr Verbrauch: Nach derzeitigem Stand (2022) bräuchten wir 2,4 Erden, wenn alle Menschen so wie die Menschen in China leben würden. Im Fall Deutschlands wären es schon drei und im Falle der USA sogar 5,1 Erden. Die Bevölkerung in Ländern wie China, Deutschland und vor allem den USA nimmt sich also deutlich mehr, als ihr eigentlich zusteht – ein Spiegel ihres Wohlstands und des damit verbundenen ökologischen Fußabdrucks. Weltweit liegt der Wert bei 1,8[76]. Das ist der Faktor, mit dem wir die Erde übernutzen, mit unserem Bedarf an Nahrung, Kleidung oder Energie, aber auch zur Entsorgung unseres Mülls[77]. Ginge es um Geld, wäre sofort klar, dass wir die Substanz aufzehren. Das heißt: Wir leben gewissermaßen nicht von den Zinsen, sondern wir verbrauchen unser Kapital. Im Fall der Natur akzeptieren wir dieses kurzsichtige und verantwortungslose Verhalten einfach. Aber es kommt noch etwas hinzu: Wir im reichen Norden verbrauchen einen großen Teil der Natur des globalen Südens mit. Keinesfalls können alle Menschen und Länder so leben wie wir. Das Aufbrauchen des Naturkapitals würde sich beschleunigen; es würde einfach nicht reichen und deshalb nicht funktionieren.

Technischer Fortschritt genügt nicht

Theoretisch könnte man die Güter und Leistungen der Natur, die wir nutzen, durch technologische Fortschritte effizienter einsetzen und dadurch den Druck auf unsere Umwelt verringern. Praktisch allerdings, um beim Beispiel Deutschlands zu bleiben, müssten wir natürliche Ressourcen drei Mal so effizient nutzen wie bisher. Das ist überambitioniert und kaum zu erreichen. Zumal sogenannte »Rebound-Effekte« auftreten: Zwar brauchen Autos heute oft weniger Sprit als früher, aber die Leute kaufen größere Autos und fahren mehr durch die Gegend. Zwar war die Einwohnerzahl in Deutschland in den vergangenen Jahren in etwa gleichbleibend oder sogar leicht rückläufig, aber die Wohnfläche pro

Kopf ist gestiegen. Alle potenziellen Entlastungen werden in der Regel durch einen weiteren Anstieg des Lebensstandards aufgezehrt. So war es bisher jedenfalls bei uns und in den meisten Industrieländern.

Unterm Strich gibt es vier Faktoren, an denen wir ansetzen können, um zu einer nachhaltigen Beziehung zwischen Mensch und Natur zu kommen: an der Weltbevölkerung, am Pro-Kopf-Verbrauch des Naturkapitals, am technologischen Fortschritt sowie an der Regenerationsfähigkeit der Natur. Das bedeutet, dass erstens der Anstieg der Bevölkerung überall so schnell wie möglich auf null fallen muss. Idealerweise sollte die Weltbevölkerung wieder schrumpfen, vor allem wenn wir mehr Wohlstand für alle möchten. Leider haben vor allem im globalen Süden immer noch viel zu viele Frauen keinen Zugang zu Verhütungsmitteln; fast die Hälfte aller Schwangerschaften ist offenbar unbeabsichtigt[78].

Bei uns dagegen ist das Problem gar nicht als solches erkannt, weil die Bevölkerungszahlen nicht oder nur langsam steigen und wir unseren ökologischen Fußabdruck im globalen Süden nicht bemerken. In Deutschland und einigen anderen Industriestaaten steht im Gegenteil die Sorge im Vordergrund, die sozialen Sicherungssysteme könnten aufgrund fehlenden Nachwuchses und einer Überalterung der Gesellschaft in Schieflage geraten. Das ist als Herausforderung zwar nicht in Abrede zu stellen, aber ein Babyboom kann vor dem Hintergrund schwindender natürlicher Ressourcen keinesfalls die Lösung sein. Hier sollte man andere Wege beschreiten, etwa gezielte Einwanderung organisieren, den Renteneintritt nach hinten verlegen oder flexible Arbeits- und Rentenmodelle einführen – auf jeden Fall Regelungen, die auch mit weniger Geburten funktionieren. Der Handlungsbedarf angesichts der Frage, wie viele Menschen auf der

Erde leben und wie viele sie verträgt, ist offensichtlich. Allerdings werden sich Erfolge hier selbst bei bestem Willen nur langsam und jedenfalls nicht schnell genug einstellen, um Artenvielfalt und natürliche Lebensräume zu erhalten. Somit scheidet der erste Faktor als schnelle Lösung aus.

Die Bedeutung des technologischen Fortschritts, Faktor zwei, ist zweifellos hoch: Besonders beim Klimawandel, der Energieversorgung und bei der Mobilität setzen Politik und Wirtschaft derzeit verstärkt auf technologische Innovationen und Lösungen, um die Abhängigkeit von den schädlichen fossilen Energien – und von Staaten wie Russland – zu mindern. Dafür bauen wir Windräder, setzen Sonnenkollektoren in die Landschaft oder auf Dächer, auch verdrängen elektrische Antriebe langsam, aber sicher den Verbrennungsmotor, irgendwann betreten wir vielleicht ein Zeitalter des grünen Wasserstoffs. Der technologische Fortschritt kann zweifellos einiges bewirken, nicht zuletzt in der Landwirtschaft des globalen Südens. Aber er wird das Problem nicht alleine lösen, schon wegen der beschriebenen Rebound-Effekte. Das heißt, es bleiben noch zwei Faktoren übrig, die schnellere Erfolge versprechen: In den reicheren Ländern müssen wir pro Kopf weniger Ressourcen verbrauchen, damit es auch für eine größere Weltbevölkerung reicht, und wir müssen der Natur wieder mehr Raum und Zeit zur Erholung lassen.

KAPITEL 5

Essen für alle! Aber ohne Artenverlust

Ein anderer Umgang mit Lebensmitteln

Immer mehr Menschen bevölkern die Erde, inzwischen schon acht Milliarden[1]. Sie alle brauchen Essen. Doch schon heute hungern Millionen. Genauer gesagt: Etwa jeder zehnte Mensch leidet auf diese Weise[2], die meisten davon im globalen Süden, insgesamt fast doppelt so viele wie in der Europäischen Union leben. Daran hat sich trotz großer Anstrengungen der internationalen Staatengemeinschaft in den vergangenen zwanzig Jahren kaum etwas geändert. Alle Getreidesäcke, die in ärmere Länder transportiert wurden, alle Spendenkampagnen, Benefiz-Konzerte und aller Einsatz von Prominenten vermochten das Elend zu lindern, aber nicht zu beseitigen[3]. Eher ist es angesichts einer wachsenden Weltbevölkerung fast schon als Leistung zu werten, dass nicht noch mehr Menschen allabendlich mit knurrendem Magen ins Bett gehen müssen. Ein vergifteter Erfolg ist das allerdings, denn eigentlich könnte es genügend Essen für jede und jeden geben, bisher jedenfalls.

Dass gefüllte Schüsseln trotzdem nicht auf dem Tisch stehen, hat viele Gründe: Armut, Kriege und Konflikte, Dürren, Ernteausfälle, auch aufgrund des Klimawandels, sowie schlechte Regierungssysteme gehören zu den wichtigsten[4].

Und kaum ist eine Dürre überwunden, eine Lieferkette wieder geschlossen, droht neues Ungemach: Die Corona-Krise samt ihres weltweiten Wirtschaftseinbruchs zum Beispiel hat die Versorgung mit Nahrungsmitteln wieder verschlechtert[5]. Nach Angaben der Vereinten Nationen ist die Zahl der Hungernden dadurch zuletzt wieder deutlich gestiegen. Und dann hat auch der Krieg in der Ukraine gezeigt, wie schnell neue Engpässe auftreten können, zum Beispiel weil die Saat in einem wichtigen Getreideanbau-Gebiet nicht in gewohntem Maß ausgebracht werden kann oder Blockaden von Häfen Exporte verhindern. Ohnehin ist die Landwirtschaft schon heute eine Strapaze für die Natur: Die Agrarwirtschaft nimmt immer mehr Raum in Anspruch, verbraucht Unmengen von Wasser, laugt Böden aus und reichert vor allem im Norden die Erde mit riesigen Mengen an Dünge- und Pflanzenschutzmitteln an. Für die Artenvielfalt ist sie ein echter Stressfaktor – und zwar der bedeutendste überhaupt. Gleichzeitig ist die Landwirtschaft für ihr Funktionieren auf die Dienstleistungen der Natur angewiesen, von der Bestäubung über Nährstoffe in Böden bis zur Wasserversorgung. Hier besteht eine empfindliche Wechselwirkung.

Der Konflikt zwischen einer ausreichenden und gesunden Ernährung und dem Artenschutz scheint vor diesem Hintergrund unauflösbar. Nicht wenige, selbst kundige Zeitgenossen, sehen kaum Lösungsmöglichkeiten. Sie haben die Hoffnung aufgegeben, dass es gelingt, Nutzung und Schutz der Natur vernünftig auszutarieren; sie wähnen die Menschheit vielmehr auf einem schlingernden Abwärtskurs, im Konflikt zwischen der Notwendigkeit höherer Produktion und den natürlichen Grenzen des Planeten. So sehen sie überall Verwerfungen wirtschaftlicher und sozialer Art mit unabsehbaren Folgen für gesellschaftlichen Zusammenhalt und die politischen Systeme. Solche Weltuntergangsszenarien haben gerade bei gut gebildeten und um die Welt besorgten Menschen Konjunktur. Sie sind aber erstens nicht hilfreich und zweitens auch nicht nötig. Denn der Konflikt ist beherrschbar, jedenfalls solange Weizen nicht als Waffe missbraucht wird. Dazu ist allerdings ein fundamentaler Wandel in der Landwirtschaft nötig, der hier im Norden anders aussehen muss als im globalen Süden. So ein Wandel ist keine Lappalie, aber das Problem ist lösbar. Zu einem guten Teil sogar relativ einfach, wenn wir bereit sind, ein paar entscheidende Gewohnheiten hinter uns zu lassen.

Die Landwirtschaft zählt zu den größten Vernichtern von Biodiversität; einmal, weil sie massenweise artenreiche Wälder, Savannen oder Graslandschaften verdrängt. Sie dehnt sich fortwährend weiter aus und erobert unberührte Natur, umso stärker, je mehr Güter und Ressourcen die Menschheit verbraucht und konsumiert. Inzwischen nimmt die Landwirtschaft mehr Fläche als Wälder ein, die einst die Landmasse der Erde vornehmlich prägten: Knapp 38 Prozent sind heute Agrarfläche, also Acker- und Weideland, auf etwa 29 Prozent stehen noch Wälder[6]. Damit hat sich der Anteil an Boden, den der Mensch für seine Zwecke nutzt, immer mehr vergrößert. Entstanden sind sogenannte Agrarlandschaften. Doch das ist noch nicht alles. Zum Flächenfraß kommt ein Schwund der Pflanzenvielfalt hinzu: Mit zunehmender Modernisierung der Landwirtschaft etwa seit dem 19. Jahrhundert, beschleunigt innerhalb der vergangenen siebzig bis achtzig Jahre, verminderte sich nämlich auch die Auswahl genutzter Sorten. Heutzutage spielen für die Ernährung der Menschen weniger als 200 Arten weltweit eine bedeutende Rolle. Und nur zwölf Pflanzen und fünf Tierarten genügen, um rund drei Viertel des gesamten Nahrungsbedarfs der Weltbevölkerung abzudecken; allein Reis, Mais und Weizen liefern fast sechzig Prozent der Kalorien und Proteine, die Menschen aus Pflanzen gewinnen[7]. Die moderne Landwirtschaft gefährdet die Biodiversität mithin auf mehrfache Weise.

Während im Süden vor allem die Rodung der Wälder das Problem ist, geht der Verlust im Norden auf eine immer intensivere Nutzung der Agrarlandschaft zurück. In Deutschland zum Beispiel wurde die Produktivität maximal gesteigert, die Artenvielfalt dadurch deutlich geschmälert. Dieser Trend lässt sich schon länger beobachten; Wissenschaftler*innen beklagen den Rückgang seit mehreren Jahrzehnten, ohne dass dies größere Aufmerksamkeit hervorgerufen hätte. Zum ersten Mal wurde die reale Gefahr des Artenschwundes einer breiteren Öffentlichkeit hierzulande durch die »Krefelder Studie« aus dem Jahr 2017 deutlich. Darin wurden Fluginsekten in geschützten Gebieten von Nordrhein-Westfalen, Rheinland-Pfalz und Brandenburg über einen längeren Zeitraum hinweg untersucht. Das erschütternde Resultat: Innerhalb von 27 Jahren hatte ihre Biomasse um unglaubliche 76 Prozent abgenommen[8]. Ähnliche Ergebnisse förderten weitere Studien zutage, zum Beispiel, dass die Zahl der Schmetterlingsarten in einem Schutzgebiet bei Regensburg von 117 im Jahr 1840 auf 71 im Jahr 2013 gesunken ist[9]. Oder dass die Bestände typischer Vögel der Agrarlandschaft in der Europäischen Union seit 1990 auf etwa zwei Drittel geschrumpft sind[10]. Auch viele Pflanzenarten gehen zurück, vor allem Arten, die von Insekten bestäubt werden, und solche mit nektarproduzierenden Blüten. Das gilt hierzulande besonders für Wildpflanzenarten, von denen ein Drittel gefährdet ist[11]; wie zum Beispiel für die Heilpflanze Arnika. Denn Wildkräuter benötigen meist nährstoffarme Böden, die es bei intensiver Landwirtschaft nicht gibt.

Die generelle Ursache für den Artenschwund durch die Landwirtschaft ist also leicht zu benennen: Wir haben sie in Deutschland auf hohe Effizienz und Produktivität getrimmt. Mittlerweile ernährt eine Person hier mehr als 130 Menschen, 1949 lag das Verhältnis noch bei eins zu zehn[12, 13]. Dies zeigt sehr deutlich, welchen Grad an Automatisierung und Beschleunigung wir in den letzten Jahrzehnten erreicht haben. Nach dem Krieg wollte man möglichst viele Nahrungsmittel herstellen, um das Problem des Hungers ein für alle Mal zu beseitigen. Dabei wurde und wird jeder potenziell schädliche Organismus mit großem Arsenal bekämpft. Was nicht der maximalen Steigerung des Ertrags diente, musste verschwinden; was potenziell schadete, wurde vernichtet, mit Hilfe von Herbiziden (Abtöten unerwünschter Pflanzen), Fungiziden (um Pilze zu bekämpfen) oder Insektiziden (Vernichtungsmittel gegen Insekten). Dabei halfen immer wirksamere Pflanzenschutzmittel, die Schädlinge und Wildkräuter zu beseitigen. Sie kamen und kommen noch heute häufig flächendeckend und nicht selten vorbeugend zum Einsatz; in Deutschland wird seit den 1970er Jahren fast das gesamte Ackerland mit Pflanzenschutzmitteln bearbeitet; die biologische oder mechanische Schädlings- und Unkrautbekämpfung wurde durch die chemische ersetzt[14]. Außerdem kommen heute sehr viel stärkere Insektizide zum Einsatz als früher[15, 16].

Zudem wurden die bewirtschafteten Flächen vergrößert und für den Einsatz moderner Landmaschinen vereinheitlicht. Diese Flurbereinigung, die hierzulande ab den 1950er Jahren stattgefunden hat, brachte einen sichtbaren Strukturwandel mit sich. Wo vorher kleinere und vielgestaltigere Parzellen waren, entstanden nun leicht zu bearbeitende, aber auch sehr viel gleichförmigere Flächen. Kleinere Höfe starben, größere setzten sich durch. Es handelte sich um eine regelrechte Industrialisierung der Landwirtschaft, bei der Steinhaufen genauso weichen mussten wie Baumreihen, Hecken oder Gehölze. Auch unbearbeitete Randstreifen oder kleine Bachläufe fielen häufig der Optimierung zum Opfer. Das Ganze ließ zwar die landwirtschaftlichen Erzeugermengen in die Höhe schnellen, minderte aber zugleich die Artenvielfalt, machte etwa Wildtieren und Vögeln zu schaffen, die ihre Rückzugsmöglichkeiten verloren. Mit den großen Flächen und einem veränderten Pflanzenschutz gingen auch standardisierte Produktionsverfahren einher, die sich auf weniger Kulturpflanzen und abwechslungsärmere Fruchtfolgen konzentrieren, zum Beispiel auf Mais, Raps oder Weizen.

Außerdem wurde das Saatgut reiner, und es gab immer weniger Kühe und Schafe auf der Weide. Die meisten Nutztiere bleiben heute im Stall, Grünland verwandelte sich in Ackerland, Heuwiesen verschwanden, Schaffleisch kommt aus Neuseeland. In der Folge all dieser Veränderungen sinkt die Zahl blühender Pflanzen; ohne den Kot auf den Wiesen fehlt vielen Insekten der Lebensraum. Schließlich stellt der schon in Kapitel 4 erwähnte Einsatz von Düngemitteln, die das Nährstoffangebot in den Böden erhöhen, ein Problem dar. Kurz gesagt: Die Landwirtschaft wurde darauf ausgerichtet, um jeden Preis Erträge und Produktqualität zu erhöhen. Doch mit dieser gut gemeinten Strategie gingen viele Änderungen bei der Bewirtschaftung von Agrarflächen einher, die sich negativ auf die Artenvielfalt ausgewirkt haben und die nun wieder verändert werden müssen. Von einer Agrarwende ist deshalb häufig die Rede. Der Begriff ist natürlich unschön und nach Energie- und Verkehrswende auch schon stark beansprucht. Das ändert aber nichts an der Richtigkeit der Forderung. Die jetzige Praxis taugt jedenfalls nicht als dauerhafte Lösung, weil wir den schwindenden Leistungen der Natur durch immer noch mehr Chemie und noch mehr Streben nach Effizienz hinterherrennen, um am Ende das genaue Gegenteil zu erreichen: Langfristig werden die Erträge wegen ausgelaugter Böden, belastetem Wasser und mangelnder Bestäubung sinken, die Versorgung mit Nahrung wird eher unsicherer, erst recht angesichts zunehmender Dürren und steigender Temperaturen als Folge des Klimawandels. Obwohl ausreichend Nahrungsmittel für alle Menschen bereitzustellen eines der großen Anliegen unserer Zeit ist, erst recht wegen Kriegen wie in der Ukraine.

Wie sieht die Lösung aus? Sie liegt zunächst einmal in der Landwirtschaft selbst. Wobei zu betonen ist, dass die wenigsten Betriebe dort »aus Spaß« so intensiv arbeiten. Die Höfe sind vielmehr durch die äußeren Bedingungen gezwungen, das Letzte aus ihrem Land herauszuholen, weil sie sonst nicht überleben können. Viele haben auch schon aufgegeben, gleichzeitig nimmt die Fläche je Hof zu. In Deutschland haben seit der Wende fast 200 000 Bauern und Bäuerinnen ihre Betriebe zugemacht; knapp 260 000 Höfe gibt es heute noch. Ihre Zahl ist mithin auf etwa die Hälfte geschrumpft[17, 18]. Verbände berichten von einer gefährlichen Mischung aus hoher Arbeitsbelastung, wirtschaftlichem Druck, sinkenden Einkommen und fehlender Wertschätzung, die zu mehr Fällen von Burn-out und Depressionen führten. Psychische Krankheiten seien die zweithäufigste Ursache für Erwerbsminderung bei Bäuerinnen und Bauern[19, 20].

Agrarlandschaften diverser gestalten

Klar ist, dass die Agrarlandschaften wieder biodiverser werden müssen. Dazu braucht es mehr Ökolandbau. Auf ökologisch betriebenen landwirtschaftlichen Flächen ist die Artenvielfalt im Schnitt um ein Drittel höher, wobei der Unterschied zwischen ökologischer und konventioneller Praxis im Ackerbau besonders deutlich ausfällt[21]. In Deutschland sind knapp zehn Prozent der Flächen ökologisch bewirtschaftet[22], in der EU rund neun Prozent und weltweit erst etwa 1,5 Prozent[23, 24]. Dem Koalitionsvertrag der Ampelregierung zufolge soll dieser Wert bis 2030 auf dreißig Prozent wachsen[25], auch in der »Farm-to-Fork« Strategie des »Green Deal« der EU ist eine Steigerung auf mindestens 25 Prozent bis dahin vorgesehen[26]. Diverse Ökolandbau-Verbände haben unterschiedlich strenge Regeln, aber zum Kern gehört bei allen der Verzicht auf leicht lösliche mineralische Stickstoffdüngemittel und eine Tierhaltung, die sich im Wesentlichen an der verfügbaren Fläche orientiert. Dadurch können Nährstoffe aus Mist und Gülle auf das eigene Land ausgebracht und von »den Pflanzen problemlos aufgenommen werden«[27], heißt es dazu beim Umweltbundesamt. Und vor allem: Dadurch kommt es zu weniger überschüssigen Nährstoffen im Boden; Oberflächengewässer und das Grundwasser sind nicht so stark durch Nährstoffe wie Nitrat gefährdet wie im konventionellen Landbau. Auch der Verzicht auf chemisch-synthetische Pflanzenschutzmittel steigert die biologische Vielfalt.

Aber man muss sich gar nicht allein auf den Ökolandbau beschränken: Auch eine größere Rücksicht auf die Umwelt in konventionellen Betrieben kann großen Nutzen stiften. Eine wichtige Änderung wäre, Kühe, Schafe oder Pferde nicht im

Stall stehen, sondern weiden zu lassen. Nur dann gibt es die für Biodiversität wertvollen und blütenreichen Wiesen und Weiden, die besonders stark bedroht und zurückgegangen sind. Weniger Dünger, weniger Pflanzenschutz, dafür mehr natürliche Methoden zur Schädlingsbekämpfung – wie Fruchtwechsel, Zwischenfruchtanbau, biologische Schädlingsbekämpfung durch Spinnen oder Vögel – können ebenfalls zu mehr Artenvielfalt in der Landwirtschaft beitragen. Auch ein Wechsel zu robusteren Sorten, die weniger Pflanzenschutzmittel brauchen und mit den als Folge des Klimawandels abnehmenden Niederschlägen besser zurechtkommen, bringt Erfolge.

Das kann durch Züchtung neuer Sorten geschehen oder durch die Rückkehr zu alten. Ein schönes Beispiel dafür sind die Alblinsen[28]. Ihr Anbau bietet verschiedene Vorteile: Sie sind reich an Eiweiß und Mineralien. Gerade in ärmeren Regionen, wie es die Schwäbische Alb lange Zeit war, konnten sich die Menschen Fleisch kaum leisten und glichen dies durch Proteine der Linsen aus. Die Alb galt lange Zeit als wichtige Region für den Linsenanbau. Etwa um das Jahr 1960, das Wirtschaftswunder war in vollem Gange, hörte der letzte Linsenbauer der Schwäbischen Alb auf, die alten, einheimischen Sorten gingen verloren. Niedrige Erträge und großer Arbeitsaufwand bei Ernte und Reinigung waren ausschlaggebend für das Verschwinden dieser Nahrungspflanze, die über zwei Jahrtausende auf der Alb angebaut worden war. Jahrzehnte später besann man sich dort wieder der eigenen Tradition, doch die alten Sorten waren verschwunden. In einer Sankt Petersburger Genbank wurden die Alblinsen nach intensiver Suche entdeckt und nach Deutschland zurückgeholt[29] – etwa 100 Linsensamen in kleinen braunen Tütchen. Inzwischen bauen wieder rund sechzig Landwirt*innen Linsen an, nach strengen Richtlinien der ökologischen Anbau-verbände. Entsprechend vielfältig sind die Linsenäcker: Dazwischen gibt es nicht nur Getreide wie Hafer und Braugerste, sondern dort finden sich auch viele Insekten, Wildkräuter und Kleinstlebewesen.

Günstig wirken sich auch strukturreiche Landschaften aus, die Hecken und Bäume und eher kleine Flächen aufweisen. Wie das gehen kann und welche Praktiken sich besonders eignen, zeigt das F.R.A.N.Z. Projekt[30] der Umweltstiftung Michael Otto und des Deutschen Bauernverbands, das wissenschaftlich begleitet wird. Es erprobt, welche Maßnahmen ökonomisch und gleichzeitig nachhaltig auch in der konventionellen Landwirtschaft funktionieren. Wie also wildlebende Tier- und Pflanzenarten in betriebliche Abläufe passen. Bei dem Projekt werden auf einer Reihe von Demonstrationshöfen, über die gesamte Bundesrepublik verteilt, verschiedene Maßnahmen getestet und deren Wirkung auf die Biodiversität untersucht, etwa welchen Unterschied es bringt, wenn Getreide weniger dicht gepflanzt oder wenn Sommergetreide durch eine blühende Untersaat wie Klee ergänzt wird. Den bisherigen Erkenntnissen zufolge gibt es auch auf intensiv bewirtschafteten Standorten »geeignete Maßnahmen zur Steigerung der Biodiversität«. So war die Artenvielfalt auf Getreideäckern mit mehrjährigen Blühstreifen zwei bis drei Mal so hoch wie sonst; Brachen erhöhten die Pflanzenvielfalt um 150 Prozent, selbst wenn sie jährlich umgebrochen wurden. Für solche Maßnahmen braucht es aber einschlägiges Wissen und natürlich den Willen und die richtigen Anreize zu – manchmal auch nur kleinen – Veränderungen.

Verbesserungen könnte auch der Einsatz neuer Technologien bringen. Derzeit werden in Deutschland kleine, autonome Saat-, Pflege- und Ernteroboter für ein *precision farming*, eine Präzisions-Landwirtschaft, erprobt, die positive Effekte für die Biodiversität erwarten lassen[31]. Bei digitalen Anwendungen für den Vertrieb landwirtschaftlicher Produkte gibt es ebenfalls noch viel Spielraum. Das Ökodorf Brodowin zum Beispiel in Brandenburg arbeitet als Agrargenossenschaft und dabei nach strengen Demeter-Richtlinien. Seine Produkte vermarktet es über einen Online-Shop regional und verteilt die Lebensmittel über das gesamte Stadtgebiet von Berlin. Um bei der Auslieferung keine überflüssigen Strecken zurückzulegen, arbeitet das Ökodorf mit dem »Netzwerk grüne Stadtlogistik«[32] zusammen, das die Software bereitstellt und für eine effiziente Auslieferung sorgt. Die Software verbindet die Partner des Netzwerks mit Radunternehmen, so dass die Waren in Verteilzentren gebracht und von dort aus auf Fahrrädern – digital unterstützt und emissionsfrei – bis zu den Kund*innen transportiert werden. Der Einsatz solcher digitalen Lösungen steht erst am Anfang und könnte sowohl beim Anbau selbst als auch später beim Vertrieb viel bringen.

Die Agrarpolitik der EU

Möglichkeiten gibt es also eine ganze Reihe, aber man muss sie in Angriff nehmen. Dafür braucht es neben dem Willen zum Wandel auch den richtigen politischen Rahmen, in Europa also in erster Linie eine andere Politik der EU. Die Gemeinsame Agrarpolitik, die es seit 1962 gibt, hat zweifellos erreicht, dass in der Europäischen Union ausreichend Nahrung vorhanden ist. Im Duktus der EU schafft die Gemeinsame Agrarpolitik »die Voraussetzungen dafür, dass die

Landwirte ihre Aufgaben in der Gesellschaft erfüllen«[33]. Sie unterstützt Bäuerinnen und Bauern direkt und gibt Gelder zur Entwicklung des ländlichen Raums aus. Die Begründung dafür lautet, man könne die Landwirtschaft nicht mit anderen Wirtschaftszweigen vergleichen, weil sie besonderen Bedingungen unterliege und zum Beispiel von der Witterung abhänge. Zudem können Weizen und Milch nicht über Nacht erzeugt werden, sondern brauchen Zeit. Zeit, die – auch finanziell – überbrückt werden muss. So weit ist das nachvollziehbar, aber diese Agrarpolitik setzt die falschen Anreize. Sie ist überdies zu einem bürokratischen Ungeheuer verkommen, das kaum noch zu durchdringen ist, von Laien schon gar nicht. Dabei bildet sie das Kernelement der EU und verschlang zuletzt knapp sechzig Milliarden Euro pro Jahr[34]; davon 6,7 Milliarden für Deutschland[35]. Das ist der größte Einzelposten im Budget der Union; er entspricht 38 Prozent des EU-Haushalts. Und das ist schon deutlich weniger als früher. Anfang der 1980er Jahre lag das EU-Budget für Landwirtschaft bei zwei Dritteln des Gesamthaushalts[36].

Vereinfacht ausgedrückt fließen Gelder aus der EU in den Agrarsektor anhand von zwei Säulen: Erstens gehen Zahlungen direkt an Betriebe und sollen vor allem deren Einkommen sichern. Die Summen dafür bemessen sich an der zur Verfügung stehenden Fläche des jeweiligen Hofs. Je mehr Fläche bewirtschaftet wird, desto mehr Förderung ist möglich. Die Zuschüsse werden seit dem Jahr 2000 – anders als früher – unabhängig von Produktion und Erntemenge gewährt. Es spielt also fast keine Rolle, welche Kulturen in welcher Größenordnung angebaut werden. Die Entkoppelung von den Erträgen sollte der Überproduktion entgegenwirken und die Landwirtschaft weniger intensiv machen[37], zumal die EU ihre Direktzahlungen seit 2013 an moderate Umweltauflagen

knüpft. So müssen die bäuerlichen Betriebe, um den Höchst-
betrag zu erhalten, zum Beispiel eine gewisse Diversität an
Feldfrüchten anbauen. Die Zuweisungen aus der ersten Säule
machten in der Vergangenheit knapp ein Drittel der Betriebs-
einkommen aus[38] und stellen mithin einen sehr entscheidenden Einnahmeblock dar. Die zweite Säule dient der ländlichen Entwicklung und vergütet, unter anderem, freiwillige
Maßnahmen zum Schutz der Agrarumwelt und des Klimas.
Darunter fallen zum Beispiel in Deutschland das Schaffen
von Lebensräumen für wildlebende Tier- und Pflanzenarten,
aber auch der Ökolandbau und das Tierwohl. Die Maßnahmen unterscheiden sich nicht nur von Land zu Land, sondern sogar von Bundesland zu Bundesland und können Ver-
schiedenes umfassen: etwa Formen der Bewirtschaftung, die
den Feldhamster schützen, Feldlerchenfenster in Feldern,
das sind künstlich angelegte Lücken in ansonsten dichten
Ackerbeständen für Feldlerchen, Rebhühner oder Feldhasen,
oder das Beweiden von Grünland. Die Fördermittel aus der
zweiten Säule spielen allerdings eine untergeordnete Rolle;
sie standen bisher im Schnitt für rund vier Prozent des Be-
triebseinkommens[39]. Dieses System von Unterstützungen hat
in den letzten Jahren weder die Umwelt in dem Maß geschützt, wie es nötig wäre, um Biodiversität auf Dauer, auch
für die Produktion von Nahrungsmitteln, zu sichern. Noch
hat es zu einem guten Leben der Bäuerinnen und Bauern
beigetragen. Diese stehen vielmehr unter enormem Stress.

Zwar hat die EU in der neuen Förderperiode, die seit
2023 gilt, einige Reformen eingeführt und weitere verspro-
chen, die durchaus positiv zu bewerten sind (auch wenn ein
Teil dieser Veränderungen wegen des Ukraine-Krieges in
Deutschland einmalig ausgesetzt ist, wie es aus dem Bundeslandwirtschaftsministerium hieß[40]). So sollen nun ein Vier-

tel der Direktzahlungen an sogenannte »Eco-Schemes« gehen[41]; das bedeutet, es gibt Extra-Gelder für Blühflächen, erweiterte Fruchtfolgen oder artenreiche Wiesen und ähnliches mehr. Wer sich solche Mittel sichern möchte, muss dafür Leistungen für Umwelt- und Klimaschutz oder Biodiversität erbringen, die über die allgemeinen Auflagen an Umwelt- und Klimaschutz hinausgehen. »Welche Maßnahme für ihren Betrieb die jeweils passendste ist, können die Betriebe aus einem Katalog selbst auswählen«[42], heißt es dazu beim Bundesinformationszentrum Landwirtschaft. Doch solche Maßnahmen sind freiwillig. Man setzt also auf die Einsicht der Betriebe, obwohl die Zeit drängt und es klarere Vorgaben bräuchte. Dennoch ist es eine Veränderung in die richtige Richtung. Positiv ist auch, dass die EU die zweite Säule künftig stärker berücksichtigen möchte; ihr finanzieller Anteil soll bis 2026 auf 15 Prozent wachsen[43].

Die Reform war wie immer ein hart erkämpfter Kompromiss in der EU. Entsprechend fiel die Bewertung sehr unterschiedlich aus. Das Bundeslandwirtschaftsministerium, damals unter Leitung von Julia Klöckner, CDU, begrüßte die Reform als Systemwechsel, »der ein Mehr an Umwelt- und Klimaschutz mit wirtschaftlichen Perspektiven für die Landwirte und die ländlichen Räume verbindet«[44]. Demgegenüber verwies der Deutsche Bauernverband auf drohende Zahlungseinbußen für Bäuerinnen und Bauern sowie die wachsende Inflexibilität und Bürokratie. Aus Sicht von Umwelt- und Naturschutz greifen die Neuerungen deutlich zu kurz, um die europäischen Klima- und Nachhaltigkeitsziele zu erreichen und die Artenvielfalt dauerhaft zu sichern. Sie fordern, wie zum Beispiel auch die Leopoldina, alle Direktzahlungen, also die komplette erste Säule, zwingend und unmittelbar an positive Effekte auf Umwelt und biologische

Vielfalt zu koppeln und dies nicht in der Sphäre der Freiwilligkeit zu belassen.

Doch dafür ist es zu spät: Die jetzige Regelung gilt bis 2027. Erst dann wird im EU-Kreis wieder über umfassende Reformen verhandelt, vorher sind nur Anpassungen nach einer Überprüfung 2025 geplant. Auch der deutsche Landwirtschaftsminister Cem Özdemir (Bündnis 90/Die Grünen) sieht bei der Agrarpolitik umfassenden Veränderungsbedarf, zunächst in Deutschland, aber auch in Brüssel. Im Bundestag sagte er Anfang 2022: »Das derzeitige System lebt auf Kosten der Tiere und der Landwirte und produziert nur Verlierer.«[45] Er sprach sich wiederholt dafür aus, »Klimaschutz, Erhalt der Artenvielfalt und Ernährungssicherung nicht als Gegensätze«[46] zu betrachten. Kurz gesagt, er plädiert für eine neue Agrarpolitik. Ob und wie schnell er sich damit durchsetzen kann, bleibt abzuwarten.

Vor- und Nachteile des Ökolandbaus

Aber selbst wenn er einen solchen Umschwung trotz Ernährungskrisen, trotz mächtiger Lobbygruppen und im Interessendschungel der EU bewirken sollte, wird das nicht genügen. Eine Ökologisierung der Landwirtschaft, zu welchem Grad auch immer, ist leider nicht hinreichend, um das Problem des steigenden Nahrungsmittelbedarfs bei gleichzeitiger Abnahme der überlebenswichtigen Biodiversität in den Griff zu bekommen. Denn der ökologische Anbau bringt im Mittel geringere Erträge hervor als der konventionelle. Die Unterschiede variieren, je nach Standort und Kultur, aber als Daumenregel kann man festhalten, dass die Differenz bei zirka einem Viertel liegt[47, 48]. Auf einem Ökofeld fährt der Landwirt also im Schnitt 25 Prozent weniger Weizen, Gerste oder Zuckerrüben ein als auf einem herkömmlichen Acker. Dieser Wert kann auch etwas höher oder niedriger liegen, aber klar ist: Die Produktivität sinkt. Hier braucht es einen Ausgleich. Und der kann nicht darin bestehen, die geringeren Erträge über Einfuhren aus dem Ausland auszugleichen. Schon heute ist die Ackerfläche, die wir als Deutsche im Mittel brauchen, um unsere Bedürfnisse zu decken, im Ausland größer als im Inland[49]. Das heißt, wir führen massenweise Agrargüter wie Kaffee, Kakao oder Früchte ein. Selbst für unsere eigene Produktion sind wir vielfach auf landwirtschaftliche Importe etwa in Form von Futtermitteln angewiesen. Das gilt übrigens für die gesamte EU. Es kann also nicht allein darum gehen, hier strengere Umweltauflagen einzuführen, auf Kosten der Biodiversität in anderen Teilen der Welt, etwa mit der Folge, dass dort tropische Regenwälder gerodet werden. Schon heute ist nämlich die EU nach China der zweitgrößte Importeur von landwirtschaftlichen Erzeugnissen, die direkt oder indirekt mit Entwaldung in Verbindung stehen[50].

Das heißt aber auch, dass sich der notwendige Wandel nicht allein in der Landwirtschaft herbeiführen lässt. Wir müssen zusätzlich viel umfassendere Veränderungen herbeiführen: Da wären erstens der Verlust von Lebensmitteln zu nennen. Nach Angaben der FAO gehen jährlich 1,3 Milliarden Tonnen Lebensmittel zwischen Acker und Teller verloren. Ein Drittel aller Nahrungsmittel wird nicht gegessen[51]. Etwa die Hälfte bleibt im Einzelhandel und bei den Konsument*innen auf der Strecke, wird also verschwendet. Die andere Hälfte geht davor zwischen Ernte und Verkauf verloren, mithin auf dem Weg in den Handel[52]. Etwas konkreter und auf Europa bezogen, bedeutet das, rechnerisch werden 173 Kilogramm Lebensmittel pro Person und Jahr verschwendet[53]. Das entspricht fast einem halben Kilo pro Tag. Wenn man bedenkt, wie viele Mahlzeiten ein einziger Mensch mit 500 Gramm Nudeln bestreiten kann, ist das eine skandalös große Menge. Aber die Rechnung kann man weitertreiben; dann wird sie noch eindrucksvoller. In Deutschland landen etwa 18 Millionen Tonnen Lebensmittel jährlich auf dem Müll, zehn Millionen davon ließen sich nach Berechnungen des WWF relativ leicht »retten«. Für die Produktion dieser zehn Millionen Tonnen sind grob 2,6 Millionen Hektar oder fast 15 Prozent der gesamten Fläche nötig, die wir hierzulande für den Anbau von Lebensmitteln brauchen. Damit wäre ein wesentlicher Teil der geringeren Erträge durch ökologischen Landbau schon wieder reingeholt. Die Verschwendung von Lebensmitteln ist weit mehr als eine schlechte Angewohnheit. Sie vernichtet Natur und zerstört die Artenvielfalt. Der Beitrag, den ein bewussterer Umgang mit Essen, eine bessere Übersicht über das Gekaufte und ein ökonomischer Verbrauch leisten, kann mithin gar nicht hoch genug eingeschätzt werden.

Weniger Fleisch, weniger Flächenverbrauch

Einen noch größeren Beitrag allerdings könnte ein verändertes Essverhalten erzielen. Nur etwa zehn Prozent der Energie werden im Mittel an die nächste Ebene einer Nahrungskette weitergegeben, also von Pflanzen an Pflanzenfresser wie Hasen, Rehe, Kühe und Schafe und von Pflanzenfressern an Fleischfresser, also an Menschen, Luchse, Wölfe, Löwen oder Tiger. Das heißt, die jeweils nächste Ebene braucht entsprechend mehr Masse an Futter, was sich am Flächenverbrauch unterschiedlicher Produkte zeigt: Ein Kilogramm Rindfleisch braucht in Deutschland im Schnitt 32 Quadratmeter Fläche. Für Schweinefleisch sind es noch knapp 6, für Milch etwas mehr als ein Quadratmeter pro Liter. Die gute alte Kartoffel dagegen benötigt nur 0,2 Quadratmeter Fläche pro Kilogramm[54]. Dadurch ergibt sich folgendes Verhältnis: Für ein Kilogramm Rindfleisch wird 160 Mal (in Worten: hundertsechzig Mal!) mehr Fläche benötigt als für ein Kilogramm Kartoffeln, bei Geflügel liegt der Wert bei 53, bei Schweinefleisch bei 29 und bei Milch bei 6,5. Dieser Unterschied, zumal bei Rindfleisch, ist so erheblich, dass jedem, der sich diese Zahlen vor Augen führt, sofort einleuchten muss: Den Konsum tierischer Produkte, wie wir ihn in der Vergangenheit gepflegt haben, können wir uns nicht mehr leisten.

Kein Wunder, dass in Deutschland der größte Teil der Getreidefläche für den Anbau von Tierfutter verwendet wird, nämlich knapp sechzig Prozent, weitere 16 Prozent wandern in den Tank oder in die Industrie[55]. Weltweit ist die Zahl sogar noch erschreckender: Auf mehr als siebzig Prozent der globalen Ackerfläche wachsen Pflanzen, die an Tiere verfüttert werden[56], vor allem Soja ist hier zu nennen. Etwas zugespitzt formuliert: Die Landwirtschaft nimmt vor dem Hintergrund des Artenschwundes nicht nur viel zu viel Raum ein – in Deutschland rund die Hälfte der Fläche[57], weltweit knapp 38 Prozent[58] –, sondern auf den Flächen bauen wir auch noch das Falsche an. Daraus ergibt sich ein ganz simpler Zusammenhang: Weil sich die Landwirtschaft nicht noch weiter in die unberührte Natur hineinfressen darf, wegen der Biodiversität und wegen des Klimawandels, gleichzeitig aber die Weltbevölkerung steigt, müssen wir solche Nahrungsmittel anbauen, die direkt auf die Teller und in die Schüsseln der Menschen gehen und nicht den Umweg über Tiere nehmen. Denn »die derzeitigen Essgewohnheiten (...) werden die Risiken für Menschen und Erde verschlimmern«, heißt es dazu in einem Bericht des renommierten britischen Magazins *Lancet*[59]. Das medizinische Fachjournal empfiehlt Menschen vor allem in den reichen Industrieländern, aber zunehmend auch in Schwellenländern, insgesamt weniger zu essen und weitgehend auf Fleisch zu verzichten, stattdessen mehr Nüsse, Früchte, Gemüse und Vollkornprodukte zu verzehren. Das schütze die Umwelt, sei gesünder für den Menschen und könne die Zahl der ernährungsbedingten Todesfälle deutlich mindern. Konkret empfehlen die Lancet-Forscher*innen, den Verbrauch an tierischen Produkten deutlich zu vermindern, und zwar auf zirka 100 Gramm sogenanntes rotes Fleisch, also Rind-, Schweine- und Lammfleisch, plus zirka 200 Gramm Geflügel pro Woche[60]. Damit könnte auch ein Großteil an klimaschädlichen Emissionen und viel Wasser eingespart werden, wie Modellrechnungen ergaben. Demnach ließen sich zwei Drittel aller klimaschädlichen Emissionen vermeiden, wenn jeder Mensch auf der Welt nur ein bis zwei Mal pro Woche Fleisch essen würde. Wir müssten also nicht komplett darauf verzichten, sondern nur den exzessiven Verzehr einschränken. Das erscheint absolut zumutbar und könnte auf einen Schlag viel bewirken.

Produktivität in Entwicklungsländern steigern

Etwas anders sieht die Lage in Entwicklungsländern aus. Dort brauchen die Menschen mehr Kalorien, insbesondere mehr Eiweiß, Vitamine und Mineralstoffe. Allerdings neh-

men selbst in ärmeren Ländern Übergewicht und damit ein-
hergehend Herz-Kreislauf-Krankheiten und Diabetes vor allem bei der Mittelschicht zu. Auch stehen dort oft riesige
Agrarbetriebe, etwa in Brasilien, kleinen Subsistenzbäuerin-
nen und -bauern gegenüber. Etwa achtzig Prozent der Landwirtschaft in Entwicklungsländern liegt in den Händen von
Kleinbauernfamilien[61]. Sie sind häufig arm und arbeiten
meist unrentabel. Die landwirtschaftlichen Erträge sind oft
gering. Hier braucht es mehr Produktivität. »Welches Potenzial dort schlummert, zeigt der Blick auf die durchschnittlichen Erträge der afrikanischen Landwirtschaft, die bei 0,3
bis 1,5 Tonnen Getreide pro Hektar liegen. In Deutschland
werden auf vergleichbaren Flächen 5 bis 8 Tonnen pro Hektar geerntet«[62], drückte es der frühere Entwicklungsminister
Gerd Müller einmal aus. »Durch Ausbildung, besseres Boden-
und Anbaumanagement können die Erträge in kurzer Zeit in
den Entwicklungsländern mehr als verdoppelt werden.«[63]

In der Vergangenheit ging eine höhere Produktion von Lebensmitteln im globalen Süden oft mit der Umwandlung natürlicher Lebensräume einher. Oder, zum Beispiel in Indien,
mit einem Verlust an Bodenfruchtbarkeit, verursacht durch
einen enormen Einsatz an Pflanzenschutzmitteln. Die Produktion um jeden Preis zu steigern, zumal in riesigen Monokulturen, kann daher auch in den ärmeren Gegenden dieser
Welt nicht das Ziel sein. »Je einseitiger die Landwirtschaft,
desto gefährdeter ist nicht nur die Vielfalt der Kulturarten,
sondern auch der Kultursorten und -rassen mit ihren spezifischen Eigenschaften«, schreibt der Wissenschaftliche Beirat Globale Umweltveränderung der Bundesregierung zur
Zukunft der Landwirtschaft in Afrika[64]. Es geht vor allem darum, Produktivitätsfortschritte bei den Kleinbäuerinnen und
-bauern zu erzielen und ihre landwirtschaftlichen Praktiken

zu modernisieren. Dafür braucht es neben mehr Wissen in erster Linie bessere Werkzeuge und Maschinen sowie bessere Vermarktungswege und Lagerkapazitäten. Denn auch dort schimmelt Getreide oder verdirbt Fisch, weil Produkte nicht angemessen aufbewahrt werden können. Besonders hoch ist das Potenzial für Ertragssteigerungen in Afrika[65]. Deshalb hat die Afrikanische Union eine umfassende Strategie zur Entwicklung der Landwirtschaft für die kommenden Jahrzehnte verabschiedet. Demnach sollen die Mitgliedstaaten mindestens zehn Prozent ihrer nationalen Budgets jedes Jahr in die Landwirtschaft investieren und so die Produktion um mindestens sechs Prozent jährlich steigern[66]. »Um die Wachstumschancen nutzen zu können, müssen Hindernisse ausgeräumt werden, beispielsweise (…) ein geringer Mechanisierungsgrad, fehlender Zugang zu Krediten, geringes Know-how der Bauern, ungeeignete Grundbesitzsysteme und schwache Eigentumsrechte, vor allem bei Bäuerinnen und Unternehmerinnen«[67], urteilt der Präsident der Afrikanischen Entwicklungsbank, Akinwumi Adesina. Zudem kann die Digitalisierung in Afrika viel bewirken und für Wettervorhersagen oder für bessere Vermarktungswege sorgen oder über digitale Plattformen die gemeinsame Nutzung von Maschinen ermöglichen und vieles mehr. Gilt schon für Europa, dass Techniksprünge enorme Fortschritte in der Landwirtschaft auch und gerade im Sinne der Nachhaltigkeit erzielen könnten, hat das in Afrika erst recht großes Potenzial.

Das alles einzuführen, zu verbreiten und zu ändern, ist zweifellos keine einfache Aufgabe. Auch dürfte die Versuchung angesichts eines rasanten Bevölkerungswachstums in Afrika groß sein, die Anbauflächen zu erweitern und Savannen und Wälder unter den Pflug zu nehmen. Doch selbst in Afrika existieren Möglichkeiten, biodiversitätsfreundliche

Anbaumethoden zu wählen, wie ein Beispiel aus den Tropen Tansanias zeigt: In den Chagga-Homegardens am Kiliman-jaro wird seit Jahrhunderten sogenannter Agroforst-Anbau betrieben. Mitten im Bergregenwald sind Gärten entstanden. Viele große Urwaldbäume stehen noch, unter ihnen wachsen Bananen, Kaffee, Gemüse, Heil- und Würzkräuter; Kuhdung dient als Dünger. Von oben sind die Gärten gar nicht zu sehen, der Regenwald wirkt geschlossen. Das Ergebnis ist beeindruckend: Der Bestand und die Vielfalt an Vögeln, Fledermäu-sen oder Heuschrecken ist dort fast so groß wie im benach-barten unbebauten Wald[68, 69]. Die Böden erweisen sich als stabil, werden nicht ausgewaschen[70] – und die Menschen ha-ben ein hinreichendes Auskommen; Armut ist selten. Es geht also vor allem um die Stärkung der kleinbäuerlichen Struk-turen, um naturfreundliche Anbaumethoden, um bessere Maschinen, manchmal um das Rückbesinnen auf alte Tradi-tionen, nicht um ein Mehr an großen Monokulturen.

Am anderen Ende der Welt, im indischen Andrah Pradesh, praktizieren mittlerweile mehr als 100 000 Farmer nachhal-tige und an den Klimawandel angepasste Landwirtschaft. Sie bekommen staatliche Förderung, wenn sie nach sogenannten »agrarökologischen Prinzipien« wirtschaften, also eine Land-wirtschaft betreiben, die sich an ökologischen Zusammen-hängen orientiert[71]. Das bedeutet unter anderem, dass sie ohne schädliche Chemikalien auskommen. Stattdessen nut-zen sie Dung, Mulch, Gülle und Pflanzenextrakte als Dünger. Der Grund: Die Böden waren extrem ausgelaugt, die Arten-vielfalt zurückgegangen. Das soll sich mit den neuen Anbau-methoden ändern; dann kehren auch Mikroorganismen, Würmer und Pilze zurück, die die Fruchtbarkeit der Böden weiter steigern. Das Ganze mag zwar zunächst mühsam sein, sichert aber langfristig Erträge, die sonst ausbleiben.

Zwei Beispiele, die zeigen, dass nachhaltige Landwirtschaft mit den richtigen Ansätzen und (staatlichen) Anreizen auch in Entwicklungsländern funktionieren kann. Und dass es für diesen Wandel zudem eine stärkere Ausrichtung des internationalen Handels auf Nachhaltigkeitskriterien braucht. Eine wichtige Rolle spielen dabei auch Zertifizierung und Ökolabel, weil diese Produkte in der Regel naturfreundlicher hergestellt sind. Erfolgversprechend ist zudem die Entwicklung von Lieferkettengesetzen, aber nur, wenn sie neben sozialen Kriterien auch ökologische berücksichtigen. Und dann sollte noch der wahre Wert von Produkten in ihrem Preis abgebildet sein. Die Kosten, die beim Landbau in Form von verlorener Biodiversität, höherer Erdtemperatur und Belastung des Grundwassers entstehen, sind nirgends eingepreist, sondern fallen erst irgendwann später an, zum Beispiel bei den Wasserwerken oder bei Anpassungsmaßnahmen an den Klimawandel, die nötig und teuer sind. Meist zahlt die Allgemeinheit mit ihren Steuergeldern dafür (s. Kapitel 8).

Eine Agrarwende ist überfällig

All diese Veränderungen sind nicht ohne Mühe einzuführen, aber die Alternative alle viel schlimmer, jedenfalls auf längere Sicht. Deshalb führt kein Weg daran vorbei, das »Trilemma«[72], wie es der Wissenschaftliche Beirat Globale Umweltveränderungen der Bundesregierung nennt, aus Klimaschutz, Ernährungssicherheit und Erhalt der Biodiversität anzugehen. Alle drei Krisen haben mit Land zu tun: Für den Klimaschutz braucht es Land, um CO_2 in der Vegetation und im Boden zu halten oder aus der Atmosphäre wieder zu binden. Die Landwirtschaft braucht ganz offensichtlich Land, um Nahrungsmittel anzubauen. Und der Erhalt der Biodiversität braucht Land, das am besten in Ruhe gelassen wird. Das sind drei konkurrierende Ansprüche, im Extremfall an ein und dieselbe Fläche, um die im Zweifel gerungen werden muss. Aber Land automatisch einer der drei Nutzungen zuzuordnen, der Landwirtschaft, wie das zuletzt ohne Nachzudenken nahezu überall auf der Welt geschehen ist, multipliziert sämtliche Krisen.

Vor dem Hintergrund aktueller Ernährungskrisen ist die Forderung, jedes Stückchen Land mit Weizen zu bepflanzen, zwar nachvollziehbar, aber keine geeignete Lösung. Durch die weitere Intensivierung der Landwirtschaft wird, jedenfalls bei uns in Europa, nicht mehr Nahrungsmittelsicherheit entstehen, sondern weniger. Zumal sich auf den vorhandenen Brachflächen aufgrund der Bodenbeschaffenheit oft gar nicht ohne weiteres Weizen anbauen lässt. Außerdem gilt: Wenn Insekten und Vögel nicht mehr ausreichend bestäuben, Schädlinge bekämpfen oder die Bodenfruchtbarkeit erhalten, nützt irgendwann der beste Dünger nichts. Die Lösung kann deshalb nur lauten: Biodiversität nicht vollkommen auf dem Altar aktueller Konflikte zu opfern und generell nicht langfristige Ziele wegen kurzfristiger Herausforderungen aufzugeben. Sondern stattdessen die anderen Möglichkeiten der »Agrarwende« stärker in den Blick zu nehmen: weniger Verschwendung und weniger Fleisch – zwei sehr wirksame Hebel, die relativ kurzfristig einzusetzen wären, genau wie ein Tempolimit fürs Energiesparen. Oder anders ausgedrückt: Während in Deutschland und der EU weniger mehr ist, braucht es in den Entwicklungsländern vom Wenigen mehr. Dann lässt sich sowohl die Weltbevölkerung ernähren, und zwar gesünder als heute, als auch Artenvielfalt sichern.

KAPITEL 6

Der Natur Raum geben

Schutzgebiete haben sich bewährt

Manchmal prägen seltsame Begegnungen politische Entscheidungen. In diese Kategorie fällt auch ein Camping-Ausflug, den US-Präsident Theodore Roosevelt 1903 mit dem leidenschaftlichen Naturschützer John Muir in den Yosemite Nationalpark unternahm. Der Park war wenige Jahre zuvor östlich von San Francisco in der Sierra Nevada gegründet worden. Die beiden verbrachten vier denkwürdige Tage in der Wildnis zusammen[1, 2], schliefen unter einem Mammutbaum, erlebten einen Schneesturm in der Nähe des legendären Sentinel Dome, einer Naturkuppel aus Granit, und ließen sich schließlich auf dem Glacier Point ablichten. Dieser Aussichtspunkt erlaubt einen spektakulären Weitblick über die wildromantische Landschaft dort. Auf dem Foto sieht man einen hageren und bärtigen Muir, ganz so, wie man sich einen Naturfreund klassischerweise vorstellt, und einen etwas untersetzten Präsidenten in Stiefeln und Halstuch. Sie tragen beide Hut, aber das ist fast das einzig verbindende äußerliche Merkmal. Und auch sonst hätten die Männer kaum unterschiedlicher sein können: Hier der robuste und zupackende Roosevelt, der sich als *rough rider* und *trust buster* einen Namen als hartgesottener Präsident machte. Dort der

Autodidakt und Naturliebhaber Muir, der von Kindesbeinen an fasziniert war von Pflanzen und Tieren und der bis heute zu den bedeutendsten Naturschützern der Vereinigten Staaten zählt. Der Trip der beiden ist wahrscheinlich einer der wichtigsten Camping-Ausflüge in der Geschichte des amerikanischen Naturschutzes. Denn im Nachgang dazu stellte Roosevelt mehr als 230 Millionen Acres unter Schutz – eine Fläche, die größer ist als Texas – mit fünf Nationalparks und 18 sogenannten Naturdenkmalen[3]. Auch entzog er die Aufsicht über den Yosemite Park dem Staat Kalifornien und stellte ihn unter nationale Obhut. Das war der Beginn des Systems von Nationalparks in den USA.

Das Ausweisen solcher Flächen wie im Yosemite Park stellt mittlerweile überall auf der Welt eine bewährte Methode dar, um besonders wertvolle Flächen samt ihrer Arten zu schützen. Man überlässt Land sich selbst, lässt Bäume wachsen, Gräser wuchern und Bächen ihren Lauf. Die Natur kann sich entfalten, alles kann sprießen, zirpen, zwitschern, krabbeln, kriechen und laufen. So erhöht sich, der Sprache der Ökonom*innen zufolge, durch Schutzgebiete das Naturkapital, während es durch intensive Nutzung schrumpft[4]. Diesen Zusammenhang sahen auch schon Generationen vor uns, als es noch nicht so schlecht um unsere natürliche Umwelt stand wie heute. Es gab heilige Wälder, Haine, Bäume oder verbotene Orte zum Beispiel in Indien schon vor mehr als 2000 Jahren[5]. Der moderne Naturschutz, ungefähr so, wie wir ihn heute kennen, entstand im 19. Jahrhundert: In Deutschland wurde bereits 1836 das erste Naturschutzgebiet, ein Teil des Drachenfels, eingerichtet. Der erste Nationalpark entstand hierzulande 1970 im Bayerischen Wald. Ein Teil des heutigen Hluhluwe-iMfolozi-Park in Südafrika wurde 1895 als eines der ersten Großschutzgebiete in Afrika ausgewiesen. Seither sind auf allen Kontinenten Naturschutzgebiete entstanden, wie der Krüger Nationalpark im südlichen Afrika, der Madidi Nationalpark in Bolivien oder der Kardamom Nationalpark in Kambodscha. Es gibt inzwischen über 100 000 Schutzgebiete auf der Welt[6], kleinere und größere, einige mit strengem Schutz, andere eher großzügig in der Handhabung, manche erfolgreicher geführt als andere. Nach den Kriterien der Vereinten Nationen sind derzeit fast 17 Prozent an Land und knapp acht Prozent in den Meeren geschützt[7]. Und zwischen 2010 und 2020 ist diese Fläche um 21 Millionen Quadratkilometer (42 Prozent der derzeitigen Abdeckung) deutlich gewachsen. Hier hat sich also einiges getan, die Entwicklung hat sich beschleunigt und wird sich erfreulicherweise noch weiter beschleunigen. Bis 2030 soll knapp ein Drittel der Erdoberfläche unter Schutz stehen. So hat es die Staatengemeinschaft mit dem sogenannten »30x30-Ziel« im neuen »Globalen Rahmen für Biodiversität« Ende Dezember im kanadischen Montreal beschlossen (s. Kapitel 7).

Was zählt dazu, was nicht?

Allerdings ist das Messen nicht ganz einfach. Was gilt als Schutzgebiet? Und welche Kriterien müssen dafür erfüllt sein? Allein in Deutschland gibt es mindestens sechs verschiedene Schutzkategorien, von denen Naturschutzgebiete nur eine darstellen[8]. Dazu kommen Nationalparks, Biosphärenreservate, Landschaftsschutzgebiete, Naturparks und Schutzgebiete gemäß Natura 2000. Die nach den verschiedenen Kriterien ausgewiesenen Flächen können sich überlagern, manchmal sind sie sogar deckungsgleich. Deshalb lassen sie sich nicht einfach addieren, um die Gesamtfläche in Deutschland zu errechnen. Reine Naturschutzgebiete, in denen besonders strenge Regeln gelten, machen hierzulande gut sechs Prozent der Fläche aus[9]. Wildnisgebiete, also Flächen, die komplett sich selbst überlassen bleiben, gibt es in Deutschland sogar nur 0,6 Prozent; das ist wenig und bleibt hinter den eigenen Zielen zurück. Die Bundesregierung hatte vorgegeben, bis 2020 zwei Prozent der Landesfläche als Wildnis auszuweisen[10]. Dieses Ziel wurde deutlich verfehlt. Dazu kommen die schon erwähnten Natura-2000-Schutzgebiete, die Teil eines europaweiten Netzes von Schutzgebieten und von Brüssel gefordert sind. Deren Anteil liegt in Deutschland bei 15,5 Prozent, in der EU insgesamt bei 17,5 Prozent. Nach Angaben der Bundesregierung bildet Natura 2000 das »größte grenzüberschreitende koordinierte Schutzgebietsnetz weltweit«[11]. Hier den Überblick zu behalten, ist schwierig.

Ähnlich unübersichtlich ist die Lage weltweit. Oft lässt sich nicht genau ergründen, welches Gebiet zu welcher Schutzkategorie zählt. Um eine Vergleichbarkeit zu ermöglichen, hat die Internationale Naturschutzunion IUCN Richtlinien erarbeitet[12], die als Maß gelten für die Berichtspflichten im Rahmen der Konvention über die Biologische Vielfalt. Sie unterscheidet sieben verschiedene Kategorien, die von striktem Naturschutz bis zum Schutzgebiet mit nachhaltiger Nutzung reichen. Diese Aufteilung scheint sich immer mehr durchzusetzen, sie gilt jedenfalls bei den Vereinten Nationen und bei zahlreichen Nationalstaaten als Standard, aber längst nicht bei allen. Insofern sind alle Angaben über den Anteil von Schutzgebieten immer nur Annäherungswerte und mit Vorsicht zu genießen. Dies bedeutet allerdings nicht, dass das Konzept an sich keinen Wert hätte.

Wer einmal einen Nationalpark, zum Beispiel in Afrika, besucht und vielleicht sogar eine Nacht dort verbracht hat, nimmt bleibende Eindrücke mit. Im Hluhluwe-iMfolozi-Park im Norden der Provinz KwaZulu-Natal etwa sind die *big five* – Elefanten, Nashörner, Büffel, Löwen und Leoparden – zu finden. Dort kann es durchaus passieren, dass man nachts von einem ohrenbetäubenden Gebrüll geweckt wird, weil eine Gruppe Löwinnen mitten durch das Camp läuft und die Zeltwand bebt. Selbst riechen kann man die mächtigen Tiere dann. Am Morgen danach erscheint das nächtliche Erlebnis wie ein Spuk, wären da nicht handtellergroße Tatzenabdrücke im feinen Staub zu sehen. Oder im Addo Elephant Park in Südafrika, wenn ganze Elefantenfamilien sich an einem Wasserloch versammeln, die kleinen immer gut geschützt. Auch das bleibt Besucher*innen als besondere Erfahrung im Gedächtnis.

Allerdings sind solche Nationalparks nicht primär dafür gedacht, Touristen mit spektakulären Naturerlebnissen zu versorgen. Das ist gewissermaßen nur ein Nebeneffekt, um Naturverbundenheit zu schaffen und Einnahmen zu generieren, die wieder dem Naturerhalt zugutekommen. Vielmehr sind die Parks als Inseln (fast) wilder Natur im riesigen Meer menschlicher Nutzungsflächen zu betrachten und gelten als entscheidendes Mittel, den Verlust an Biodiversität zu stoppen. Denn sie haben trotz aller Zweifel und Kritik in vielen Fällen Erfolge vorzuweisen, weil Tier- und Pflanzenbestände erhalten bleiben oder sich erholen können. Das gilt für Wälder, Wiesen und Auen, je nach Landschaft, aber auch für große Arten. Es ist wichtig, dass es auch große Schutzgebiete gibt, damit Tiere, die beträchtliche Streifgebiete brauchen, ebenfalls gesunde Populationen aufbauen können. Und nur in großen Parks gibt es auch in Jahren mit schlechtem Wetter und geringem Nahrungsangebot immer noch irgendwo etwas zu fressen. Dort können ganze Ökosysteme mit allem, was dazugehört, mit Bergen, Flüssen und Seen in ihrer biologischen Vielfalt geschützt werden.

Die Natur erholt sich, wenn man sie lässt

Auch wenn sich die erhaltene Vielfalt nicht einfach messen lässt, gibt es Erfolgsgeschichten, die Mut machen und zeigen, dass es sich lohnt, der Natur ihren Raum zu geben. Eine Studie zeigte, dass sich Schutzgebiete in acht tropischen Wäldern, über die Welt verteilt und alle sehr artenreich, positiv auf die Artenvielfalt bei Vögeln auswirkten. Sie war in diesen Gebieten größer als außerhalb. Dies galt vor allem für Waldvögel, endemische und bedrohte Arten, also genau jene, die für die weltweite Diversität von besonders hoher Bedeutung sind[13]. Der Grund: Innerhalb der Schutzgebiete waren die Wälder weniger stark abgeholzt und gestört. Auch die Bestände von Vögeln und Säugern blieben in Schutzgebieten im Mittel erhalten, wie eine andere Studie aus Europa und Afrika ergab[14].

Bekannt ist durch wissenschaftliche Erhebungen außerdem, dass seit 1993 auf jeden Fall zwischen 28 und 48 Vogel- und Säugetierarten durch Schutzgebiete und andere Maßnahmen vor dem Aussterben gerettet wurden[15]. Dabei geben die Forscher*innen selbst an, sie hätten ihre Ergebnisse konservativ und mit großer Vorsicht berechnet. Es ist also davon auszugehen, dass mehr erreicht, aber bisher nicht gemessen oder dokumentiert wurde. Auch vor der Küste der italienischen Stadt Portofino, einem malerischen Ort in Ligurien, seit römischen Zeiten berühmt für seine marine Diversität und Urlaubsort für die Schönen und Reichen, ließen sich sichtbare Veränderungen festhalten. Dort wurde 1999 ein marines Schutzgebiet eingerichtet. Später untersuchten Wissenschaftler*innen, wie sich die Bestände dreier Arten Seebrassen entwickelt hatten. Und stellten fest: Sie haben sich erholt. Nicht nur wuchs die Zahl der Fische, sondern die Exemplare waren auch deutlich größer. Das ist wichtig, weil große, alte, fette, fruchtbare Weibchen, auch BOFFF – *big old fat fertile females* – genannt, der Schlüssel für die Erholung eines Fischbestands sind. Sie legen um ein Vielfaches mehr Eier als kleine Weibchen. Und genau diese fetten Weibchen fanden sich dort verstärkt. Darüber hinaus zeigte sich auch noch ein sogenannter Spillover-Effekt. Dieser tritt auf, wenn die Fische in einem Schutzgebiet so zahlreich sind, dass sie in angrenzende Gebiete ausweichen. Das nützt auch der Fischerei außerhalb der Schutzgebiete, Taucher*innen und Schnorchler*innen profitieren davon sowieso.

Ähnliches weiß Markus Knigge, Exekutiv-Direktor des »Blue Action Fund«, zu berichten, der im Meeresschutz tätig ist. Er sagt: »Wenn ein Schutzgebiet vernünftig funktioniert, erholen sich die Fischbestände; häufig gibt es danach sogar mehr Fisch als vorher.«[16] Und das gelingt meist innerhalb weniger Jahre. Was geschehen kann, wenn man der Natur mehr Raum lässt, hat auf sehr unfreiwillige und unwissenschaftliche Art und Weise auch die Corona-Pandemie gezeigt: Plötzlich schwammen wieder mehr Delfine im Bosporus. Sonst ein seltener Anblick, genossen sie die ungewohnte Stille sichtlich, sprangen kunstvoll, jagten fast ungestört nach Fischen und kamen näher an die Küsten heran, weil der Boots- und Personenverkehr zurückgegangen war. In der verwaisten Urlaubsprovinz Antalya legten Meeresschildkröten ungestört ihre Eier im Sand ab, sogar Mönchs-robben, eine bedrohte Seehundart, wurden wieder an Mittel-meerküsten gesichtet[17]. In der Adria gab es Blauwale[18], in Venedigs Kanälen sauberes Wasser und man konnte deutlich mehr Fische sehen[19]. Die Pandemie hat also gezeigt, was sich tun kann, wenn der Druck auf die Natur nachlässt – und zwar schon nach kurzer Zeit.

Am besten sollte die Biodiversität dort geschützt werden, wo sie am höchsten ist. Das klingt einfach und bestechend und wäre sicher auch eine gute Methode, um die Mittel dort einzusetzen, wo am meisten bewirkt werden kann, aber so einfach ist es leider nicht. Biodiversität hat viele Facetten. Entsprechend kann man unterschiedliche Aspekte berück-sichtigen. Drei davon sind besonders wichtig: Artenreich-tum, endemische Arten, die nur in bestimmten Gegenden vorkommen, oder Wildnis, in der der Einfluss des Menschen am geringsten ist. Je nachdem, welche Kriterien zum Tragen kommen, sieht das Ergebnis ein wenig anders aus.

Am Beispiel von Vögeln ist das gut darstellbar: Den größ-ten Artenreichtum findet man in den Anden, im Amazonas-gebiet, in der afrikanischen Grabenzone, das heißt in Teilen Ruandas, Ugandas, Kenias und Tansanias sowie am Südab-hang des Himalayas[20]. Allerdings sind Arten nicht gleich sel-ten. Manche kommen fast auf der ganzen Erde vor, andere, wie der Clarke-Weber, findet man nur in bestimmten Gegen-den, in diesem Fall in ein paar Wäldern und Feuchtgebieten Kenias[21]. Manche Arten sind sogar nur auf einem einzigen Berg oder auf einer kleinen Insel anzutreffen. Wo aber leben die meisten endemischen Vogelarten? In den Anden und am Mount Kamerun in Westafrika, auf Madagaskar, Sri Lanka und den Inseln in Südostasien und Ozeanien, vor allem auf den Philippinen[22]. Filtert man schließlich nach dem geringsten Einfluss des Menschen, also Gebieten, die als wild mit intakter Biodiversität gelten, sieht das Ergebnis abermals anders aus: Hier fallen die großen Urwälder im Amazonas, im Kongo und in Südostasien positiv auf, aber, anders als bei den Kategorien davor, auch die großen Wildnisgebiete in Nordamerika und Russland[23]. Allerdings gibt es trotz unterschiedlicher Kriterien auch Überlappungen. Die wertvollsten Gebiete liegen, egal welche der drei Kategorien zum Zug kommt, überwiegend in den Tropen, vor allem in den tropischen Bergregionen und auf tropischen Inseln, insbesondere in den Anden, in den Bergen Ostafrikas, im Himalaya, auf Madagaskar, Sri Lanka und auf den vielen Inseln in Südostasien und Ozeanien. Ganz gewiss nicht bei uns in Mitteleuropa, wie überhaupt nur selten in den reichen Ländern des globalen Nordens.

Artenreichtum vor allem in Entwicklungsländern

Genau daraus ergibt sich aber ein großes Problem: Geschätzte achtzig Prozent der wertvollen und reichen Artenvielfalt findet sich in den Tropen[24] und damit überwiegend in Entwicklungsländern, fast unabhängig von den Kategorien. Um diese Biodiversität zu erhalten, wären Schutzgebiete genau dort wichtig. »Effektiv bewirtschaftete Schutzgebiete gelten als wichtigstes Instrument für den Erhalt der biologischen Vielfalt und leisten zudem einen Beitrag zum Klimaschutz und zur Minderung von Zoonoserisiken«[25], heißt es dazu beim Bundesministerium für wirtschaftliche Zusammenarbeit und Entwicklung. Allerdings mangelt es am Geld; Naturschutz konkurriert in Entwicklungsländern häufig mit anderen existenziellen Aufgaben wie dem Kampf gegen Armut, dem Ausbau von Bildungssystemen oder – zuletzt noch wichtiger als davor – der medizinischen Versorgung. Eine Untersuchung von mehr als 280 Schutzgebieten in Subsahara-Afrika hat ergeben, dass etwa neunzig Prozent von ihnen deutlich unterfinanziert sind[26]. Ranger einzustellen, auf Patrouille zu gehen, Wilderer abzuwehren und andere Aufgaben zu erledigen, die in einem solchen Park anfallen, ist dadurch häufig kaum möglich. Jedenfalls nicht in ausreichendem Maß. Zumal während der Corona-Pandemie, bei der wichtige Einnahmen aus dem Tourismus stark zurückgegangen sind. Aber es fehlen nicht nur die entsprechenden Mittel aus nationalen Budgets, auch internationale Gelder fließen weniger als notwendig: Nur 19 Prozent[27] der jährlichen globalen Finanzmittel für Schutzgebiete gehen in Entwicklungsländer, obwohl dort die meisten Biodiversitäts-Hotspots liegen. Der Rest wird im Norden investiert, wo Naturschutz sicher auch wichtig ist, aber für das Aufhalten des globalen Artenschwunds, wie sich oben zeigte, nicht dieselbe Bedeutung hat.

Auch ist es Menschen nur schwer verständlich zu machen, warum sie in einem Gebiet nichts anbauen, nicht jagen und fischen dürfen, wenn es das letzte Mittel gegen Hunger und Armut ist. Zumal in Entwicklungsländern, wo die Bevölkerung oft stark wächst und zuletzt durch die Corona-Krise zusätzlich belastet war. Wilderei ist daher ein großes Thema in nahezu allen Naturschutzgebieten. Innerhalb von nur zwei Wochen seien im Etosha Nationalpark, dem größten Namibias, elf Spitzmaulnashörner getötet worden, meldete das Umweltministerium im Juni 2022[28]. Angeblich bringt ein Kilogramm Horn einige Zehntausend Euro auf dem Schwarzmarkt, denn der Handel damit ist nach dem Washingtoner

Artenschutzabkommen eigentlich verboten. »Es ist das Pech des Nashorns, dass es auf der Nase mehrere Hunderttausend Dollar spazieren trägt«, schrieb dazu eine Tageszeitung[29]. Bei solchen Preisen verwundert es nicht, dass die Begehrlichkeiten groß sind. Dasselbe gilt für Elfenbein und Elefanten. Doch auch jenseits der organisierten Kriminalität mit Naturprodukten gibt es Ansprüche und vor allem Bedarf: Menschen aus dem Umland der Parks, die in Armut leben, werden immer wieder beim Jagen oder Fischen in Schutzgebieten erwischt, einfach um zu überleben. Kann man es ihnen verdenken?

Bedürfnisse von Mensch und Natur in Einklang bringen

Hier tritt ein Konflikt zutage, den man nicht einfach ignorieren kann. Es geht um die Frage, ob Naturschutz mit oder ohne Beteiligung von Menschen stattfinden soll. Ein Streit, der immer wieder heftig geführt wird. Die einen plädieren für die »unberührte« Natur und den Erhalt der Wildnis, ganz im Sinne des Yosemite Parks, weil der Schutz dann am wirksamsten sei. Sie erachten den Menschen gewissermaßen als Störfaktor oder gar etwas Böses. Das ist ein negativ anthropozentrischer Ansatz, bei dem die Natur idealisiert wird. John Muir schätzte an der Natur ihre transzendentale Bedeutung. Auch in der deutschen Tradition findet man diesen Ansatz. Der Mensch spielt darin bestenfalls eine untergeordnete, im »Idealfall« gar keine Rolle. Vielmehr entspricht die Natur genau der Definition, die der Duden vorgibt: Natur ist »alles, was an organischen und anorganischen Erscheinungen ohne Zutun des Menschen existiert oder sich entwickelt«[30]. Den ersten Naturschutzgebieten lag ziemlich genau diese Vorstellung zu Grunde. Man nimmt ein besonders biodiversitätsreiches Gebiet und baut praktisch oder symbolisch einen Zaun darum herum. Drinnen kann sich die Natur frei entfalten. Berührungen mit Menschen sind nur punktuell gestattet und am besten trenne man beide weitestgehend voneinander.

Dieses Verständnis gilt heute als veraltet, manche sprechen daher auch von *fortress conservation*, von einer Festungs- oder Trutzburgenmentalität im Naturschutz, bei der – überspitzt ausgedrückt – alles Menschliche nur unter strengen Auflagen Zutritt erhält. Bis an die Zähne bewaffnete Milizen oder Paramilitärs verteidigen die Natur in den Parks, zur Not mit gewalttätigen und fragwürdigen Methoden. Sie vertreiben Einheimische, wenden Gewalt an und begehen dabei zum Teil auch ernsthafte Menschenrechtsverletzungen. Nichtregierungsorganisationen wie Survival International oder Buzzfeed erheben immer wieder schwere Vorwürfe[31] zu solchen Vorfällen, so zum Beispiel im Kongobecken[32]. Wie verbreitet solche Praktiken sind, lässt sich kaum nachvollziehen, aber dass Berichte über Menschenrechtsverletzungen – auch gegen Indigene – den Naturschutz in die Kritik und Verantwortliche in Erklärungsnot gebracht haben, steht außer Zweifel. Nicht zuletzt durch solche Exzesse ist mittlerweile klar: Die Vorstellung exklusiver und ausschließender Naturräume ist heute nicht mehr zeitgemäß und tolerierbar.

Dazu kommt noch der Vorwurf des Kolonialismus. In Afrika hatten einige der ersten Naturschutzgebiete oftmals einen Hauptzweck: Tierpopulationen für weiße Aristokraten und Hobbyjäger zu reservieren und die Einheimischen möglichst auf Distanz zu halten. Meist erhielten diese weder Jagd- noch Landrechte, stattdessen konnten sich die europäischen Eliten in der atemberaubenden Natur Afrikas vergnügen. In diesem Geiste sind diverse Naturschutzgebiete und Parks dort entstanden[33]. Und bis in unser Jahrhundert hinein gilt die Großwildjagd in bestimmten Kreisen als ein beliebter »Freizeitspaß«. Prominentestes Beispiel ist der ehemalige spanische König Juan Carlos. Seinen jahrzehntelang untadeligen Ruf als Hüter und Verteidiger der spanischen Demokratie verspielte er unter anderem durch seinen Lebenswandel, zu dem auch die Jagd gehörte. Sein Hobby als Jäger von Elefanten in Afrika, am liebsten in Botswana, kam durch Zufall ans Licht. Er hatte sich nämlich bei einer königlichen Safari in Afrika eine Hüfte gebrochen und musste ausgeflogen werden. Es sind solche Episoden[34], die den Vorwurf des Kolonialismus im Naturschutz nähren und deshalb Misstrauen hervorrufen. Pikantes Detail: Juan Carlos war auch noch Ehrenpräsident der spanischen Abteilung des WWF. Umweltschutz und Jagd schien ihm kein Widerspruch zu sein. Das sah der WWF anders und erkannte ihm den Präsidenten-Titel kurz nach Bekanntwerden der umstrittenen Elefantensafari rasch ab[35]. Auch Donald Trump Jr. zeigt sich gerne mit Tieren, die er in Afrika geschossen hat. Es gibt Bilder von ihm mit toten Elefanten, Krokodilen oder Büffeln. Einem Elefanten schnitt er sogar den Schwanz ab und posierte mit Schwanz in der einen und Messer in der anderen Hand vor der Kamera[36]. Diese Art von Trophäenjagd ist natürlich vollkommen geschmacklos. Es mag sein, dass sie einst dazu beigetragen hat, Schutzgebiete auszuweisen und zu erhalten[37]. Aber zugleich verkörpert sie ein Herren- und Machodenken, das sich eigentlich überlebt haben sollte.

Es geht mithin um die Vorstellungen und Bilder, die wir von der Natur im Kopf haben. Ein weit verbreiteter Gedanke war lange Zeit, dass die Natur dem Menschen zu dienen habe. Im Mittelpunkt aller Überlegungen steht der Mensch;

Biodiversität ist für ihn nützlich, als Füllhorn und Maschinenraum der Ökosysteme, als Nahrung für Körper, Geist und Seele. Es geht um Leistungen, die er der Natur auf vielfältige Weise entnimmt, auch entreißt, koste es, was es wolle – *nature for people*[38, 39]. Dann gibt es die umgekehrte Sicht: Hier hat die Natur einen Wert an sich, man muss ihr nur den entsprechenden Raum lassen – *nature for nature*[40, 41]. Damit verbunden ist oft die Sorge, dass die Natur empfindlich und verletzlich sei, dass man sie deshalb verteidigen und schützen müsse. Zwischen diesen beiden Polen hat sich mittlerweile eine dritte Schule entwickelt – oder ist gerade dabei, sich herauszubilden. Sie firmiert unter dem Stichwort *people one with nature* oder *people living in harmony with nature*. Hier wird der Mensch als Teil der Natur begriffen, aus der er im Laufe der Evolution hervorgegangen ist. Er steht nicht über oder getrennt von ihr, sondern es herrschen die Erkenntnis und das Bewusstsein vor, dass Mensch und Natur auf vielfältige Weise verbunden sind. In Ergänzung zur Ausbeutung der Natur ohne Wenn und Aber und zur eher distanzierten, beinahe andachtsvollen Betrachtung der Wildnis und Schönheit der Natur ist das so etwas wie der dritte Weg zwischen Sozialismus und Kapitalismus in der Politik. Eine Art soziale Marktwirtschaft für Biodiversität, die beide Pole berücksichtigt und versucht, sie miteinander zu vereinen. Dass dieser Weg leichter beschrieben als beschritten ist, wissen wir vom Beispiel aus der Politik nur allzu gut. Auch dass es dabei immer wieder um neu zu findende Kompromisse geht. Aber es ist eine Vision, wie sich Mensch und Natur als ernsthafte und gleichberechtigte Gegenüber begegnen können, die es zu verfolgen lohnt.

Übertragen auf die konkrete Praxis wird es vor diesem eher theoretisch-philosophischen Hintergrund im Naturschutz künftig vor allem um zwei Dinge gehen: Parks müssen erstens besser finanziert und verwaltet werden, damit sie nicht nur theoretisch als sogenannte *paper parks* existieren. Und zweitens wird das Austarieren zwischen Schutz und Nutzung stärker im Fokus stehen. Die Parks können sich nicht auf Dauer isolieren, jedenfalls nicht vollständig. Naturschutz kann nur erfolgreich sein, wenn er die sozialen und kulturellen Belange und Bedürfnisse der Bevölkerung in der Region oder Landschaft berücksichtigt, in die er eingebettet ist. Das gilt schon deshalb, weil zum Beispiel Afrikas Bevölkerung zu fast einem Drittel in der Umgebung von geschützten Gebieten lebt, und zwar im Umkreis von nur zehn Kilometern[42]. Wirksamer Naturschutz wird nicht funktionieren, wenn die Menschen im wahrsten Sinne des Wortes außen vor bleiben.

Den Naturschutz gerade in ärmeren Ländern zu vernachlässigen, schadet dem Erhalt der überlebenswichtigen Biodiversität – und damit uns allen –, nützt aber auch der lokalen Bevölkerung nicht. Denn sie ist stark auf die Dienstleistungen intakter Ökosysteme angewiesen, wie sie in gut geführten Parks existieren. So speisen sich vierzig der fünfzig größten Wasserspeicher in Afrika zu einem guten Teil aus Wasser von Naturschutzgebieten[43]. Auch besteht der Tourismus dort zu fast neunzig Prozent aus Naturreisen und -erfahrungen. Er ist ein extrem wichtiger Wirtschaftsfaktor in Afrika, der Jobs schafft und Einnahmen generiert[44]. Deshalb kommt es auf einen gerechten »Vorteilsausgleich« an, wie das in der Fachsprache heißt. Das bedeutet: Lokale Gemeinschaften und ihre Land- und Nutzungsrechte müssen berücksichtigt werden und von Anfang an in die Planung und Einrichtung der Parks eingebunden sein. Zudem müssen sie an den Einnahmen der Parks beteiligt werden. Möglicherweise bedeutet es auch, begrenzte Fisch- und Jagdrechte zu vergeben, Land- und Viehwirtschaft bis zu einem gewissen Grad und auf nachhaltiger Basis zuzulassen. Auch Entschädigungszahlungen für den Verzicht, etwa auf Jagd oder Landwirtschaft, sind denkbar. Was im Einzelnen zu tun ist, hängt von der jeweiligen Situation einer Region, eines Landes oder einer Landschaft ab. Aber klar ist, dass soziale Kriterien künftig eine viel stärkere Rolle spielen müssen als in der Vergangenheit.

Die Bedeutung indigener Völker

Das gilt besonders für indigene Gemeinschaften, die für den Schutz der Artenvielfalt eine herausragende Rolle spielen. Erstens, weil sie meistens aufgrund ihrer Traditionen mit und von ihrer natürlichen Umwelt leben. Und zweitens, weil sie einen erheblichen Teil geschützter oder wenig genutzter Flächen weltweit managen: Das betrifft global etwa vierzig Prozent der terrestrisch geschützten Gebiete und Landflächen mit geringem menschlichen Einfluss[45]. Zudem gibt es deutliche, auch wissenschaftlich untermauerte Hinweise, dass die Degradierung in indigenen Gebieten geringer, der Schutz der Natur besser ist[46]. Und wenn doch zum Beispiel Wald gerodet wird, dann hat es oft mit Einflüssen von außen zu tun. Einer Studie in Peru zufolge, bei der verschiedene Verwaltungsformen im Amazonas und deren Einfluss auf den Erhalt von Wäldern untersucht wurden, förderte folgendes Ergebnis zutage: In den von indigenen Gemeinschaften gemanagten Gebieten ist der Naturschutz mindestens so wirksam oder sogar wirksamer in als staatlich verwalteten Schutzgebieten[47].

Deshalb ist klar, dass indigene Gemeinschaften stärker in alle Überlegungen zum Naturschutz eingebunden werden müssen. In der Praxis gibt es allerdings immer wieder Konflikte um Landtitel zwischen ihnen und staatlichen Stellen, vor allem dann, wenn auf dem Land Bodenschätze zu finden sind oder wenn dort Palmöl-Plantagen entstehen. So zum Beispiel in Peru, in Santa Clara de Uchunya, einer Gemeinde mitten im Amazonas[48]. Das Problem war hier, wie häufig, dass die traditionellen Gemeinschaften keine formellen Rechtstitel über das gesamte Land besaßen, das sie seit Generationen nutzten, weil das in ihrer Kultur keine Rolle spielte. Deshalb wäre es wichtig, solche Landfragen zu lösen und zu formalisieren und örtliche Gemeinden bei allen weiteren Fragen zu Schutz und Nutzung einzubinden. So sieht es auch die Konvention zur Biologischen Vielfalt vor, die schon in der Präambel anerkennt, dass viele indigene und lokale Gemeinschaften besonderes Wissen über ihre natürliche Umgebung haben und häufig danach streben, sie zu pflegen und zu erhalten. Deshalb werden die Einzelstaaten in Artikel 8 dazu aufgerufen, dieses traditionelle Wissen zu respektieren und zum Nutzen der Biodiversität einzusetzen[49]. Der Weltbiodiversitätsrat empfiehlt ebenfalls, die Rechte indigener und lokaler Gemeinschaften als wichtigen Beitrag zum Schutz der Arten anzuerkennen[50]. Auch der neue Globale Rahmen für Biodiversität sieht eine deutlich stärkere Einbeziehung indigener Gemeinschaften vor; sie werden in dem 14 Seiten langen Dokument gleich zwanzig Mal erwähnt und immer wieder als wichtige Akteure im Biodiversitätsschutz hervorgehoben. In der Praxis geschieht das bisher allerdings nicht in ausreichendem Maß; hier gibt es vor allem auf Länderebene viel nachzuholen (s. dazu Kapitel 7).

Generell könnte man sich Modelle vorstellen, nach denen der ökologisch wertvollste Teil eines Naturschutzgebiets weitestgehend frei von menschlichem Einfluss ist und dafür in anderen Teilen eines Parks und darum herum verschiedene Formen nachhaltiger Nutzung, gemeinsam mit lokalen Gemeinschaften, möglich sind. Dreißig Prozent der Land- und Meeresfläche zu schützen und davon dreißig Prozent strikt, also zehn Prozent der gesamten Land- und Meeresfläche, wäre aus wissenschaftlicher Sicht sinnvoll, denn dass Naturschutz, gerade auch in strenger Form, wirkt, ist hinlänglich bewiesen. Erfreulicherweise haben die dreißig und die zehn Prozent mittlerweile auch Eingang in einige wichtige politische Dokumente gefunden, etwa in die Biodiversitätsstrategie der EU, mit deren Hilfe das Artensterben bis 2030 aufgehalten und umgekehrt werden soll[51]. Dieses Beispiel sollte Schule machen und international zum Standard erhoben werden. In neuen Globalen Rahmenabkommen von Montreal wurde zwar das 30x30-Ziel beschlossen, das zweifellos einen Meilenstein im internationalen Naturschutz darstellt, aber zehn Prozent streng zu schützen und sich selbst zu überlassen, dazu konnte sich die Staatengemeinschaft nicht durchringen (s. dazu Kapitel 7). Genauso entscheidend ist es, damit Naturschutz seine erwünschte Wirkung entfaltet, an anderer Stelle mehr Miteinander von Mensch und Natur, von Nachhaltigkeit und Nutzung zuzulassen und tragfähige Geschäftsmodelle zu entwickeln, die Menschen in und um Naturschutzgebieten Einnahmen und eine sichere Existenzgrundlage verschaffen. Und zwar solche, die über Honigtöpfchen und Kräutersäckchen hinausgehen.

Schutzgebiete gut managen

»Schutzgebiete funktionieren mit ausreichend Mitteln und durchdachten Konzepten, klaren Zielen und einer breiten Partnerschaft mit der lokalen Bevölkerung. Mögliche Interessenkonflikte zwischen Nutzung und Schutz müssen sorgfältig analysiert und austariert werden. Naturschutz kann nur mit den Menschen geschehen, nicht gegen sie. In vielen Fällen sind die lokalen, teilweise indigenen Bevölkerungsgruppen die besten Kenner der Natur, sie haben nachhaltige Nutzungskonzepte, die seit Jahrhunderten bestehen. Deshalb müssen Schutzgebiete und ihre Anrainerbevölkerung gemeinsam unterstützt werden.«[52] So beschreibt die Direktorin der noch relativ jungen Stiftung »Legacy Landscapes Fund« den zeitgemäßen Anspruch an Naturschutz. Der Legacy Landscapes Fund wurde 2020 von der KfW Entwicklungsbank im Auftrag des Bundesministeriums für wirtschaftliche Zusammenarbeit in der Absicht gegründet, modernen Naturschutz zu fördern. Inzwischen ist er eine eigenständige Organisation mit Sitz in Deutschland, aber internationaler Reichweite. Sein Name spielt ganz bewusst mit den Worten *legacy* – Vermächtnis – und *landscapes* – Landschaften. Er signalisiert damit sofort: Wir sichern das Erbe der Menschheit, aber nicht mit *fortress conservation*, die wir hinter uns lassen, sondern mit einem breiteren Verständnis, bei dem ganze Landschaften einbezogen werden.

Entsprechend gilt der Fonds als innovatives neues Modell, weil er verschiedene Aspekte geschickt miteinander verbindet: Er finanziert einige der biodiversitätsreichsten Gegenden der Welt – und zwar in Entwicklungsländern, also genau dort, wo es große Artenvielfalt, aber wenig Geld für den Naturschutz gibt. Und das langfristig, über mindestens 15 Jahre, mit jeweils einer Million Dollar pro Jahr. Das Geld kommt aus einem Kapitalstock samt Zinsen, der gerade aus öffentlichen und privaten Quellen aufgebaut wird und bis 2030 über eine Milliarde Dollar verfügen soll. Rund 230 Millionen Dollar sind gut ein Jahr nach Gründung bereits vorhanden[53]. Die eine Million pro Jahr deckt nur einen Teil der Kosten, aber damit verfügen die Parks über regelmäßige und verlässliche Einnahmen, die ihnen eine bessere Planung und Wartung, ein ausgereifteres Management und die Pflege langfristiger, vertrauensvoller Beziehungen zur umliegenden Bevölkerung erlauben. Die ökologische Ausstattung möglicher Gebiete ist wissenschaftlich untermauert, durch ein Tool des Senckenberg Biodiversität und Klima Forschungszentrums, das online abrufbar ist und mit dem jede und jeder die Gebiete vergleichen kann[54]. Außerdem lebt der Fonds von Kooperationen unterschiedlichster Art: von öffentlichen mit privaten Geber*innen aus aller Welt, von erfahrenen, engagierten und internationalen Nichtregierungsorganisationen wie der Frankfurter Zoologischen Gesellschaft mit staatlichen Stellen und von Parkverantwortlichen mit lokalen Gemeinschaften.

Die ersten *legacy landscapes* sind ausgewählt, wie der North Luangwa Nationalpark in Sambia, »Afrikas Wildnis von ihrer besten Seite«[55], oder der Odzala-Kokoua Nationalpark in der Republik Kongo, »eine grüne Lunge der Welt«[56], der Madidi National Park in Bolivien, »wo sich Anden und Amazonas treffen«[57], sowie der Gunung Leuser National Park auf Sumatra in Indonesien, »das wilde Herz Südostasiens«. Insgesamt dreißig Naturschutzgebiete will der Fonds bis 2030 auf diese Weise fördern und dabei wo immer möglich auch die örtlichen Gemeinschaften einbeziehen. Schon mit den ersten Pilotparks hilft der Fonds, eine Fläche von rund

60 000 Quadratkilometern zu schützen; das entspricht der doppelten Größe Belgiens[58]. Je mehr Mittel zusammenkommen, desto mehr Schutzfläche kann gefördert werden. Allerdings reichen dreißig Parks nicht, auch wenn es große sind, um den Artenschwund aufzuhalten. Allein in Afrika gibt es 7000 Schutzgebiete[59], weltweit über 100 000[60], wie schon erwähnt. Er ist einer unter vielen notwendigen Beiträgen, steht für die »Archen der Biodiversität«, in der mit den Menschen und in Landschaften groß gedacht und gehandelt wird, aber er ist kein Allheilmittel. Es bedarf weiterer ehrgeiziger Initiativen, umfangreicherer Finanzmittel und Partnerschaften und insgesamt noch sehr viel größerer Anstrengungen.

Ökosysteme wiederherstellen

Naturschutz ist ohnehin nur ein Mittel, wenn auch ein wichtiges, mit dem man Biodiversität sichern und wieder steigern kann. Eine weitere Möglichkeit bietet die sogenannte »Renaturierung«, mit der man Ökosysteme gezielt wiederherstellt. Es ist zwar einfacher, besser und günstiger, natürliche Lebensräume zu schützen, statt sie erst zu (über)nutzen, damit ökologisch zu entwerten und danach die Biodiversität wiederherzustellen. Aber auch das Letztere ist möglich und angesichts der schon verlorenen Vielfalt absolut angezeigt. Wälder wieder aufzuforsten, ist eine Option dafür; das kann sowohl in den gemäßigten Breiten als auch in den Tropen funktionieren. Wichtig ist allerdings, dass sich die neuen Wälder aus diversen einheimischen Baumarten zusammensetzen und keine Monokulturen entstehen, womöglich gar mit exotischen Arten aus anderen Weltgegenden. Wiederaufgeforstete Flächen mit einer guten Mischung angestammter Arten können die ursprüngliche Biodiversität im Laufe der Zeit fast wiederherstellen. Dafür gibt es verschiedene Studien und Belege.

Im Kakamega Forest in Westkenia zum Beispiel wurde ein ursprünglicher, aber dann teilweise abgeholzter Regenwald zwischen 1940 und 1960 wieder aufgeforstet, mit unterschiedlichen Baummischungen[61]. Bei Untersuchungen um das Jahr 2005, also mindestens 45 Jahre später, unterschieden sich die neuen Wälder kaum von den alten. Sie ähnelten sich in den Vogelgemeinschaften[62] und sahen auch auf Satellitenbildern nicht anders aus als relativ ungestörte Reste des Regenwaldes, die es dort in der Gegend auch noch gibt. Dieses Ergebnis ist nicht untypisch. Eine weitere große Literaturanalyse, bei der Studien über 77 tropische Wälder auf den Grad ihrer Erholung hin verglichen wurden, kam zu ähnlich ermutigenden Ergebnissen. Böden und Pflanzen hatten schon nach weniger als zehn Jahren fast wieder ihre ursprünglichen Funktionen erreicht (zu neunzig Prozent). Die Wälder brauchten 25 bis sechzig Jahre, um bezüglich ihrer Diversität den Ausgangszustand in etwa zu erreichen. Allerdings dauerte es bei der Zusammensetzung der Arten und der Biomasse mehr als 120 Jahre, bis die Narbe gewissermaßen verheilt war[63]. Mit anderen Worten: Wälder wiederherzustellen, lohnt sich auf jeden Fall, auch aus Gründen des Klimaschutzes, aber das Ganze braucht Zeit, eine Entspannung tritt erst mittel- bis langfristig ein.

Es gibt beeindruckende Beispiele aus Afrika, wo durch verschiedene Initiativen Millionen Bäume gepflanzt und mehr als 60 000 Quadratkilometer Baumbestand wiederhergestellt wurden: etwa über das »Green Belt Movement« der inzwischen verstorbenen Friedensnobelpreisträgerin Amgari Muta

Maathai. Auch der Australier Tony Rinaudo lässt auf verödetem Land Pflanzen und Bäume sprießen, durch eine einfache Methode, die sich *farm managed natural regeneration* nennt und mit unter der Erde verborgenen Wurzeln ehemals gerodeter Bäume arbeitet oder vorhandene Büsche nutzt, um neuen Bewuchs zu fördern. »Viele (…) denken, dass Wiederaufforstungen sehr schwer, sehr teuer und sehr technisch sein müssen. Aber das Überraschende ist, dass es sehr einfach ist. Man muss nicht Millionen von Dollar ausgeben. Man braucht keine rocket science, man muss nur mit der Natur arbeiten«, beschreibt er seine Methode, für die er den alternativen Nobelpreis gewonnen hat[64]. Inzwischen gibt es auch international diverse Verpflichtungserklärungen zur Wiederaufforstung, wie zum Beispiel die AFR100-Initiative (*African Forest Landscape Restoration Initiative*), in der sich mehr als dreißig afrikanische Staaten zusammengeschlossen haben, um 100 Millionen Hektar Land bis 2030 – auch mit internationaler Hilfe – wiederaufzuforsten[65]. Noch ist unklar, ob das gelingen wird, aber es wäre ein deutlicher Schritt nach vorn.

Moore bieten eine weitere wirksame Option der Renaturierung. »Moor muss nass«[66], sagt Professor Hans Joosten, der 2021 für seine Arbeit über Moore mit dem Deutschen Umweltpreis ausgezeichnet wurde. In den vergangenen Jahrhunderten wurden Moore in großem Stil entwässert; in Deutschland sind weniger als vier Prozent davon Naturschutzflächen[67]. In anderen Ländern sieht es ähnlich aus. Weltweit sind bereits etwa zehn Prozent aller Moore durch Entwässerung degradiert. Der Grund ist, wie so oft, die Landwirtschaft. Man wollte und will sogenanntes »Ödland« oder »Unland« verbessern, um auch dort anbauen zu können. Der Abbau von Torf, früher zum Heizen, heute als Blumenerde, spielt dabei ebenfalls eine Rolle. Damit aber fällt der Boden trocken, Lebensräume mit einzigartiger Biodiversität verkümmern. Dazu kommt: Moore speichern atemberaubende Mengen an Kohlendioxyd, die freigesetzt werden, wenn man sie trockenlegt. Die CO_2-Ausdünstungen machen allein hierzulande zwischen sechs und sieben Prozent aller Emissionen aus, mehr als der in Deutschland startende Flugverkehr[68]. Bewässert man Moore wieder, kann dieser Prozess gestoppt und umgekehrt werden; aus CO_2-Quellen werden CO_2-Senken, die Artenvielfalt nimmt wieder zu. Moore auf diese Weise zu schützen beziehungsweise sie wieder in ihre frühere Form zurückzuversetzen, ist ein Gewinn auf ganzer Linie: Denn sie schaffen zudem Puffer für Starkregen, den sie speichern und später langsam abgeben können, um bei Dürre benachbarte Agrarflächen mit Wasser zu versorgen. Diese Maßnahmen lohnen sich ausnahmsweise einmal stärker auf der Nordhalbkugel der Erde, weil hier der größte Reichtum an Mooren zu finden ist, besonders in Russland, Alaska und Kanada, aber zum Beispiel auch in Finnland und Schweden. In Deutschland kommen Moore vor allem im Nordwesten, Nordosten und im Alpenvorland vor[69]. Sie systematisch wieder zu »vernässen«, wie das in der Fachsprache heißt, würde viel bringen und könnte zudem für ein bisschen Gerechtigkeit im Biodiversitätsschutz sorgen, bei dem sonst überwiegend die Entwicklungsländer gefordert sind.

Städte grüner machen

Schließlich lässt sich für ein Stück mehr Natur auch dort sorgen, wo man es am wenigsten vermuten würde: in Städten. Gemeinhin werden sie mit Materialien wie Glas, Stahl, Beton und Asphalt in Verbindung gebracht. Auf den ersten Blick stimmt dieser Eindruck auch. Aber Städte bieten auf den zweiten Blick viele Möglichkeiten zur Begrünung, die vielleicht kleinflächiger sein mögen als auf dem Land, aber die auch einen Wert haben. Und anders als in der Landwirtschaft darf in der Stadt vieles so wachsen, wie es möchte; deshalb ist die Artenvielfalt dort oftmals sogar schon heute größer als auf dem Acker. Das könnte man relativ leicht ausbauen: Asphaltierte Plätze lassen sich durch blühende Wiesen ersetzen, Straßen mit verschiedenen einheimischen Bäumen säumen, Parkplätze in bunte Gemüsebeete verwandeln. Auch Fassaden, Balkone und Dächer können Pflanzen tragen, selbst Hochhäuser zu senkrechten Oasen werden. Das alles geschieht am besten mit einer Vielfalt an einheimischen Arten, mit Salbei und Lavendel statt Geranien, mit essbaren Früchten statt Rhododendron. *Green city* lautet das Stichwort, das schon deshalb von Belang ist, weil die Welt zusehends verstädtert. Auch ist es ein Vorurteil, dass Stadtmenschen keinerlei Bezug zur Natur und keinen Bedarf nach Grün hätten. Das Gegenteil ist häufig der Fall; ihr Wunsch danach ist besonders groß. »Vorn die Ostsee, hinten die Friedrichstraße«, so beschrieb schon der legendäre Kurt Tucholsky die Sehnsucht nach Natur und Stadt gleichermaßen, »schöne Aussicht«, »aber abends zum Kino (…) nicht weit«[70]. Zumal das Bedürfnis nach der Natur in Zeiten des Klimawandels steigt, in denen sich Städte weiter aufheizen. Schattenspendende Bäume und Parks in urbanen Zentren, die die Luft befeuchten und Tieren Lebensräume bieten, sind da noch willkommener. Weltweit betrachtet stehen *green cities* noch am Anfang. Vergleichsweise grüne und lebenswerte Städte wie Wien, München, Frankfurt, Berlin, Stockholm, Amsterdam oder Kopenhagen entsprechen mitnichten dem globalen Durchschnitt, sondern es sind graue und schmutzige Metropolen wie Dhaka in Bangladesch oder Abuja in Nigeria, in denen die Mehrzahl der globalen Stadtbevölkerung heute lebt. Hier gibt es noch allerhand zu tun und enorm viel Raum für Verbesserungen.

Als Fazit lässt sich festhalten, dass Naturschutz sehr wichtig und oft erfolgreich ist, aber bislang nicht ausreichend, nicht wirksam und nicht inklusiv genug praktiziert wird. Manchmal fehlt es am Geld, manchmal an Kapazitäten oder am politischen Willen, manchmal an den wirtschaftlichen Alternativen für die Menschen vor Ort. Aber Naturschutz, auch wenn man ihn künftig mit den Menschen und nicht gegen sie betreibt, wird das Problem des Artenschwundes allein nicht lösen. Sondern er muss einhergehen mit Maßnahmen zur Renaturierung, mit einem Wandel in der Landwirtschaft, Landnutzung und mit veränderten Gewohnheiten. Für das alles braucht es klare Zielvorgaben und Rahmenbedingungen aus der Politik – und zwar weltweit. Deshalb war es so wichtig, dass die Staatengemeinschaft im Dezember 2022 ein neues Rahmenabkommen für Biodiversität verabschiedet hat. Das Treffen im kanadischen Montreal sollte den Startpunkt für eine neue Ära markieren, in der das Thema Biodiversität endlich den Stellenwert erhält, den es angesichts der Tragweite des Problems schon längst hätte erlangen müssen. Denn bis dahin war die immense Bedeutung des Naturschwunds international leider weder in der Politik noch in den Gesellschaften rund um den Globus angekommen – und Biodiversität das »Stiefkind« der Nachhaltigkeit.

KAPITEL 7

Hoffentlich der ersehnte Aufbruch

Neue internationale Ziele vereinbart

Sie stehen auf der Bühne, sichtlich berührt von diesem Moment, und reißen die Arme in die Höhe: Freude steht den Chef-Unterhändler*innen ins Gesicht geschrieben, aber auch unendliche Anstrengung. Der eine oder die andere hat Tränen in den Augen. Soeben haben die Vertreter*innen von mehr als 190 Nationen einstimmig ein neues Übereinkommen zum Klimaschutz verabschiedet. Nach jahrelangem Ringen, inklusive eines vollkommen gescheiterten Gipfels in Kopenhagen 2009, und zweiwöchigen Verhandlungen gibt nun ein zwölf Seiten langes Dokument den Rahmen vor für die Bemühungen, die Erderwärmung auf einem erträglichen Maß zu halten. Und zum ersten Mal schließt es alle Staaten ein, nicht nur entwickelte Länder, wie beim Kyoto-Protokoll, sondern samt und sonders alle Nationen – klein, groß, arm, reich: von den Fidschi-Inseln bis China, von den USA bis Madagaskar, von Norwegen bis Argentinien. Dieses universelle Übereinkommen markiert den Beginn einer neuen Ära im Klimaschutz. Auch wenn Kritiker*innen sich mehr Verbindlichkeit und klarere Emissionsobergrenzen gewünscht hätten, zum ersten Mal hat sich die Staatengemeinschaft dazu verpflichtet, die Erderwärmung auf zwischen 1,5 und zwei Grad zu begrenzen, und dafür auch den weiteren Weg vorgezeichnet. »Ein Planet, eine Gelegenheit, es richtig zu machen – und das haben wir getan, hier in Paris. Wir haben gemeinsam Geschichte geschrieben«, sagt die damalige Chefin des UN-Klimasekretariats, die Costa-Ricanerin Christina Figueres[1], an diesem denkwürdigen Tag und erfasst damit die allgemeine Stimmung im Saal.

Das war am 12. Dezember 2015. Seither ist in der internationalen Politik gerne von einem »Paris-Moment« die Rede, wenn es darum geht, etwas so richtig voranzubringen und als Weltgemeinschaft endlich die Tatkraft zu zeigen, die es braucht, um Herausforderungen zu meistern. Natürlich ist mit den Beschlüssen von Paris das Problem nicht beseitigt, für den Schutz des Klimas ist noch sehr viel zu tun, um den Ausstoß von Kohlendioxyd bis zur Mitte des Jahrhunderts unter dem Strich auf null zu bringen, *net-zero*. Ob beim Thema Flugreisen, Verbrennungsmotor, den Heizungen oder beim Kohlestrom. Wir werden alle noch viel stärker gefordert sein, die Umstellungen, die es dafür braucht, mitzutragen und in unseren Alltag einzubauen. Aber der politische Rahmen ist gesetzt; es gibt ein solides Referenzdokument, von dem aus man weiterarbeiten, an dem man Fortschritte messen und abgleichen kann. Das ist wichtig. Und dass es wirkt, wenn auch bei weitem nicht entschlossen und schnell genug, kann man überall beobachten. Der Begriff *climate mainstreaming* oder Klima-Mainstreaming hat sich längst über Fachkreise hinaus festgesetzt. Er bedeutet – in freier Interpretation –, dass Klimaaspekte überall mitgedacht und berücksichtigt werden. Nicht zuletzt deswegen sehen sich heute selbst viele Firmen genötigt, Nachhaltigkeitsstrategien zu verabschieden und über ihre Fortschritte zu berichten. Da mag *Greenwashing* mit im Spiel sein, aber auch das zeigt, dass sich die Wirtschaft zunehmend in Erklärungszwang und in der Pflicht sieht, klimafreundlich zu handeln. Und diese Richtung ist durch Paris (in Kombination mit den nachhaltigen Entwicklungszielen, SDGs) klar vorgegeben. Selbst ein Unternehmen wie BlackRock, noch vor Jahren als »Heuschrecke« verschrien und nicht gerade bekannt dafür, irgendetwas außer seinem Profit im Auge zu haben, hat sich inzwischen klare Ziele zur Reduktion seiner Emissionen gesetzt, die auch Zulieferer einschließen[2].

Der lange Weg zum *Global Biodiversity Framework*

Auf so einen Paris-Moment hat man beim Thema Biodiversität lange gewartet. Zwischen der entscheidenden Konferenz zum Klima und jener zur Biodiversität vergingen fast auf den Tag genau sieben Jahre: Am 18. Dezember 2022 verabschiedete die Staatengemeinschaft beim »Weltnaturgipfel« im kanadischen Montreal schließlich eine Rahmenübereinkunft zur Biodiversität, genannt Global Biodiversity Framework[3]. Genau wie das Paris-Abkommen soll er nun den Überbau, das Dach für alle weiteren Strategien und Handlungen in Bezug auf Biodiversität bilden. Er enthält die neuen Ziele, denen die Einzelstaaten künftig folgen, an denen sie ihre nationale Politik ausrichten sollen. Ob das Abkommen überhaupt zustande kommen würde, schien bis zum Beginn des Treffens ungewiss. Am Ende ist es anspruchsvoller und konkreter ausgefallen, als viele vorher vermutet hatten. Das ist ein großer Erfolg und insofern gibt es jetzt auch für die Biodiversität einen politischen Durchbruch und einen Fahrplan für die nächsten Jahre.

Der Weg dorthin war mühsam. Die Beschäftigung mit Klima und Biodiversität hatte eigentlich gleichzeitig bei den Vereinten Nationen begonnen: Der sogenannte Erdgipfel von Rio brachte 1992 neben der Agenda21, die Leitlinien für Umwelt und Entwicklung für das 21. Jahrhundert setzt, auch eine Reihe völkerrechtlich bindender Konventionen hervor, darunter die Klimarahmenkonvention und die Konvention über die biologische Vielfalt[4]. Letztere erkannte nicht nur an, dass der Verlust von Biodiversität besorgniserregend für die gesamte Menschheit sei, sondern formulierte vor allem auch drei Ziele: die biologische Vielfalt der Ökosysteme, der Arten sowie der genetischen Vielfalt innerhalb der Arten zu erhalten; Arten und ihre Bestandteile nachhaltig zu nutzen und drittens die Vorteile, wie es dort heißt, die sich aus der Nutzung genetischer Ressourcen ergeben, gerecht aufzuteilen[5].

Doch während sich die internationale Klimapolitik in der Folge stetig weiterentwickelte, nahm die Entwicklung nach der Konvention über die biologische Vielfalt (1993) einen anderen Verlauf. Die Tragweite des Themas war lange nicht im allgemeinen Bewusstsein angekommen. Wer kennt schon das Cartagena-Protokoll[6] über die biologische Sicherheit, ein Folgeabkommen, das den grenzüberschreitenden Umgang mit gentechnisch veränderten Organismen regelt. Oder wer kann etwas mit den Aichi-Zielen[7], dem Vorgänger zu Montreal, anfangen? Dass die Jahre zwischen 2010 und 2020 eine UN-Dekade der Biodiversität waren, ist ebenfalls untergegangen. Das ändert sich hoffentlich mit dem Gipfel von Montreal. Es wäre zu wünschen, dass wir ihn eines Tages als Startpunkt eines neuen Umgangs mit der Natur wahrnehmen werden. Umweltministerin Steffi Lemke sprach jedenfalls kurz danach von »einem starken Abkommen auf internationaler Ebene«[8], die kanadische Presse sogar von einer »historischen Vereinbarung«[9].

Doch nicht nur das Zustandekommen der Übereinkunft ist erfreulich, die Inhalte sind auch überraschend gut, selbst wenn sie in Gänze nicht das hervorgebracht haben, was die Wissenschaft für nötig erachtet. Generell formuliert das neue Rahmenabkommen die Vision, dass wir bis zur Mitte des Jahrhunderts »im Einklang mit der Natur«[10] leben. Bis dahin soll sich die vom Menschen verursachte Aussterberate auf ein Zehntel verringert haben und der Umgang mit Biodiversität nachhaltig sein. Diese Vision ist unterlegt mit 23 – mehr oder weniger – konkreten Zielen, die bis zum Jahr 2030 zu erfüllen sind.

Zu ihnen zählt sehr prominent die Vorgabe, bis dahin dreißig Prozent der Erdoberfläche, an Land und im Meer, unter Naturschutz zu stellen (Ziel 3, das sogenannte 30×30-Ziel). Das ist in der Tat ein Novum. Es bedeutet, dass sich die geschützten Flächen an Land nahezu verdoppeln müssen (bisher 17 Prozent), bei den Meeren fast vervierfachen (bisher knapp acht Prozent). Wenn das gelänge, dann wäre ein sehr bedeutsamer Schritt zum Erhalt von Biodiversität geschafft, weil Naturschutzgebiete funktionieren, wenn sie gut verwaltet werden und die dort oder darum herum lebenden Menschen einbeziehen (s. Kapitel 6). Ebenfalls wichtig ist die Passage zur Renaturierung von degradiertem Land (Ziel 2): Bis 2030 sollen davon dreißig Prozent »wirksam wiederhergestellt« sein. Die Rate, mit der sich invasive Arten ansiedeln, die überall auf der Welt großen Schaden anrichten können, soll sich bis 2030 genauso um die Hälfte verringern (Ziel 6) wie das Risiko von Pestiziden und hochgefährlichen Chemikalien (Ziel 7). Schließlich ist geplant, naturschädliche Subventionen bis 2030 um 500 Milliarden Dollar pro Jahr zurückzufahren (Ziel 18). Es finden sich also einige sehr relevante und konkrete Maßzahlen in dem Dokument, mit denen so nicht zu rechnen war und deren Erreichen tatsächlich viel bewirken könnte. Wie überhaupt fast alles, was für den Biodiversitätsschutz wichtig ist, darin mindestens Erwähnung findet. Auch auf die Bedeutung der indigenen Völker und Gemeinschaften für den Schutz und die nachhaltige Nutzung der Natur wird verwiesen (Ziel 22). Sie sollen in alle Entscheidungsprozesse einbezogen werden und Zugang zu allen wichtigen Informationen haben.

Unklare Finanzierung

Doch die Euphorie schwindet ein wenig beim Blick auf die Einzelheiten. Der Teufel steckt, wie so oft, auch hier im Detail. Da wären zu allererst die Finanzen zu nennen. Es ist klar, dass die Entwicklungsländer Unterstützung für einen freundlicheren Umgang mit der Natur benötigen. Sie können diese Transformation nicht allein bewältigen, die aber genau dort entscheidend ist, weil ein Großteil der wertvollen Biodiversität in diesen Ländern liegt. Deshalb war das Geld in Montreal auch einer der größten Streitpunkte. Die Entwicklungsländer forderten, ihnen eine ähnlich hohe Summe wie für die Bewältigung des Klimawandels zur Verfügung zu stellen, nämlich hundert Milliarden Dollar jährlich. Am Ende einigte man sich auf zwanzig Milliarden pro Jahr ab 2025 und dreißig Milliarden ab 2030 (Ziel 19) – viel weniger als nötig wäre.

Die UN beziffern die derzeitige Unterfinanzierung für den globalen Arten- und Naturschutz auf 700 Milliarden Dollar pro Jahr[11]. Selbst wenn man annimmt, dass naturschädliche

Subventionen weltweit um 500 Milliarden zurückgefahren werden und man dieses Geld für den Erhalt der Biodiversität ausgeben könnte (beides ist aus heutiger Sicht unwahrscheinlich), dann fehlten immer noch 200 Milliarden Dollar. Bleibt nach dem Transfer von zunächst zwanzig, später dreißig Milliarden an Entwicklungsländer immer noch ein Finanzloch von 170 Milliarden Dollar pro Jahr. Nun sind solche Zahlen mit Vorsicht zu genießen, weil sie auf groben Schätzungen basieren, aber sie zeigen dennoch: Die nötigen Finanzen aufzubringen, wird eine Herkulesaufgabe. Zumal auch die zwanzig Milliarden aus der Offiziellen Entwicklungszusammenarbeit (Official Development Aid, ODA), gemessen am heutigen Volumen, sehr ambitioniert sind. Nach Berechnungen der Organisation für wirtschaftliche Entwicklung und Zusammenarbeit (OECD) lagen die Zahlungen an die ärmeren Länder für Biodiversität im Jahr 2020 bei zehn Milliarden Dollar[12]; sie müssten sich in den nächsten zwei Jahren verdoppeln, später verdreifachen.

Um diese Mittel zügig zur Verfügung zu stellen, soll ein Biodiversitätsfonds (Global Biodiversity Framework Fund, GBF Fund) bei der Global Environment Facility (GEF) eingerichtet werden[13]. Die GEF gibt es seit dem Erdgipfel von Rio 1992 als multilateralen Umweltfonds. Dort soll ein spezieller Biodiversitätsfonds entstehen, in den, so der Plan, ab dem Jahr 2025 die zwanzig Milliarden Dollar fließen, und zwar von öffentlichen und privaten Gebern. Allerdings gilt diese Konstellation als schwierig. Die Summe aus öffentlichen Töpfen ist wahrscheinlich nur mit Mühe zu mobilisieren. Der Rest soll vom Privatsektor kommen, der den Gipfeldokumenten zufolge ausdrücklich als Geber zugelassen ist[14]. Allerdings speist sich der GEF bisher nur aus öffentlichen Quellen[15], weshalb er nun seine Statuten und Vorschriften ändern muss. Bisher ist geplant, den neuen Fonds 2023 zu gründen und, so lässt sich herauslesen, auch in diesem Jahr schon einsatzbereit zu haben. Das erscheint angesichts der komplexen Änderungen, die hierfür notwendig sind, sehr ambitioniert. Alles zusammengenommen stellt die Finanzierung der Biodiversität bei der Umsetzung der Übereinkunft einen großen Unsicherheitsfaktor dar.

23 Ziele – viele offene Fragen

Aber auch bei den als eindeutig positiv zu verbuchenden Zielen im Gipfeldokument gibt es noch viele Fragen zu klären. Etwa beim 30x30-Ziel, das als globale Vorgabe formuliert wurde. Demnach sollen bis 2030 global dreißig Prozent der Erdoberfläche geschützt sein, aber nicht unbedingt pro Land. Wer muss also wie viel und wie schützen? Wie ist die Formulierung »effektiv geschützt und gemanagt«[16] zu verstehen? Wer kontrolliert in welchen Zeiträumen und auf welche Weise, ob die Biodiversität in diesen Gebieten tatsächlich erhalten bleibt? Wie ist mit der neuen Kategorie der OECMs – *Other Effective Area-Based Conservation Measures*[17] oder »weiteren flächenbezogenen Schutzmaßnahmen« – umzugehen? Der Begriff bezieht sich auf Gegenden, die außerhalb von ausgewiesenen Schutzgebieten liegen, in denen aber aufgrund von Bräuchen, Traditionen und Gewohnheiten pfleglich mit der Natur umgegangen, Nachhaltigkeit im Alltag gelebt wird. Doch wie identifiziert man solche Gebiete? Woran erkennt man sie? Auch nach dem Gipfel in Montreal gibt es dazu mehr Fragen als Antworten. Klar ist bisher, dass die OECMs eine Möglichkeit darstellen, zum Teil jahrtausendealten aktiv betriebenen Naturschutz, häufig lokaler und indigener Gemeinschaften, anzuerkennen und – auch finanziell – zu unterstützen.

In einem Staat wie Gabun etwa, der zum biodiversitätsreichen Kongobecken gehört, in dem sich das zweitgrößte Regenwaldgebiet nach dem Amazonas befindet, wäre es angezeigt, vielleicht sogar mehr als dreißig Prozent unter Schutz zu stellen. Im Kongobecken leben rund 400 Säugetierarten, darunter Waldelefanten, Gorillas und Schimpansen, sowie etwa tausend Vogelarten[18]. Nach Weltbank-Angaben stehen in Gabun derzeit etwa 22 Prozent der Landfläche unter Schutz[19]. Das ist schon mehr als der weltweite Durchschnitt von 17 Prozent, doch gemessen an der Artenvielfalt und ihrer Bedeutung für die globale Biodiversität eigentlich nicht genug. Vor diesem Hintergrund wären sicher selbst vierzig Prozent oder sogar noch mehr sinnvoll. Natürlich gibt es auch dort wirtschaftliche Interessen in Bezug auf Tropenhölzer, tierische Produkte und Bodenschätze. Das heißt, Gabun müsste von der internationalen Gemeinschaft bezahlt und entschädigt werden, damit es seine wertvollen Wälder intakt lässt, Nutzung nur in einem engen und klar definierten Rahmen gestattet und vielleicht sogar noch über das Dreißig-Prozent-Ziel hinausgeht. Könnte dieses Geld dann auch aus dem GBF Fund kommen? Und: Dürfte dafür ein anderes Land die dreißig Prozent unterschreiten? Es sind insgesamt noch viele, zum Teil sehr technische Aspekte zu klären.

Ein anderes Beispiel kommt aus Deutschland, wo derzeit etwas mehr als 15 Prozent der Fläche als Natura-2000 Gebiete geschützt sind. Bei den Küstengewässern stehen siebzig Prozent unter Schutz, in der daran angrenzenden sogenannten ausschließlichen Wirtschaftszone (bis zu 200 Seemeilen) beträgt der Anteil immerhin mehr als dreißig Prozent[20].

Ganz regelkonform gibt es dazu auch Schutzgebietsverordnungen, Managementpläne und Datenbögen, um die Artenvielfalt zu erfassen. Doch bei genauerem Hinsehen zeigt sich, dass die Flächen keineswegs so gut geschützt sind, wie es auf dem Papier aussieht. Im Jahr 2017 stellte das Bundesamt für Naturschutz in allen drei Meeresschutzgebieten der Nordsee Defizite, zum Teil sogar erhebliche, fest, mit negativen Folgen für Arten und Lebensräume – und zwar, weil dort unter anderem Schifffahrt sowie Fischerei mit Grund- und Stellnetzen erlaubt war[21]. Daraufhin wurden neue, etwas strengere Verordnungen erlassen. Aber Berufsfischerei ist weiterhin in allen drei, Freizeitfischerei in zwei der Gebiete gestattet[22]. Selbst im Nationalpark Wattenmeer darf fast überall gefischt werden; rund 280 Fischereifahrzeuge sind registriert; die meisten arbeiten mit Grundschleppnetzen[23, 24]. Wie kann es angehen, dass in so prominenten Schutzgebieten – das Wattenmeer gehört sogar zum Welterbe der Menschheit und ist mit seinen Ökosystemen auf der Erde einmalig – solche Kompromisse im Hinblick auf Nutzungsinteressen eingegangen werden? Und: Welches Bild gibt Deutschland hier international ab? Das Beispiel zeigt, dass formell deklarierter Schutz noch nichts heißen und oft sehr weit vom »effektiven Schutz und Management« abweichen kann, von denen im Gipfeldokument die Rede ist.

Ähnlich herausfordernd ist die Passage zur Renaturierung (Ziel 2) im Montreal-Abkommen, die zwar eine konkrete Zahl enthält – dreißig Prozent degradierter Flächen sollen in den kommenden sieben Jahren wirksam wiederhergestellt, also zum Beispiel begrünt oder wiederaufgeforstet werden. Das ist an sich positiv zu bewerten. Aber was gilt als degradierte Fläche? Und wann ist eine Wiederherstellung als »wirksam« zu bezeichnen? Auch hier viele Fragen. Beim Einsatz von Pestiziden bleibt ebenfalls manches im Ungefähren (Ziel 7): Dort heißt es, die »Risiken von Pestiziden und hoch gefährlichen Chemikalien sollen mindestens halbiert werden«. Welches Maß steckt hier genau dahinter? Kann man Risiken halbieren? Wenn ja, wie? In einer früheren Version des Dokuments war übrigens noch zu lesen, dass der Einsatz von Pflanzenschutzmitteln um zwei Drittel verringert werden sollte. Diese konkretere Variante mit höherer Zahl ist nicht stehen geblieben. Und schließlich sind auch die Formulierungen zur Landwirtschaft (Ziel 10) wenig greifbar. Was soll man mit einem Satz anfangen, in dem steht, es sei sicherzustellen, dass landwirtschaftliche Flächen »(…) nachhaltig gemanagt werden, besonders durch eine nachhaltige Nutzung der Biodiversität, unter anderem durch eine substantielle Steigerung bei der Anwendung biodiversitätsfreundlicher Praktiken (…)« (Ziel 10)[25]. Das ist schwammig und heißt praktisch nichts. Vorgaben zum Ökolandbau kommen gar nicht vor, obwohl er nachgewiesenermaßen deutlich biodiversitätsfreundlicher ist als die herkömmliche Landwirtschaft.

Schließlich ist noch der Komplex Subventionen (Ziel 18) zu nennen: 500 Milliarden Dollar »schädliche« Unterstützungsgelder sollen künftig in andere Kanäle fließen oder wegfallen. Das ist sehr begrüßenswert, doch welche Subventionen gelten in diesem Zusammenhang als schädlich? Einige kann man sicherlich sofort ausmachen: falsche Anreize in der Landwirtschaft oder Subventionen für fossile Energien, die den Klimawandel anheizen, der sich wiederum negativ auf die Biodiversität auswirkt (s. Kapitel 4). Doch was ist mit Subventionen für Dienstwagen, Pendler oder Biokraftstoffe, die mittelbar schädlich auf die Umwelt einwirken?[26] Bei diversen Zielen des Gipfeldokuments, die zunächst konkret und greifbar wirken, bleibt bei genauerem Hinsehen unklar, wie sie erreicht werden sollen; hier bedarf es noch erheblicher Präzisierung.

Vage Vorgaben für die Wirtschaft

Leider bleiben auch die Vorgaben für die Wirtschaft diffus, die schließlich zu den größten Nutzern der Natur zählt. Hier werden die Staaten aufgefordert, dafür zu sorgen, dass »große und transnationale Unternehmen und Finanzinstitutionen«[27] regelmäßig über ihre Risiken, Abhängigkeiten und Wirkungen auf die Biodiversität berichten und dies offenlegen müssen (Ziel 15). Für welche Firmen ab welcher Größe das gilt und über was in welchen Intervallen sie genau zu berichten haben, ist allerdings nicht definiert. Dabei stellt der Verlust von Natur für die Wirtschaft ein zunehmendes Risiko dar – eine Tatsache, die zumindest einige Unternehmen bereits erkannt haben (s. Kapitel 8). Nach Angaben des Weltwirtschaftsforums im Schweizer Davos ist mehr als die Hälfte der globalen Wirtschaftsleistung (GDP) durch den Niedergang an Natur in Gefahr; das entspricht unvorstellbaren 44 Billionen Dollar pro Jahr. Entsprechend konstatiert das Forum: »*Business as usual* hat keine Zukunft.«[28]

Ähnliche Erkenntnisse gibt es auch aus der Finanzwelt. So haben die niederländische und die französische Nationalbank[29, 30] unlängst die Finanzrisiken errechnet, die sich aus dem Naturverlust ergeben, und kamen zu eindeutigen Ergebnissen: Demnach hängen in Frankreich mehr als vierzig Prozent des Portfolios im Bankensektor stark oder sogar sehr stark von Leistungen aus der Natur ab. Gleichzeitig zerstören sie mit ihren Investitionen jährlich terrestrische Biodiversität, die 48 Mal der Fläche des Großraums Paris entspricht. Der Finanzsektor ist also selbst durch entsprechende Risiken gefährdet, trägt aber mit seinen Investitionen gleichzeitig zur Vernichtung von Ökosystemen bei. Das beklagen mittlerweile auch Banker selbst, wie zum Beispiel KfW-Vorstand Stefan Peiß. Im Sommer 2022 schrieb er auf Linkedin, dass Klimarisiken zu Recht »im Fokus vieler Banken« stünden und derzeit in vielen Häusern in die Risikosteuerung integriert würden. Demgegenüber hätten Risiken, die sich aus dem Verlust von Biodiversität ergäben, noch nicht die angemessene »Relevanz und Prominenz erreicht«. Er schlussfolgert daraus: Der Finanzsektor sollte unbedingt auch »naturbedingte Risiken im Blick behalten und soweit möglich bereits im Aufbau von Risikomanagementsystemen im Kontext Klimarisiko berücksichtigen«[31].

Banken kümmern sich mittlerweile zunehmend um das Klima, aber zu wenig um die Natur. Das gilt sowohl für ihre Investitionen, weil Überschwemmungen, zerstörte Infrastruktur und vieles mehr zu handfesten Risiken geworden sind, die man einkalkulieren muss. Es gilt aber auch für ihre Finanzprodukte: Das Angebot an sogenannten *Green Bonds* ist in den letzten Jahren stark gestiegen. Solche Anleihen unterscheiden sich in der Struktur und im Risikoprofil in der Regel nicht von »normalen« Anleihen, allerdings investieren *Green Bonds* der Theorie nach das Geld ausschließlich in nachhaltige und klimaschonende Projekte. »Oft sind dies Klimaschutz- und Umweltprojekte, wie etwa eine Windparkanlage oder energieeffiziente Gebäude«, heißt es dazu zum Beispiel bei der Sparkasse[32]. Dieser Markt ist in den vergangenen Jahren geradezu explodiert; er hat sich zwischen 2010 und 2019 auf 250 Milliarden Dollar pro Jahr verhundertfacht[33] und 2021 die Rekordsumme von mehr als 430 Milliarden Dollar erreicht[34]. *Green Bonds* sind in Mode gekommen[35]; die Aussichten gelten auch bei profitgetriebenen Investmentbankern als rosig. Ob sie immer halten, was sie versprechen, Stichwort: *Greenwashing*, darf bezweifelt werden, aber sie spiegeln einen richtigen und vielversprechenden Trend wider.

Allerdings fehlt das Thema Biodiversität und nachhaltige Landnutzung hier noch fast komplett und macht bisher nur etwa drei Prozent dieser grünen Anleihen aus, wie das Global Landscapes Forum zusammen mit der Luxembourg Green Exchange Bank errechnet hat[36]. Der weitaus überwiegende Teil fließt in den nachhaltigen Energie- und Transportsektor. Als Grund gaben die beiden Institutionen an, Artenvielfalt und Naturschutz seien nicht so leicht zu fassen, die Wirkungen schwerer zu messen, auch fehle es am für Finanzentscheidungen nötigen *reporting*. Mit anderen Worten: Biodiversität ist noch nicht Teil von Business- und Investitionsentscheidungen und hat in der Finanzwelt nicht den Stellenwert, den es gemessen an seiner Bedeutung haben müsste. Entsprechend hätte man sich ein deutlicheres Signal von Montreal in Richtung Berichterstattung, Offenlegung und grüne Investitionen gewünscht.

Biodiversität und Klima: eine komplexe Beziehung

Schließlich wird ein grundsätzliches Problem im Gipfeldokument nur angedeutet: die komplexe Beziehung zwischen Biodiversitäts- und Klimaschutz (Ziel 8). Zwar gilt der Konnex international mittlerweile als akzeptiert. Aber das war lange Zeit nicht der Fall, wie zum Beispiel Hans-Otto Pörtner vom Alfred Wegener Institut und Mitautor beim Weltklimarat konstatiert: »Artenvielfalt zu erhalten, schien lange nichts mit dem Klima zu tun zu haben, sondern war ein Thema für sich. (…) Die Einsicht, dass die Biologie eine wichtige Komponente im Klimageschehen auf dieser Erde ist, hat sich nicht sofort eingestellt, sondern ist erst im Laufe der Jahrzehnte gewachsen.«[37] Heute steht jedoch zweifelsfrei fest, dass der Erhalt von Ökosystemen – neben dem weitgehenden Verzicht auf fossile Energien – ein wichtiger Faktor im Klimaschutz ist. Deshalb sagt zum Beispiel der Klimabeauftragte der amerikanischen Regierung, John Kerry: »Nature is currently our best line of defense against the climate crisis.«[38] (Die Natur ist derzeit unsere beste Verteidigungslinie im Kampf gegen den Klimawandel.)

Je mehr CO_2 in Wäldern, Mooren, Böden und Meeren natürlich gespeichert wird, je mehr sogenannte »naturbasierte Lösungen« (*nature-based solutions*) es gibt, desto besser für das Klima. Bereits heute wird Berechnungen des Weltklima- und des Weltbiodiversitätsrates zufolge etwa die Hälfte des menschengemachten CO_2-Ausstoßes auf diese natürliche Weise wieder gebunden[39]. Dieser Wert kann sich nach unten bewegen, wenn die Natur weiter dezimiert wird, oder nach oben, wenn man entweder das Abholzen von Bäumen eindämmt oder degradierte Flächen sogar wieder bepflanzt oder wiederaufforstet, Moore wieder befeuchtet etc., also »renaturiert« (vgl. Kapitel 6). Manchmal entsteht dieser Effekt auch indirekt, wie das Beispiel von großen Vögeln und Säugetieren aus den Tropen zeigt. Massivere Tiere schlucken große Früchte und Samen und sorgen als Samenausbreiter für das Nachwachsen von spezifischen Baumarten. Diese haben im Mittel anderes Holz, das mehr Kohlenstoff speichern kann. Werden große Tiere gejagt oder anderweitig dezimiert, nimmt der Bestand an Bäumen mit dichterem Holz ab und mit ihm die Fähigkeit, viel CO_2 zu binden[40]. Mit dem Schutz großer Vögel und Säugetiere helfen wir damit auch dem Klima.

Doch die Verbindung von Klima und Biodiversität ist noch nicht klar genug ausbuchstabiert, auch nicht im Montreal-Dokument. Wie komplex der Zusammenhang bei genauerer Betrachtung ist, zeigt auch eine Studie der ETH Zürich, die vor einigen Jahren Furore machte[41, 42]: Demnach sei eine Aufforstung überhaupt das wirksamste und beste Mittel gegen den Klimawandel, hieß es damals. Die Welt könne ein Drittel mehr Wald vertragen, ohne dass Städte oder die Landwirtschaft beeinträchtigt wären. Dieser zusätzliche Wald könne einen Großteil der von Menschen verursachten und klimaschädlichen CO_2-Emissionen aufnehmen, schlussfolgerten die Forscher*innen aus ihren Modellrechnungen und zeigten auch gleich auf, wo sie Potenzial für neue Waldgebiete sahen.

Das Aufatmen bei Politiker*innen und in der Gesellschaft war beinahe durch Internetplattformen, Zeitungsseiten und Radiosender zu spüren. Endlich, das ist die Lösung, mochten sie gedacht haben; wir pflanzen einfach an allen nur denkbaren Stellen Bäume, und schon ist das Problem erledigt. Allerdings vergaßen viele weiterzulesen; dort stand nämlich auch, dass die Emissionen aus anderen Sektoren wie der Stromerzeugung und dem Transport dennoch konsequent zu verringern seien. Mit anderen Worten: Bäume und Wälder können im Klimaschutz nur einen, wenn auch wichtigen Teil, der Lösung darstellen. Die Strategie: Wir forsten Wälder auf und verbrennen weiter fossile Energiestoffe, denn die neuen Bäume speichern das CO_2 ja, funktioniert leider nicht.

Und das aus verschiedenen Gründen: Konkret waren die Simulationen der ETH-Forschenden, wie andere Wissenschaftler*innen später kritisierten, stark vereinfacht und entstanden unter fragwürdigen Annahmen, zum Beispiel verbuchte die Studie Gebiete als künftige Waldflächen, die momentan für Viehhaltung genutzt werden oder durch Siedlungen belegt sind[43]. Generell schätzen viele Expert*innen die klimaregulierende Wirkung von Wiederaufforstungen als wichtig, aber in ihrer Wirkung als sehr variabel ein[44]. Die CO_2-speichernden Wirkungen sind bei Urwäldern größer als bei wiederaufgeforsteten, so dass es viel vorteilhafter ist, Wälder zu erhalten, als sie an einer Stelle abzuholzen und dann andernorts wieder anzupflanzen[45]. Schließlich wachsen Bäume langsam; Effekte stellen sich nicht unmittelbar mit der Pflanzung, sondern erst mit einiger Verzögerung ein. Und eine klimaregulierende Wirkung gibt es nur, wenn die Wälder oder zumindest das Holz langfristig erhalten bleiben. Das Beispiel demonstriert: »Natur-basierte Beiträge« sind als Baustein einer umfassenden Strategie unverzichtbar, aber sie sind keine Zauberformel für den Klimaschutz.

Win-Lose- und Lose-Lose-Ansätze

Das größte Problem liegt jedoch darin, dass nicht alle naturbasierten Klimalösungen wirklich der Biodiversität zugutekommen[46]. Nicht selten werden Maßnahmen als naturfreundlich verkauft, die es gar nicht wirklich sind. Es gibt »Win-Lose-Lösungen«, die zwar dem Klimaschutz, aber nicht der Artenvielfalt dienen. Oder noch schlimmer »Lose-Lose-Lösungen«, die auf den ersten Blick gut aussehen, aber in Wahrheit sogar schaden[47]. In die erste Kategorie fällt die sehr verbreitete Förderung des Anbaus von Bioenergiepflanzen. Aus Pflanzen wie Mais, Raps, Palmöl oder Zuckerrohr wird Biokraftstoff gewonnen, um den Verbrauch fossiler Brennstoffe zu mindern. Im besten Fall produziert der Acker, reichlich mit Düngemitteln versehen, Energie für den Tank, statt Essbares für den Teller – und konkurriert dabei um Land, das für den Anbau von Nahrungsmitteln oder für den Schutz der Artenvielfalt genutzt werden könnte. Im schlimmsten Fall werden dafür arten- und kohlenstoffreiche Regenwälder vernichtet, wie in den USA, Brasilien oder Indonesien. Biosprit sollte sich also, wenn überhaupt, aus Pflanzenresten oder Biomüll speisen, aber nicht aus Nutzpflanzen. Studien haben sogar gezeigt, dass große Flächen von Bioenergiepflanzen die Artenvielfalt genauso bedrohen können wie eine höhere mittlere Erdtemperatur[48]. Was also zunächst wie ein probates Mittel zum Klimaschutz aussieht, erweist sich in Wahrheit als Biodiversitätskiller.

Noch zweifelhafter, und damit eine wirkliche »Lose-Lose-Lösung«, ist das Bepflanzen natürlicher, artenreicher Lebensräume, etwa von Grasland oder Savannen, mit exotischen Baumarten wie Eukalyptus oder Kiefern[49]. Solche Aktionen vernichten natürliche Lebensräume samt ihrer besonderen Biodiversität. Denn anders als landläufig angenommen, sind Savannen nicht vertrocknete Ödlandschaften, sondern uralte, einzigartige Ökosysteme mit einer unvergleichlichen Tier- und Pflanzenwelt. So finden sich zum Beispiel in den Savannen Afrikas die letzten Überreste der atemberaubenden Mega-Fauna, die der Mensch schon vor Jahrhunderten überall sonst auf der Erde ausgerottet hat: Elefanten, Giraffen, Nashörner und Löwen, die Basis für Afrikas Naturtourismus und für Milliardeneinnahmen an Devisen. Fremde Baumarten verändern das Ökosystem; Elefanten, Giraffen, Nashörner oder Antilopen können dann dort nicht leben. Im Gegenteil, Eukalyptus- und Kiefernplantagen sind sehr artenarm – und brennen schnell. Zudem werden Kiefern oder Eukalyptus-Bäume nicht alt, das heißt, sie binden den Kohlenstoff nicht lange, so dass sie nicht einmal einen dauerhaften Beitrag zum Klimaschutz leisten. Nichtsdestotrotz finden genau solche katastrophalen Aufforstungen zuhauf statt, zum Beispiel im Cerrado Brasiliens[50], im Kongo, in Südafrika oder in den Steppen Asiens[51]. Bäume pflanzen ist also nicht immer sinnvoll, Wälder zu erhalten dagegen schon.

Zum Glück gibt es auch »Win-Win-Lösungen«, die aber mitunter nicht auf Anhieb erkennbar sind. Große Vögel spielen nämlich nicht nur bei der Samenausbreitung innerhalb von Wäldern eine wichtige Rolle, sondern auch bei der Ausbreitung über längere Strecken hinweg, von Waldstück zu Waldstück. Dadurch helfen sie anderen Arten, gerade in Zeiten des Klimawandels. Viele Baumarten müssen wegen der höheren Temperaturen »umziehen« und ihrer bevorzugten Klimanische folgen. Arten in Mitteleuropa müssen sich nach Norden ausbreiten, um zu überleben. Arten im südlichen Afrika wandern weiter nach Süden. Durch die intensive menschliche Landnutzung sind jedoch natürliche Lebensräume zunehmend zerstückelt. In Südafrika gelingt die »Wanderung«, wie eine Studie des Senckenberg Biodiversität und Klima Forschungszentrums und des Max-Planck-Instituts für Ornithologie mit GPS-Sendedaten nachgewiesen hat, im Wesentlichen mit Hilfe von Trompeterhornvögeln, den größten früchtefressenden Vögeln Südafrikas. Sie sind verlässliche Spediteure, die Samen von Waldfleck zu Waldfleck tragen und den Bäumen die Möglichkeit eröffnen, sich

den durch den Klimawandel veränderten Umständen anzu-
passen[52]. Deshalb ist es wichtig, Vögel zu schützen und vor
allem die Jagd auf die größeren Arten zu verbieten. Gerade
große Früchtefresser sind einzigartige Schlüsselarten, die
eine zentrale Rolle für das Funktionieren und die Anpassungsfähigkeit von Ökosystemen spielen und damit einen
Beitrag zur Stabilisierung des Klimas leisten.

Die Beispiele zeigen, dass der Zusammenhang von Artenverlust und Klimawandel vielschichtig und bisher viel zu wenig beachtet ist. Beide können sich gegenseitig hochschau-
keln und negative Wirkungen multiplizieren, im Extremfall
zu Kipppunkten führen, von denen es dann kein Zurück
mehr gibt. Aber es eröffnen sich auch große Chancen durch
dieses Zusammenspiel, die bisher nicht ausreichend genutzt
werden. Als Faustregel gilt, dass Biodiversitätsschutz fast immer dem Klima nützt, aber nicht alle Klimaschutzmaßnah-
men der Biodiversität weiterhelfen. Umso wichtiger wäre es,
die beiden Themen auf allen Ebenen näher zueinander zu
bringen, in der Wissenschaft genauso wie in der Politik und
in der Praxis. Sonst besteht die Gefahr, die Wechselwirkungen nur »unvollständig zu erkennen, zu verstehen und zu be-
arbeiten«, wie der Weltklimarat und der Weltbiodiversitätsrat in einer gemeinsamen Stellungnahme unmissverständlich
festhalten[53]. Noch liegen diese Felder ziemlich weit auseinan-
der. Diesen Mangel zu beheben, dazu trägt auch das neue
»Global Biodiversity Framework« nur in vorsichtigen An-
deutungen bei.

Jetzt kommt es auf die Umsetzung an

Kurz gesagt, der neue internationale Rahmen für Biodiversität hat Mängel und Unschärfen, aber seine Ziele sind insgesamt sehr gut und angesichts der zuvor stockenden Verhandlungen zweifellos als Durchbruch zu bezeichnen. Die Abschlussdokumente decken fast alle für den Biodiversitätsschutz entscheidenden Punkte ab, wenn auch zum Teil in vager Sprache. Damit wurde in Montreal eine solide Basis geschaffen; ob sie dauerhaft trägt, hängt von der weiteren Umsetzung ab. Die soll nun auf verschiedenen Ebenen stattfinden: Einen Teil der noch offenen Fragen haben die Staatenvertreter*innen an Expertengremien zur weiteren Ausgestaltung überwiesen[54]. Sie sollen zum Beispiel verschiedene Indikatoren für das Ausweisen und Überwachen von Naturschutzgebieten entwickeln. Wie diese Gremien dann arbeiten, wie gut deren Ergebnisse sind, wie griffig die neuen Messgrößen ausfallen, wird mit darüber entscheiden, ob und wie schnell wir global beim Erhalt der Biodiversität vorankommen.

Gefragt sind dann natürlich auch die Staaten selbst. Der Übereinkunft zufolge müssen sie die 23 Ziele nun in nationale Biodiversitätsstrategien und Aktionspläne überführen und dann in den Jahren 2026 und 2029 an die UN über ihre Fortschritte berichten[55]. Auf Basis dieser Berichte werden die UN eine Einschätzung darüber vornehmen, wo die Welt steht beim Umgang mit der Natur. Sanktionen für Fehlverhalten gibt es, wie bei vielen internationalen Verhandlungsprozessen, auch hier nicht. Umso wichtiger sind der Druck der Öffentlichkeit und von Ländern oder Regionalorganisationen, die mit gutem Beispiel vorangehen.

Die EU könnte hier eine Vorreiterrolle übernehmen, denn sie ist schon sehr viel weiter als andere Weltgegenden beim Formulieren entsprechender Ziele. Seit 2020 gibt es den Europäischen *Green Deal*, zu dem auch eine europäische Biodiversitätsstrategie zählt. Darin hat die EU bereits – deutlich vor dem Montrealer Gipfel – beschlossen, bis zum Jahr 2030 mindestens dreißig Prozent ihrer Landfläche (bisher 26 Prozent) und dreißig Prozent ihrer Meere (bisher 11 Prozent) zu schützen[56]. Ebenfalls geplant ist, bis 2030 drei Milliarden Bäume zu pflanzen, den Flächenverbrauch zu reduzieren, den Zustand der Meere zu verbessern, mindestens 25 000 Kilometer an Flüssen zu renaturieren und Städte zu begrünen. Auch soll sich der Einsatz chemischer Pflanzenschutzmittel bis dahin um die Hälfte vermindern; 25 Prozent der landwirtschaftlichen Flächen sollen ökologisch/biologisch bewirtschaftet und häufiger agrarökologische Verfahren angewendet werden. Das klingt alles sehr gut und ginge noch deutlich über die Ziele von Montreal hinaus.

Allerdings hat die EU-Kommission als Reaktion auf den Ukraine-Krieg beschlossen, einen Teil der schon geplanten Agrarvorschriften zum Schutz der Umwelt und Biodiversität zu lockern: etwa, dass Bauern nicht Jahr für Jahr dieselben Ackerpflanzen anbauen sollen, um die Böden zu schonen. Auch dass eigentlich vier Prozent der Ackerfläche für Brachflächen und Blühstreifen freigehalten werden. Das alles ist ausgesetzt, einstweilen für die Vegetationsperiode 2023, um den Ausfall des ukrainischen Getreides für die EU und andere Länder zu kompensieren[57, 58]. Diese Maßnahme gegen den Hunger darf allenfalls vorübergehend Anwendung finden, weil es im Kampf gegen den Biodiversitätsverlust keine Zeit mehr zu verlieren gibt. Bei nächster Gelegenheit muss die EU ihre eigenen Ziele bis 2030 wieder tatkräftig in Angriff nehmen, als eigenen Beitrag zum Naturerhalt, aber auch als Vorbild für andere Weltgegenden. Wenn die EU nicht vorangeht, geschieht anderswo vermutlich noch weniger – und Montreal bleibt ein Papiertiger.

Im Jahr 2010 hatte die internationale Staatengemeinschaft die drei Kernpunkte aus der Konvention – biologische Vielfalt erhalten, nachhaltig nutzen und Vorteile gerecht aufteilen – weiter ausformuliert und in zwanzig sogenannte Aichi-Ziele[59] gegossen (benannt nach der japanischen Präfektur, in der das Treffen standfand). Darin heißt es unter anderem, die Menschen sollten sich bis 2020 des Werts der biologischen Vielfalt bewusst sein. Das ist definitiv nicht geglückt. Auch wurde festgelegt, dass der Rückgang der Artenvielfalt bis zum Jahr 2020 gestoppt und der Verlust an natürlichen Lebensräumen mindestens halbiert, idealerweise auf null gebracht werden soll. Davon sind wir weit entfernt, wahrscheinlich weiter denn je. Nicht nur kennt bis heute kaum jemand die Aichi-Ziele, sie wurden auf globaler Ebene insgesamt auch deutlich verfehlt.

Mit ambitionierten Zielen und Plänen ist es mithin nicht getan, allein die Umsetzung und das *Mainstreaming* zählen. Die Beschlüsse von Kanada sind über die Aichi-Vorgaben hinausgegangen und können insofern tatsächlich als besonderer Moment in der Geschichte des Biodiversitätsschutzes gelten – als der ersehnte »Montreal-Moment«. Aber ein Moment ist wie ein Wimpernschlag, nichts Dauerndes und Bleibendes. Das bedeutet: Die Arbeit geht jetzt erst richtig los.

KAPITEL 8

Vom Wissen zum Handeln

Wie wir gegensteuern können

Wer bei Google das Wort »Jaguar« eingibt, erhält unzählige Beiträge über die britische Nobel-Automarke, aber deutlich weniger über die gleichnamige Großkatze. Jedenfalls nicht auf den ersten Seiten. Und das, obwohl Jaguare gefährdet sind, also im negativen Sinne durchaus Nachrichtenwert haben. Das Beispiel mag plakativ sein, aber es ist typisch dafür, wie unsere Prioritäten aussehen. Die Natur nehmen wir als etwas wahr, das schier unendlich verfügbar ist. Wie ein voller Kühlschrank, den man öffnet und sich scheinbar endlos daraus bedienen kann. Dabei vergessen wir, um in dieser Analogie zu bleiben, dass der Kühlschrank auch wieder befüllt werden muss. Und wir bemerken den Schwund nicht so schnell wie in unserer Küche, weil insgesamt viel mehr da ist und der Verlust schleichend geschieht. Hier ein paar Tausend Hektar Wald, dort ein Schmetterling, hier ein Vogel, dort ein Frosch, vielleicht auch noch geografisch begrenzt. Zumal eine Art nicht von heute auf morgen verschwindet; es kann Jahrzehnte bis zum endgültigen Aussterben dauern.

Das Ganze ist kein Ereignis, sondern ein Prozess, die Gefahr ist nicht leicht zu erkennen, auch weil wir den Artenreichtum ja überwiegend noch gar nicht identifiziert und klassifiziert haben. Es ist schwer, etwas wertzuschätzen, das man gar nicht genau kennt. Stattdessen glauben wir, die Natur sei immer noch im Übermaß vorhanden. Doch der Schein trügt, die Wahrnehmung ist verzerrt, auch weil wir anders als beim Klimawandel mit dem CO_2 kein einfach zu fassendes Maß haben, anhand dessen sich Veränderungen für jeden nachvollziehbar machen ließen. Wie kann es sein, fragt denn auch die legendäre Jane Goodall verzweifelt, dass das »intelligenteste Wesen, das jemals die Erde bevölkert hat, sein einziges Zuhause zerstört«[1]? Und wie kann es sein, möchte man die Frage ergänzen, dass der Erhalt der Artenvielfalt noch immer als Kür, aber nicht als Pflicht, noch immer als schönes Extra für gute Zeiten, aber nicht als vorrangig und existenziell notwendig erachtet wird?

Es ist paradox: Während die Krise einerseits verkannt und kleingeredet oder nicht beachtet wird, macht sich andererseits ein unguter Fatalismus breit. Manche verlieren die Hoffnung, dass sich die Entwicklung noch stoppen lässt, und zwar noch ehe wir wirklich konsequent versucht haben gegenzusteuern. Wie oft hört man heute: »Das bringt doch alles nichts« oder »Was kann hier schon der Einzelne tun?« Oder den Vorwurf: »Nur die naiven Weltenretter glauben noch an eine Wende.« Doch Schwarzmalerei dieser Art ist nicht angebracht. Denn wir haben tatsächlich noch die Chance, das scheinbar Unabwendbare zu verändern. *We can bend the curve* – wir können die Kurve kriegen und den exponenziellen Anstieg an Naturvernichtung stoppen und sogar umkehren. Hinter dieser Aussage stecken wissenschaftliche Studien, in denen die Entwicklung der Biodiversität in unterschiedlichen Zukunftsszenarien modelliert wurde.

Die gute Nachricht lautet: Wenn wir jetzt auf verschiedenen Ebenen ansetzen, lässt sich der Schwund an Biodiversität bis zum Jahr 2030 anhalten und bis zur Mitte des Jahrhunderts sogar in einen Anstieg umdrehen[2]. Dafür braucht es im Wesentlichen drei Maßnahmenpakete, zu denen erstens größere und besser gemanagte Schutzgebiete zählen, die Schutz und nachhaltige Nutzung vereinbaren, sowie die großflächige Renaturierung von degenerierten Flächen (s. Kapitel 6). Dazu braucht es zweitens ein Weniger an industrialisierter Landwirtschaft in vielen Staaten auf der Nordhalbkugel und ein Mehr an Erträgen in Ländern, in denen die Landwirtschaft oft sehr ineffizient ist und wo die bereits vorhandenen Äcker ohne allzu großen Aufwand mehr produzieren könnten (s. Kapitel 5). Und es ist drittens eine Verhaltensänderung der Verbraucher*innen nötig, die weniger Lebensmittel verschwenden und sich hauptsächlich von Pflanzen ernähren sollten (s. ebenfalls Kapitel 5). Leider genügt es nicht, nur eines dieser Pakete auf den Weg zu bringen. Wir brauchen sie alle, einschließlich veränderter Lebensgewohnheiten.

Damit das gelingt – hier liegt der unbequemere Teil –, ist eine grundlegende sozial-ökologische Transformation nötig, also ein fundamentaler Wandel unseres Denkens, unserer Politik, Wirtschaft, Rechtsprechung, Bildung etc., und zwar weltweit. Hier sind alle gefragt und gefordert, wenn vielleicht auch in unterschiedlichem Maß: Politiker*innen, aber auch Intellektuelle, Unternehmer*innen, Lehrer*innen, Wissenschaftler*innen und jede und jeder Einzelne, täglich, bei der Arbeit, in der Freizeit, offiziell und privat. Sich bequem in den Sessel zurückzulehnen und auf die Untätigkeit der Politik zu schimpfen, ist nicht mehr angebracht. Wir müssen vom Wissen zum Handeln kommen, und zwar überall. Zweifellos hat die Politik eine zentrale Funktion, indem sie den Rahmen setzt, Ziele und Richtung vorgibt. Sie muss dafür sorgen, dass Einzelmaßnahmen aus den drei obengenannten

Rubriken sich ergänzen und nicht gegeneinanderstehen. Sie muss Anreize schaffen, Wohlverhalten fördern und mit Vorbildern arbeiten, aber sie muss auch Kosten für Naturverlust einpreisen und, wenn notwendig, klare und spürbare Verbote aussprechen. Doch unterhalb dieser Ebene, sind wir alle gefordert, an allen Ecken und Enden; niemand soll sagen, sie / er habe es nicht gewusst. Besonders im Fokus stehen sollten dabei folgende Themen und Gebiete:

Das Naturverständnis überdenken

Und das beginnt bei unserem Verständnis von Natur, das zwischen Überhöhung und Ignoranz oszilliert. Wir sind geprägt von den prächtigen Bildern satter Tropen und beeindruckender Savannen, wie sie uns etwa Bernhard Grzimek oder David Attenborough vor Augen geführt haben. Ihre Verdienste stehen außer Frage, sie haben viel Aufklärungsarbeit geleistet. Aber war es nicht überwiegend ein Natur-Pur-Erlebnis, das sie in unsere Wohnzimmer geschickt haben? Meist ohne Menschen, ohne direkten Bezug zu unserem Leben und ohne zu zeigen, wie eng das Verhältnis von Mensch und Natur ist und wie sehr wir auf sie angewiesen sind. Es waren Bilder aus fernen Welten, atemberaubend gewiss, aber zugleich distanziert und ein wenig surreal. Eindrücke aus Gegenden zumal, die uns eigentlich nicht betreffen und von daher auch nicht betroffen machen. Gerne ist dann von den »Wundern der Natur« die Rede. Auch Naturfotos und Gemälde heben häufig die Schönheit und scheinbare Vollkommenheit der Natur hervor, nicht selten weichgezeichnet und in sanftes Licht getaucht. Und wer kennt nicht den Sonnenuntergang hinter Palmen und Meer oder den stürzenden Wasserfall als Klassiker in den Urlaubsprospekten.

Die Natur steht mithin für Ästhetik, Mystik und vielleicht noch Transzendenz auf der einen Seite. Und auf der anderen Seite wird sie gewissermaßen als Ding, als Sache, Ressource, als beliebig nutz- und manipulierbar betrachtet. Salat, der aus dem Supermarkt kommt, Rosen vom Blumenstand und Wasser aus dem Hahn. Auch hier herrscht Distanz, nur auf andere, pragmatische und desinteressierte Weise, untermauert mit einem Bild des Menschen, das ihn über alle anderen Lebewesen erhebt. Stammbäume des Lebens zum Beispiel stellten im 19. und frühen 20. Jahrhundert, so beim Mediziner und Zoologen Ernst Haeckel, den Menschen gerne als Endpunkt und Krone der Schöpfung dar. Sie berufen sich dabei indirekt auf Aristoteles und seine *scala naturae*, die Stufenleiter der Natur. Gleichzeitig entwickelte sich in den letzten zwei Jahrhunderten ein Wirtschaftssystem, das die Gewinnmaximierung als oberstes Ziel für unternehmerische Entscheidungen sieht, wie es auch Margarethe in Goethes Faust ausdrückt: »Nach Golde drängt, am Golde hängt doch alles.« Dazu kommt: Biologische Vielfalt ist ein öffentliches Gut, das keinen Marktwert hat. Dementsprechend spielt ihr Schutz keine Rolle und wird bei unternehmerischen Entscheidungen bislang nicht berücksichtigt. Kosten für die Natur wie den Verlust der Biodiversität oder die Umweltverschmutzung sind aus unternehmerischer Sicht egal, im Gegenteil, damit lassen sich noch Kosten drücken, es sei denn, es gibt anderslautende Gesetze und Regelungen sowie Sanktionen.

Möglicherweise sind die beiden Extreme der Grund, warum wir uns heute eher abseits der Natur und nicht als Teil von ihr betrachten. Aber genau dorthin müssten wir kommen, um die einseitige Beziehung – Natur ist für den Menschen da oder Natur ist nur für sich selbst da – zu erweitern, gewissermaßen in eine neue Realität und Normalität zu überführen. Der *nature-for-people*-Ansatz ist genauso einseitig wie der *nature-for-nature*-Ansatz. Dass wir nicht länger Raubbau in bisheriger Manier betreiben können, ist wissenschaftlich unstreitig. Aber dass wir Naturschutz für und mit den Menschen machen müssen, ist noch nicht allen klar. Schließlich kann man nicht Rechte von Gemeinschaften einschränken, die seit Jahrtausenden in einem Gebiet leben. Und man kann »wilde Natur« nicht wertschätzen, wenn man sie nicht wirklich betreten und erleben kann. Mensch und Natur sind auf vielfältigste Weise miteinander verflochten, *entanglement of nature and culture* heißt der Fachbegriff, »verwobene Naturkultur« muss das Ziel lauten, in der wir im Einklang mit der Natur leben. Das müssen wir wieder lernen. Um den Naturverlust zu stoppen, ist ein Bewusstseinswandel, ein neues Denken nötig, mit dem wir die Natur als das betrachten, was sie ist: ein lebendiges Gegenüber, kein Ding und auch nicht göttlich, sondern ein Teil von uns, so wie wir Menschen ein Teil von ihr sind.

Biodiversität in den Nachhaltigkeitsdiskurs aufnehmen

Dafür braucht es Vorbilder, Intellektuelle, Held*innen, Künstler*innen, Stars wie Leonardo DiCaprio, Prince William, Jane Fonda, die sich regelmäßig für den Klimaschutz stark machen. Oder Carolin Kebekus, Joko Winterscheidt, André Schürrle, Bjarne Mädel und andere hier in Deutschland. Auch Bücher gibt es mittlerweile zuhauf über den Klimawandel und seine Folgen, selbst ein Genre namens *climate* *fiction* existiert. Aber wo sind die Vorbilder und Intellektuellen, die genauso vehement und deutlich für Biodiversität eintreten? Dieses Thema ist in der ganzen Breite noch nicht Teil der Kulturszene oder des Nachhaltigkeitsdiskurses. Dafür wird es höchste Zeit. Ihr Einsatz ist für den Bewusstseinswandel, der ansteht, genauso unverzichtbar, wie der von Erzieher*innen, Lehrer*innen, Professor*innen oder natürlich von Unternehmer*innen und Politiker*innen.

Es gibt bereits fantastische Beispiele dazu: Sie reichen von Naturschulen wie der Plaisirschule im schwäbischen Backnang, wo es Hühner gibt, um die sich die Kinder verantwortlich und liebevoll kümmern (müssen) bis hin zu Robin Wall Kimmerers Buch *Geflochtenes Süßgras*[3]. Darin schreibt sie über die Fähigkeiten und Lehren der Pflanzen und verbindet dabei indigenes Wissen und wissenschaftliche Erkenntnisse auf einzigartige Weise. Das Buch wurde zu einem Überraschungsbestseller, was übrigens zeigt, dass die Sehnsucht nach größerer Nähe zur Natur durchaus vorhanden ist. Auch das *nature writing* im angelsächsischen Raum, ein Genre der Naturbeschreibung, das sich ausdrücklich von einer rein wissenschaftlichen Methode abhebt, gewinnt mehr und mehr Interesse. Die Ausstellungen »Trees of Life« und »Die Intelligenz der Pflanzen«, die 2019 bis 2020 im Frankfurter Kunstverein zu sehen waren und Wissenschaft mit Kunst und einem Plädoyer für den Naturschutz verbanden, sind ebenfalls besonders hervorzuheben. Und der Film *My Octopus Teacher – Mein Lehrer, der Krake* gewann 2021 sogar den Oscar für den besten Dokumentarfilm. Er beschreibt die Beziehung des Autors und Filmemachers Craig Forster in den Tangwäldern Südafrikas mit einem Kraken. Der Filmdienst urteilt folgendermaßen: »Die auf den ersten Blick vermeintlich kitschige Naturdokumentation hinterfragt bei genauerem Hinsehen die Stellung des Menschen in einer von ihm geformten Welt. In der ›heilenden‹ Beziehung zu dem Kopffüßler findet der Protagonist nicht nur zu sich, sondern auch zu einer anderen Sicht auf das Verhältnis von Menschen und Tieren.«[4]

Aber das sind bisher noch rühmliche Ausnahmen. Natur realistisch und facettenreich darzustellen, ohne sofort in Weltuntergangsstimmung oder umgekehrt in esoterische Anbetung zu verfallen, hierin liegt noch ein weites Feld und eine Aufgabe für alle möglichen Akteur*innen, auch außerhalb der Naturwissenschaft. Denn es geht nicht allein um akademisches Wissen, sondern auch um Emotionen, um Beziehungen, um ein tieferes Verständnis von Mensch und Natur. Der Schutz und der Erhalt der Biodiversität geschieht nicht nur über den Kopf, sondern auch über das Herz und, wenn man möchte, sogar über die Seele. Erst wenn zum Wissen das Fühlen kommt, wenn wir mit allen Sinnen wahrnehmen, was gerade um uns herum geschieht, ändert sich das Denken. Erst dann sind wir in der Lage, die Risiken, aber auch die Chancen zu sehen und die nötigen Veränderungen tatkräftig anzugehen. Und das gelingt am ehesten über andere Kanäle als jene der Wissenschaft, obwohl auch sie weiter aus dem Elfenbeinturm heraus und stärker in den Austausch mit der Öffentlichkeit treten müsste. Deshalb sind alle Multiplikator*innen gefordert, egal auf welcher Bühne sie stehen, Biodiversität zum Thema zu erheben. Ob politisch oder kulturell, digital oder analog – die Form ist weniger entscheidend als das Engagement an sich. Um das Image bisheriger Umweltschützer vom Schlag Reinhold Messners durch flottere und zeitgemäße Narrative zum Thema Biodiversität zu ergänzen. Denn eine Jugendbewegung, die andere mitreißen könnte, fehlt leider auch noch. Hier sind der Fantasie und

Kreativität kaum Grenzen gesetzt, zumal es nicht zuletzt darum geht, die Politik zum Handeln zu bewegen.

Politische Rahmenbedingungen ändern

Die Politik muss den Rahmen setzen in diesem sozial-ökologischen Transformationsprozess. Auf globaler Ebene fehlt es nicht an ehrgeizigen Vorgaben, zunächst ab 2010 formuliert in den Aichi-Zielen[5], Ende 2022 dann in den 23 Montreal-Zielen des »Global Biodiversity Framework«[6]. Zumindest in der ersten Dekade bis 2020 war es nicht weit her mit der Umsetzung; keines der Aichi-Ziele wurde in Gänze erreicht. Das gilt besonders für die Art und Weise, wie Land genutzt wird; konkret: dass immer mehr natürliche Flächen wie Wälder und Savannen verloren gehen und für die intensive Landwirtschaft herhalten müssen (s. Kapitel 5). In Montreal verabschiedete die Staatengemeinschaft eine ehrgeizige Rahmenübereinkunft (s. Kapitel 7), aber Papier ist bekanntlich geduldig, zumal jenes der Vereinten Nationen, wie wir aus der bald achtzigjährigen Geschichte der Weltorganisation inzwischen wissen. Deshalb geht es jetzt darum, die Gipfelbeschlüsse in Gesetze, Verordnungen und Regeln auf regionaler und nationaler Ebene zu überführen, in »nationale Biodiversitätsstrategien und Aktionspläne«[7], wie es im Abschlussdokument von Montreal heißt. Dafür braucht es Druck, auch aus der Öffentlichkeit, deshalb ist der oben beschriebene Bewusstseinswandel so wichtig.

Am weitesten gediehen ist der Veränderungsprozess in der EU mit ihrem Europäischen Green Deal und ihrer Biodiversitätsstrategie, nach der zum Beispiel Naturschutz verstärkt,

Milliarden von Bäumen gepflanzt und Tausende Kilometer Flüsse renaturiert werden sollen. Würde das alles Wirklichkeit, wäre wenigstens auf einem Kontinent viel gewonnen für die Sache der Biodiversität; Europa nähme damit auch eine wichtige Vorreiterrolle für die restliche Welt ein.

Genau wie vor Jahren Länder wie Schweden, Norwegen oder Deutschland beim Ausbau der erneuerbaren Energien vorangingen. Inzwischen haben sich mehr als 135 Länder[8] dem Ziel verschrieben, ihre Emissionen in den nächsten Jahrzehnten netto auf null zu bringen, zu einem guten Teil durch die Umstellung auf regenerative Energien. Solche Dominoeffekte sind jetzt auch bei der Biodiversität nötig. Das wird allerdings nur mit der entsprechenden Finanzausstattung funktionieren. Das Finanzloch beträgt nach UN-Angaben 700 Milliarden Dollar pro Jahr[9]. Von dieser Summe ist die Welt nach allen Berechnungen noch sehr weit entfernt.

Die richtigen Anreize setzen

Eine herausragende Rolle spielt bei dieser Transformation auch die Wirtschaft selbst, neben der Landwirtschaft – zur Erinnerung: weniger konventionelle Landwirtschaft, weniger Dünge- und Pflanzenschutzmittel, mehr Ökolandbau, mehr Brachflächen –, der Einrichtung von Naturschutzgebieten und neben Transfermitteln in Entwicklungsländer. Bisher operiert die Ökonomie quasi unabhängig von der Biosphäre und baut auf deren unbegrenzte Verfügbarkeit. Erst allmählich setzt sich die Erkenntnis durch, dass die »Bonanza« bald zu Ende ist und auch die Wirtschaft nicht dauerhaft auf Kosten der Umwelt erfolgreich sein kann. So berechnet vom Weltwirtschaftsforum in Davos, nach dem die Hälfte der globalen Wirtschaftsleistung durch den Niedergang der Natur potenziell gefährdet ist[10]. Dabei lässt sich die ständige Übernutzung nur zu einem Teil durch technische und institutionelle Effizienzsteigerungen auffangen. Weitaus wichtiger ist es, nicht über die Verhältnisse der Erde zu leben, sondern das Naturkapital durch Schutzgebiete und Renaturierung und durch einen insgesamt geringeren Verbrauch wieder zu erhöhen. Diesen Erkenntnisprozess gilt es, vonseiten der Politik durch konkrete Maßnahmen zu flankieren.

Eine Möglichkeit dafür bieten Subventionen; sie sind ein mächtiges Anreiz- und Lenkungssystem. Allein in der EU fließen knapp sechzig Milliarden und damit der größte Posten im EU-Haushalt in die Landwirtschaft[11]. Weltweit gehen sogar jährlich rund 700 Milliarden US-Dollar Subventionen in den Agrarsektor[12]. Dazu kommen noch einmal rund 35 Milliarden für die Fischerei[13]. Doch damit werden in der Regel nicht-schonende Produktionsweisen unterstützt, diese Mittel gehen zum weit überwiegenden Teil in die herkömmliche, industrielle Agrar- und Fischereiwirtschaft und damit immer auch in die Vernichtung von Natur. Dazu kommt, dass Staaten eine irrsinnig hohe Summe von jährlich mehr als 5,2 Billionen Dollar für die Subventionierung naturschädlicher Praktiken durch die Förderung fossiler Energie ausgeben[14]. Und dieser Wert stammt aus der Zeit vor den Rekordpreisen für Gas und Öl und bevor viele Länder Entlastungspakete für ihre Bürger*innen schnürten. Doch die fossilen Energieträger heizen den Klimawandel an – und der ist neben der Landwirtschaft einer der großen Vernichter von Biodiversität. Mit enormem finanziellem Aufwand wird von staatlicher Seite die Zerstörung der Natur unterstützt statt verhindert. Mit diesen fehlgeleiteten öffentlichen Geldern entstehen weltweit verheerende Schäden. Für den Schutz der natürlichen Lebensgrundlagen dagegen gibt die Menschheit derzeit nur zwischen geschätzten 78 und 143 Milliarden Dollar jährlich aus. Das sind 0,1 Prozent der globalen Wirtschaftsleistung[15, 16]. Mindestens einen Teil der schädlichen Subventionen einzufrieren oder sie zu vermindern, könnte riesige Summen freisetzen, die in die Förderung von Biodiversität – auch im globalen Süden – umgelenkt werden könnten, zum Beispiel in Naturschutzgebiete, in die ökologische Landwirtschaft oder in den Ausbau erneuerbarer Energien.

Die wahren Kosten offenlegen

Zudem wäre es wichtig, die Kosten für die Natur in Produkte einzupreisen. Heute fließen nur die Material-, Herstellungs- und Personalkosten in die Marktpreise ein, aber nicht, welche Spuren ein Produkt in der Natur hinterlässt. Die sind jedoch nur scheinbar umsonst. Wenn ein Landwirt beim Anbau von Mais viel Dünge- und Pflanzenschutzmittel einsetzt, dann muss er diese Mittel zwar kaufen. Die ökologischen Kosten aber tragen andere, häufig die Allgemeinheit. Gelangt etwa das Nitrat vom Dünger ins Grundwasser, läuft die Aufbereitung des verschmutzten Wassers auf Rechnung der Wasserwerke und damit der Steuerzahler*innen. Wenn Pflanzenschutzmittel zum Tod von Bestäubern wie Wildbienen beitragen, kann das zu Lasten der Besitzer*innen von Apfelplantagen gehen. Vielleicht müssen sie deshalb ein paar Stöcke Honigbienen anmieten, um das Fehlen der Wildbienen bei der Bestäubung der Apfelbäume wettzumachen. Die ökologischen Kosten tragen also meist andere, nicht die Verursacher*innen, im Extremfall die nächste Generation, die, wenn sich nichts ändert, eines Tages mit geringerer Biodiversität und weniger Ökosystemleistungen auskommen muss. Häufig tragen auch Menschen am anderen Ende der Welt die Kosten. Wenn wir im Supermarkt billiges Schweinefleisch erstehen, ist im Preis dieses Produktes nicht abgebildet, dass die Schweine oftmals mit Soja aus Brasilien gefüttert wurden und dass der Anbau dort große ökologische Schäden hinterlässt, zum Beispiel ausgelaugte Böden, belastetes Grundwasser, abgeholzte Regenwälder, verändertes Lokalklima, das Fehlen von Bestäubern etc. De facto subventioniert Brasilien also Deutschland, und nicht umgekehrt, da das Soja auf dem Weltmarkt weniger kostet, als es in Wirklichkeit wert ist, wenn man alle Kosten berücksichtigt.

Deshalb wäre es essenziell, im Marktpreis die Gesamtkosten abzubilden und die externen Kosten zu internalisieren, wie das im Fachjargon heißt. Die Supermarktkette Penny hat damit experimentiert und das Ganze einmal durchrechnen lassen[17]. Es ergäben sich deutlich andere Preise: Ein Pfund gemischtes Hackfleisch aus konventioneller Herstellung würde nicht mehr 2,79, sondern 7,62 Euro kosten, ein Aufschlag von 173 Prozent. Für die Öko-Variante müsste man statt 4,50 Euro dann 10,18 Euro zahlen, also 126 Prozent mehr. Erheblich geringer wären die Zusatzkosten bei Obst und Gemüse. Bananen würden sich in der konventionellen Variante »nur« um 19 Prozent verteuern, wären Umwelt-Folgekosten einbezogen. Kartoffeln und Tomaten um zwölf Prozent, Äpfel sogar nur um acht Prozent. Bei Bananen aus biologischem Anbau ergäbe sich ein Plus von neun Prozent, bei Bio-Tomaten fünf und bei Bio-Äpfeln vier Prozent. Das Beispiel zeigt erstens: Ökologischer Landbau bringt weniger gesellschaftliche Kosten mit sich als konventioneller. Und zweitens: Lebensmittel würden sich zwar verteuern, aber am wenigsten bei den pflanzlichen Nahrungsmitteln, also in dem Bereich, wo künftig sowieso der Hauptteil unserer Nahrung herkommen sollte.

Dennoch ist klar, dass auch dann das realistische Abbilden von Naturverbrauch nicht zum Nulltarif zu haben wäre. Nichtsdestotrotz liegt hier aus wissenschaftlicher Sicht die Zukunft, weil die Preise ohnehin steigen werden, wenn wir weiterhin so wirtschaften wie bisher. Mit schwindender Biodiversität wird sich eine Verknappung einstellen, die wir später teuer bezahlen müssen. Deshalb wäre es klüger, so bald wie möglich sämtliche Kosten einzupreisen und dadurch ein nachhaltiges, ehrliches und gerechtes System zu etablieren. Im Zweifel muss denjenigen, die damit an die Grenze ihrer ökonomischen Belastbarkeit gelangen, vom Staat unter die Arme gegriffen werden. Aber einfach weiterzumachen wie bisher, ist nicht nur ein Selbstmord auf Raten, sondern auch ökonomischer Unsinn, wie der britische Wirtschaftswissenschaftler Partha Dasgupta in einem 2021 veröffentlichten Gutachten zur »Ökonomie der Artenvielfalt« eindrücklich aufzeigt[18]. Seiner Auffassung nach sollte auch die Wirtschaft endlich berücksichtigen, dass die Ökonomie durch die Biosphäre begrenzt ist, und ihren Naturverbrauch genauso in ihre Bilanzen einpreisen wie Volkswirtschaften bei der Berechnung ihrer Wirtschaftskraft.

In der Praxis ist die Berechnung der Gesamtkosten von Produkten allerdings methodisch schwierig und noch mit großen Unsicherheiten behaftet. In den Zahlen von Penny zum Beispiel finden sich CO_2-Ausstoß, Nitrat- und Stickstoffeinsatz, der Energiebedarf und Landnutzungsänderungen, wie Brandrodung von Regenwald für den Anbau von Futtermitteln. Die Kosten für den Verlust von Biodiversität sind aber nicht enthalten; zum einen, weil es dafür noch keine allgemein gültigen Maßzahlen gibt, und zum anderen weil die Leistungen der Natur bisher nur in Einzelfällen, zum Beispiel für Bestäuber[19, 20, 21], in Euro und Dollar berechnet werden können. Um die externen Kosten wenigstens zum Teil einzubeziehen, braucht es aber »Preisschilder« für die Leistungen der Natur. Solche Ansätze und Systeme zu entwickeln und zur Anwendung zu bringen, sollte die Aufgabe der nächsten Jahre sein und von der Politik gefördert werden. Einstweilen müssen sich die Konsument*innen beim Einkaufen mit der Biozertifizierung begnügen. Dann sagt einem das Label eines Bio-Anbauverbandes oder das EU-Bio-Logo, dass dieses Produkt im ökologischen Landbau entstanden, im Schnitt für die Biodiversitätsbilanz günstiger und damit ein besonders wertvolles Lebensmittel ist.

Berichtspflichten für Unternehmen einführen

Eine bedeutende Rolle beim Schutz der Natur könnten künftig auch neue Standards für die Berichtspflichten von Unternehmen spielen. Das fordert übrigens auch die Wirtschaftsprüfungsgesellschaft KPMG in einer Analyse[22], schon aus gesundem Eigeninteresse des Privatsektors. Diesen Angaben zufolge haben weniger als die Hälfte der 250 größten Firmen der Welt den Naturverlust schon als Business-Risiko für sich erkannt. In der Zwischenzeit gibt es sogar Forderungen an die Politik aus der Privatwirtschaft selbst, genau solche Standards einzuführen. 330 Firmen, darunter auch namhafte, wie Ikea, Nestlé, Unilever oder BNP Paribas haben sich in der Initiative *Make it Mandatory* (Mach's verpflichtend) zusammengeschlossen[23]. Die Idee besteht darin, die bisherigen Berichte um Angaben zur ökologischen und sozialen Nachhaltigkeit zu erweitern. Für uns besonders wichtig sind die Aktivitäten auf EU-Ebene. Konkret geht es um die European Financial Reporting Advisory Group (EFRAG), die unter anderem einen Berichtstandard zu Biodiversität und Ökosystemen erarbeitet und verabschiedet hat[24, 25, 26]. Sollte sich die EU diesen Vorschlägen anschließen, was für Mitte 2023 geplant ist, dann wären irgendwann alle Unternehmen in der EU mit mehr als 250 Mitarbeiter*innen und einem Umsatz von mehr als vierzig Millionen Euro verpflichtet[27], nach diesen Standards jährlich Auskunft zu erteilen.

Und zwar müssten sie erstens über Risiken berichten, denen sie als Unternehmen durch schwindende Biodiversität und Ökosysteme ausgesetzt wären. Aber sie hätten auch umgekehrt mitzuteilen, welche Chancen sich eröffneten, wenn Biodiversität wieder zunähme. Darunter fiele zum Beispiel der Standort eines Firmengebäudes in Indonesien, wenn sich die Schäden von Sturmfluten oder sogar Tsunamis durch das Abholzen von Mangrovenwäldern vergrößerten. Auch über eingetretene oder erwartete Veränderungen im Verbraucher*innenverhalten müssten die Unternehmen berichten. Etwa, ob Schokolode, die Palmöl enthält, boykottiert werden könnte. Zugleich – und vielleicht noch wichtiger – wären die Firmen gezwungen, ihre Wirkungen auf Biodiversität und Ökosysteme zu analysieren und offenzulegen. Und zwar nicht nur für ihren eigenen Betrieb, sondern entlang der gesamten Wertschöpfungskette, sowohl »nach oben« in Richtung Zulieferer und Produzent*innen, als auch »nach unten« in Richtung Verbraucher*innen. Die Unternehmen müssten Auskunft darüber erteilen, welche Folgen die Produktion ihrer Güter mit sich brächten. Sie hätten dann zu zeigen, ob

Soja, das über Futtermittel in einem Schweinewürstchen steckt, zu Entwaldung in Brasilien führt. Oder ob die Verpackung für das Würstchen aus Verbundstoffen besteht, die sich nicht oder nicht gut wiederverwerten und recyceln lassen. Das wäre ein wahrer Paradigmenwechsel gegenüber dem jetzigen System, bei dem die Wirtschaft überwiegend auf Gewinne gepolt ist und bisher kaum unter Rechtfertigungszwang steht.

Hier könnten die europäischen Länder mit gutem Beispiel vorangehen. Denn diese Art der Berichterstattung hätte idealerweise auf Dauer einen naturerhaltenden und -fördernden Effekt und sollte am besten weltweit Anwendung finden, damit sich keine Konkurrenz durch »Naturdumping« etabliert, wenn einige Firmen an solche Vorgaben gebunden sind, andere aber nicht. Doch auch wenn sich so ein Berichtssystem nicht von heute auf morgen global einführen lässt, ein Anfang in der EU wäre gemacht. Und auch auf internationaler Ebene gibt es erste Bewegungen. So hat das International Sustainability Standards Board bereits einen Standard für die Berichterstattung zum Klima vorgestellt[28]. Ähnliches wird jetzt zum Thema Biodiversität und Ökosysteme diskutiert und vorbereitet[29]. Dadurch änderte sich der Blick, das Thema Biodiversität erhielte einen anderen Stellenwert, wäre stärker im Fokus und damit gewissermaßen in aller Munde.

Digitalisierung nutzen

Bei den Möglichkeiten, Robotik und Digitalisierung zum Vorteil der Biodiversität zu nutzen, steht die Welt noch ziemlich am Anfang. Aber sie sind mannigfaltig[30]. In der Landwirtschaft zum Beispiel können Drohnen beim biologischen Pflanzenschutz helfen, etwa indem sie Schlupfwespen als Nützlinge gegen die Raupen des Maiszünslers, eines sehr verbreiteten Schädlings, ausbringen. Oder: Sie können Wiesen vor dem Mähen nach Rehkitzen absuchen, Bestände von oben fotografieren und den Düngebedarf nach der Blattfärbung bewerten oder möglichen Pilzbefall im Getreide erkennen. Auch am Boden können Sensoren den Stand des Pflanzenwachstums erfassen und den Bedarf an Dünger präzise berechnen, statt ihn großflächig und großzügig zu verteilen. Die Präzisionslandwirtschaft erlaubt eine immer genauere Bearbeitung von Ackerflächen, bei der Energie genauso eingespart wie der Verbrauch an Wasser, Dünger oder Pflanzenschutzmitteln reguliert werden kann. Das steigert Erträge und schützt die Umwelt, weil Dünge- und Pflanzenschutzmittel nur dort wirken, wo sie nötig sind.

Kombiniert mit Apps, die mittlerweile weltweit verfügbar sind, kann sich daraus ein großes ökologisches Potenzial ergeben: von Software, die Schädlinge bestimmt, bis zu Frühwarnsystemen für kritische Witterungen. Auskünfte über Temperatur- und Niederschlagsverhältnisse helfen in der Landwirtschaft zum Beispiel, den besten Zeitpunkt für die Ernte oder für Lagerung und Vertrieb zu ermitteln. Auch die Ernte selbst kann digital unterstützt ablaufen, wenn Daten vernetzt und verknüpft sind: Im Idealfall meldet dann der Mähdrescher seine Messwerte an einen Computer, damit immer passgenau der nächste Anhänger für den Abtransport bereitsteht und die Erntekette fortwährend in Bewegung bleibt[31]. Solche Hightech-Varianten kommen realistisch betrachtet in Entwicklungsländern und bei Kleinbäuerinnen und -bauern wahrscheinlich nicht in nächster Zukunft zum Einsatz, aber auch dort können Apps wichtige Helfer in der

Landwirtschaft sein. Zumal die Verbreitung des Handys in Afrika in den vergangenen Jahren geradezu explodiert ist und unter Erwachsenen mittlerweile bei rund 75 Prozent liegt; in manchen Ländern, wie in Südafrika, sogar bei mehr als neunzig Prozent[32]

Erdbeobachtungsprogramme (*Earth Observation Programmes*) können ganze Landschaften, Wälder, Agrarflächen, Flüsse, Seen oder Meeresgebiete abscannen und automatisiert klassifizieren. Das hilft dabei, die Eigenschaften einer Gegend zu erfassen und diese Informationen zum Beispiel für den Naturschutz oder die Landwirtschaft zu nutzen. Solche satellitengestützten Daten sind wichtig, um zum Beispiel illegale Machenschaften wie Entwaldung oder Fischerei in verbotenen Zonen aufzudecken. In Peru wird sogar mit einem »Personalausweis für Bäume« experimentiert, einem digitalen Code, der jeden Baum eindeutig identifizieren kann und beim Abscannen eines Stammes zeigt, woher er kommt und ob er legal gefällt wurde. In dem südamerikanischen Land ist Rückverfolgung von Holz seit 2015 Pflicht, der Strichcode eine Methode, um dieser Vorschrift nachzukommen. Mit einer Software namens »DataBOSQUE«[33, 34] (Datenwald) kann jeder Schritt der Waldbewirtschaftung bis zum Sägewerk aufgezeichnet werden. Und das ist nicht alles: Damit lässt sich auch der Einsatz von Maschinen oder der Verbrauch von Treibstoff kalkulieren. Die peruanische Forstverwaltung stellt die Software zur Verfügung, Waldbetriebe können sie gratis herunterladen, so dass die Anfangsinvestition entfällt. Und das sind nur einige Beispiele dafür, wie die Digitalisierung den Schutz der Ökosysteme und der Arten beflügeln kann. Hier sind Staaten gefragt, die Entwicklung entsprechender Programme zu fördern und zu verbreiten, die Techniken zu entwickeln, die IT Spezialist*innen auszubilden, aber auch die Wirtschaft, die sie dann zu Land, zu Wasser oder in der Luft anwenden und in ihre Geschäftstätigkeit integrieren muss. Schließlich sind Tüftler*innen gefordert, solche neuen Programme zu entwickeln.

Neue Finanzprodukte auflegen

Nachhaltige Finanzprodukte sind in Mode – aus Gründen der Nachhaltigkeit genauso wie aus Profiterwägungen. Dieser Markt wächst exponenziell. Die große Mehrzahl dieser Bonds erstreckt sich auf den nachhaltigen Energie- und Transportsektor, zum Beispiel auf Windparks, Solaranlagen oder öffentliche Verkehrsmittel. Das Thema Biodiversität ist noch unterrepräsentiert und macht bisher nur etwa drei Prozent der nachhaltigen Anleihen aus[35]. Dieser Bereich sollte wachsen: Finanzprodukte könnten sich zum Beispiel auf Nationalparks konzentrieren oder Investitionen in nachhaltige Land- und Forstwirtschaft oder Fischerei fördern. Womöglich wird der Markt nicht von sich aus anspringen; deshalb braucht es dafür staatliche Förderprojekte im In- und Ausland. Die Weltbank hat 2022 zusammen mit der Internationalen Bank für Wiederaufbau und Entwicklung einen sogenannten »Rhino Bond« im Wert von 150 Millionen Dollar aufgelegt[36, 37]. Dabei unterstützen private Investor*innen den Schutz und den Anstieg der Bestände von Spitzmaulnashörnern in Südafrika. Im Erfolgsfall, der vorher genau festgelegt und von Conservation Alpha und der Zoologischen Gesellschaft London unabhängig überprüft wird, erhalten die Investor*innen eine Prämie aus öffentlichen Mitteln, die zwischen 3,7 und 9,2 Prozent liegt. Erholen sich die Bestände nicht, gibt es keine Prämie. Auf diese Weise werden mit über-schaubaren staatlichen Zuschüssen erhebliche private Gelder für den Naturschutz mobilisiert und am Ende, so das Ziel, die Vorkommen von Spitzmaulnashörnern um mindestens vier Prozent erhöht[38]. Dieser Fonds ist der erste seiner Art weltweit, er könnte und sollte Schule machen. Nach Angaben der Weltbank lässt sich das Konzept leicht auf andere Tierarten und Ökosysteme übertragen. Auch hier steht die Welt noch am Anfang, ist Einsatz und Kreativität von staatlichen und privaten Banker*innen gefragt.

Rechtsprechung anpassen

Bäume regelwidrig fällen, Luchse schießen, Fische illegal fangen, Flüsse vergiften und ihre Artenvielfalt dezimieren, geschützte Papageien handeln – Verstöße gegen Biodiversitätsauflagen dürfen nicht länger als Kavaliersdelikte gelten und müssen vom Rechtsstaat entsprechend geahndet werden. So weit, so klar, aber die Rechtsprechung muss auch mit der Zeit gehen, sich weiterentwickeln und immer häufiger mit Fragen der Natur und dem Umgang mit ihr befassen. Etwa damit, ob uralte Buchen in Natura 2000-Gebieten gefällt werden dürfen. Das geschieht gar nicht selten in deutschen Wäldern. Doch wenn solche Baumriesen fallen, gefährdet das auch Arten in deren Umgebung, die mit und von den Bäumen leben. Wie zum Beispiel die Mopsfledermaus, die naturnahe Wälder als Lebensumfeld bevorzugt. Im Fall des Leipziger Auwalds, eines Fauna-Flora-Habitat-Gebiets und eines Vogelschutzgebiets, hat das Sächsische Oberverwaltungsgericht unlängst in einem Urteil mit Signalwirkung entschieden[39, 40]: Es darf nicht gefällt werden, solange nicht mittels einer Verträglichkeitsprüfung geklärt ist, wie sich das Fällen von Bäumen auf geschützte Arten und Lebensräume auswirkt. Die Grundsätze aus diesem Urteil gilt es nun, in künftigen Forstwirtschaftsplänen zu berücksichtigen und dabei auch anerkannte Umwelt- und Naturschutzverbände einzubeziehen.

Dass sich die Rechtsprechung in Bezug auf unsere Umwelt anpassen kann, hat 2021 auch das bahnbrechende Urteil des Bundesverfassungsgerichts zum Klimaschutz gezeigt[41, 42]. Darin urteilten die Richter*innen, das deutsche Klimaschutzgesetz von 2019 sei in Teilen nicht mit den Grundrechten vereinbar. Es fehlten ausreichende Vorgaben, um Emissionen ab dem Jahr 2031 zu mindern. Da das Gesetz Maßnahmen zum Klimaschutz lediglich bis 2030 enthalte, verschöben sich die notwendigen Maßnahmen zur Einhaltung der Emissionsziele auf Zeiträume danach und gingen deshalb überproportional zu Lasten der jüngeren Generation. Den Anstieg der mittleren Erdtemperatur auf 1,5 bis zwei Grad, wie in Paris international vereinbart, wissenschaftlich empfohlen und vom Deutschen Bundestag mehrfach bekräftigt[43], wäre dann nur noch mit immer kurzfristigeren und massiveren Maßnahmen machbar. Damit würden die zum Teil sehr jungen Beschwerdeführenden in ihren Freiheitsrechten verletzt. Noch gibt es ein entsprechendes Urteil nicht mit Bezug auf den Naturschutz. Auch hier könnte man vermutlich analog urteilen, dass sich bei gleichbleibendem Schwund der Arten und der Ökosysteme das Gegensteuern auf die nächste Generation verlagerte und diese damit unverhältnismäßig stark belastet und folglich in ihren Rechten eingeschränkt werde. Eine besondere Bedeutung könnte auch das drohende Aussterben von Arten haben, da es irreversibel ist und damit einen fundamentalen materiellen und nicht-materiellen Verlust für alle nachfolgenden Generationen mit sich bringt. In jedem Fall wäre es wichtig, dass sich Gesetzgeber und Gerichte mit dem Thema auseinandersetzen, denn solche Klagen werden kommen, wie sich überhaupt der juristische Blick auf die Natur ändern dürfte.

Interessante neue Ansätze dazu kommen aus Ländern mit großen indigenen Gemeinschaften, wie zum Beispiel Ecuador, wo die Natur mittlerweile als Rechtssubjekt anerkannt ist. »Die Natur oder Pachamama, in der sich alles Leben erneuert und realisiert, hat ein Recht darauf, dass ihre Existenz sowie die Erhaltung und Regeneration ihrer Lebenszyklen vollständig respektiert werden«[44, 45], heißt es in Artikel 71 der Landesverfassung. Und: »Jede Person (…) kann von der öffentlichen Gewalt die Einhaltung der Rechte der Natur verlangen (…).«[46] Das bedeutet nicht, der Natur immer Vorrang zu geben; sie obsiegt nicht automatisch im Konflikt mit sozialen oder wirtschaftlichen Interessen, worauf juristische Abhandlungen deutlich hinweisen[47]. Sondern es findet eine Abwägung statt, wenn zwei oder mehrere Rechte miteinander konkurrieren. Hierbei »gewinnt« vor Gericht in letzter Zeit immer wieder »die Natur«, aber auch die Menschen, die in den betroffenen Regionen leben. Als historisch gilt ein Urteil des höchsten ecuadorianischen Gerichtshofs aus dem Jahr 2021 zu einem Landnutzungskonflikt zwischen einem staatlichen Bergbauunternehmen und der autonomen Kantonsregierung sowie Gemeinden vor Ort. Als Folge verlor das Bergbauunternehmen seine Explorations- und Abbaurechte[48]. Das Neue an diesem Ansatz ist, dass die Natur ernsthaft in die Abwägung einbezogen wird. Das UN-Expertennetzwerk »Harmony with Nature« zählt in der Zwischenzeit Initiativen in dreißig Ländern[49], um derartige Rechtsansprüche der Natur zu kodifizieren. Auch in Deutschland wird über die Natur als Rechtssubjekt diskutiert, weil klar ist, dass sich das Recht angesichts der Herausforderungen von Klimawandel bis Naturverlust weiterentwickeln, gewissermaßen »ökologisieren« muss. Manche Fachleute, wie der Jurist Jens Kersten, meinen sogar, es brauche eine »ökologische Revolution des Rechts«[50, 51].

Forschung und Bildung ausweiten

Immer noch ist Vieles rund um die Biodiversität nicht erforscht. Zweifellos festhalten kann die Wissenschaft vor allem den Schwund und die potenziellen Gefahren, die damit verbunden sind, aber das Netz der Natur ist noch nicht nachgezeichnet. Es beginnt bei den Arten selbst: Man würde es nicht vermuten, weil doch schon Alexander von Humboldt vor rund 200 Jahren eifrig an der Taxonomie gearbeitet hat, aber die Natur ist nach wie vor eine Art grüne *black box*. Noch weniger erforscht sind die Wechselwirkungen innerhalb und zwischen Arten sowie mit der physikalischen Umwelt, also dem Klima und den vielen chemischen Stoffen in Boden, Atmosphäre und Wasser.

Das Senckenberg Biodiversität und Klima Forschungszentrum zum Beispiel gibt es erst seit dem Jahr 2008[52]. Und damit waren die Frankfurter mit ihrem interdisziplinären Anspruch und der Idee, für die Wissenschaft und die Gesellschaft zu forschen, sehr innovativ und zukunftsgewandt. Es gibt nur wenige derartig breit aufgestellte, an Wissenschaft und Gesellschaft orientierte Biodiversitäts-Forschungszentren. Eine Besonderheit ist das iDiv, das Deutsche Zentrum für integrative Biodiversitätsforschung Halle-Jena-Leipzig mit seinem besonderen Fokus auf ökologischen Fragen zu Pflanzen, Boden, Interaktionen und Theorie. Wichtig ist jedenfalls, dass unterschiedliche Disziplinen mit ihrem jeweiligen Wissen und ihren spezifischen Perspektiven und Methoden eng zusammenarbeiten, idealerweise Natur-, Sozial- und Geisteswissenschaftler*innen. Wir brauchen aber auch mehr sogenannte transdisziplinäre Forschung, die mit den Menschen aus der Praxis zusammenarbeitet, besonders im Bereich Land- und Forstwirtschaft. Hier kommen Wissen und Können zusammen, denn Ideen müssen sich auch umsetzen lassen. Deshalb ist das Zusammenspiel von Wissenschaft und Praxis nicht nur unschlagbar, sondern unverzichtbar und unersetzlich.

Eine besondere Rolle spielen auch die Forschungsmuseen, wie das Senckenberg Naturmuseum in Frankfurt, das Museum für Naturkunde in Berlin, das Leibniz-Institut zur Analyse des Biodiversitätswandels mit Museen in Bonn und Hamburg, das Natural History Museum in London oder das National Museum of Natural History in Washington. Diese Einrichtungen erforschen nicht nur die Vielfalt der Natur, sondern bewahren ihre Schätze in riesigen, einzigartigen Sammlungen – ganz im Sinne Alexander von Humboldts und im Dienste der nächsten Generationen. Darüber hinaus vermitteln sie der Gesellschaft wissenschaftliche Erkenntnisse, fundiert, anschaulich und mitreißend.

Doch an solchen Bildungsinhalten generell mangelt es. Früher gingen Schulklassen in Streuobstwiesen, um Bäume zu bestimmen und Gräser zu sammeln. Sie pressten Blumen oder pflanzten Kräuter. Ob das heute noch so ist, wo sich vieles ins Internet und aufs Tablet verlagert hat? Zwar haben inzwischen viele Schulen in Deutschland einen expliziten

Nachhaltigkeitsschwerpunkt, wie die Frankfurter Wöhler-schule, wo es sogar eine Bienenzucht und eine Bienen-AG gibt. Bayerns Gymnasien haben, wie eine Umfrage ergab, zu 84 Prozent feste Arbeitsgruppen oder Wahlkurse, die sich mit Umwelt-, Klima- oder Nachhaltigkeitsthemen befas-sen[53]. Das sind zweifellos positive Trends. Aber das gilt, so-weit bekannt, nicht weltweit. Außerdem steht auch hier die Biodiversität, die Natur im Schatten anderer, als wichtiger eingeschätzter Nachhaltigkeitsthemen. Jedenfalls fordert der Volkswirtschaftler Partha Dasgupta in seinem Bericht über die Ökonomie der Biodiversität[54], Kinder sollten überall so früh wie möglich an die Natur herangeführt werden, zu Hause genauso wie im Kindergarten, in der Schule und spä-ter in ihrer Ausbildung, damit alle Menschen, auch die Städ-ter, wenigstens zum Teil zu »Naturalisten« werden.

Bei sich selbst anfangen

Die Veränderungen beginnen bei jedem von uns. Weil sich viele entfremdet haben von der Natur, müssen wir sie wieder kennenlernen, uns ein Bewusstsein aneignen, Schritt für Schritt: indem wir eine Beziehung aufbauen, genau wie zu Freunden, der Partnerin oder dem Partner, mit allen Sinnen, Augen, Ohren, Nase, Haut, und sie pflegen. Jeden Tag 15 Mi-nuten Beschäftigung mit der Natur, egal wo und wie. Eine wichtige Rolle spielen dabei Naturerfahrungen. Dafür muss man nicht in die Tropen reisen, das geht auch in der direkten Umgebung, in Parks, im Wald, am Fluss, aber auch im Gar-ten, auf dem Balkon und sogar auf dem Friedhof. Man kann zu Fuß gehen, sich auf eine Wiese legen, einem Bach in Gummistiefeln folgen oder – für die meisten ein großes Abenteuer – nur mit Schlafsack und Matte im Freien übernachten. Plötzlich schärfen sich die Sinne, man hört Geräusche, spürt den Nachtwind und kurz vor Sonnenaufgang den Fall des Taus. Auch ein Besuch im Museum, der Blick in ein Buch oder ein YouTube-Film können helfen, sich wieder bewusst zu machen, dass die Milch nicht aus dem Tetra-Pack kommt und der Mais nicht aus der Dose. Eine bewusste Beziehung zur Natur zu entwickeln, ist natürlich nur ein Teil der großen Transformation, die ansteht, aber sie ist vielleicht die Grundlage für alles andere.

Zudem müssen wir der Natur wieder mehr Raum geben, und zwar nicht nur in Schutzgebieten, sondern überall. Jede und jeder kann auf dem Balkon anfangen und dort am besten statt Geranien Lavendel oder Salbei anpflanzen – beide sind bei Bienen besonders beliebt. Im Garten ist die Wiese besser als ein monotoner Rasen. Dann gibt es dort auch Schmetterlinge und Käfer, samenfressende Vögel und Igel. Auf chemische Pflanzenschutzmittel verzichten und den Garten naturnah belassen, die Wege nicht fugenlos pflastern, sondern wasserdurchlässig lassen, damit auch dort Grün sprießen kann, und den Nutzgarten mit Mischkulturen anlegen. Natur muss nicht großflächig sein, es gibt viele Möglichkeiten, sie wachsen zu lassen. Schon kleine Maßnahmen zeigen Wirkung auf die Natur, aber auch auf uns selbst. Denn der Umgang mit Pflanzen und Tieren an der frischen Luft macht nachweislich glücklich, stärkt das Immunsystem und das allgemeine Wohlbefinden. Es gibt sogar Hinweise darauf, dass es den Blutdruck senkt und Antidepressiva ersetzt[55].

Doch mehr Bewusstsein hier und ein Pflänzchen dort genügen nicht. Vielleicht die wichtigste Maßnahme ist ein verändertes Konsum- und Ernährungsverhalten (s. Kapitel 5). Das gilt ganz besonders für den Verzehr von tierischen Produkten, weil weltweit auf rund siebzig Prozent der Ackerfläche Pflanzen für Tiernahrung wachsen statt für die Ernährung von Menschen. Aber heißt das nun, wir müssten alle vegetarisch oder sogar vegan leben? Nicht unbedingt, die Antwort ist komplexer. Blütenreiche Wiesen und Weiden sind wichtige Horte reicher Biodiversität. Sie können allerdings nur existieren, wenn Kühe, Schafe oder Pferde darauf weiden, weil sich nur dann das Grünland für Landwirt*innen lohnt. Weil Tiere bei extensiver Beweidung mit ihrem Fressverhalten die Pflanzenvielfalt fördern[56] und weil sie diverse Kleinstlebensräume schaffen; selbst der Kot ist wertvoll und ein Tummelplatz für Mist- und Dungkäfer. Für den Erhalt dieser wertvollen Lebensräume dürfen wir aus Biodiversitätssicht daher auch Fleisch essen, aber von Weidetieren und nur in Maßen. Die Devise muss lauten: Zurück zum Sonntagsbraten. Ein oder zwei Mal die Woche Fleisch, mehr nicht, und dann von Hühnern, Schweinen, Schafen oder Rindern aus heimischer, am besten regionaler Weidehaltung.

Und an einer anderen Stelle können wir ebenfalls ganz individuell einen Unterschied machen: durch den Kauf von Bioprodukten, denn die Biodiversität ist im ökologischen Landbau deutlich höher als auf konventionell bewirtschafteten Flächen. Wer biozertifizierte Lebensmittel kauft, am besten noch passend zur Jahreszeit und aus der Gegend, leistet bereits damit einen wertvollen Beitrag. Auch bei Produkten aus den Tropen ist Bio gut, bei Kaffee, Kakao, Bananen oder Mangos. Hier kommt zwar der Transport mit allen Emissionen dazu, aber die sind, wenn die Produkte per Schiff (und nicht mit dem Flugzeug) kommen, im Vergleich gar nicht so hoch. Dafür kommt unser Geld bei den Erzeuger*innen im globalen Süden an, besonders dann, wenn die Waren auch noch unter hohen sozialen Standards fair angebaut und gehandelt werden.

Viele Menschen sagen, sie könnten sich Bioprodukte nicht leisten, zumal in Zeiten hoher Inflation. Wer jedoch darauf achtet, Lebensmittel nicht zu verschwenden, kann sich die etwas teureren Bioprodukte eher leisten. Allerdings könnte hier auch die Politik ansetzen und, wie von Landwirtschaftsminister Cem Özdemir vorgeschlagen, den Mehrwertsteuersatz auf Obst, Gemüse und Hülsenfrüchte senken, damit gesunde und pflanzenbasierte Lebensmittel weniger kosten. Vielleicht könnte man auch generell die Mehrwertsteuer auf Bioprodukte verringern; dann wären sie erschwinglicher.

Einen weiteren großen Beitrag könnten wir schließlich durch einen generell bewussten Einkauf leisten. Das gilt vor allem für Kleidung, oft aus Baumwolle, und Schuhe, oft aus Leder. Besonders die Herstellung von Baumwolle geht mit einem hohen Verbrauch an Insektiziden und Pflanzenschutzmitteln einher. Obwohl ihr Anbau nur rund 2,4 Prozent der globalen Ackerfläche ausmacht, steht sie für 22,5 Prozent des Verbrauchs von Insektiziden und für zehn Prozent der Pflanzenschutzmittel. Auch braucht sie sehr viel Wasser; zum Anbau von Baumwolle für ein T-Shirt sind 2.700 Liter Wasser nötig[57]. Von den Kleiderbergen, die jedes Jahr auf dem Müll oder in Verbrennungsanlagen landen, ganz zu schweigen. Nur ein Prozent der Altkleider kommt ins Recycling[58]. Das lässt nur einen Schluss zu: Weniger kaufen, Dinge reparieren, stopfen und wiederherstellen oder weiterreichen. Niemand ist perfekt, absolut konsequent und ohne Fehl. Wir alle kaufen überflüssige T-Shirts, essen nicht immer nur gesund und umweltfreundlich hergestellte Lebensmittel. Aber es geht um ein anderes Bewusstsein und um das ernsthafte Bemühen, das Richtige zu tun.

Als gemeinsame Aufgabe begreifen

Jede und jeder kann etwas unternehmen, lautet das Fazit, um die Biodiversität zu schützen. Es sind viele kleine Schritte und Maßnahmen, die ineinandergreifen müssen. Damit wir die Wende schaffen, die, um ein Wort der früheren Bundeskanzlerin Angela Merkel aus anderem Zusammenhang zu bemühen, »alternativlos« ist. Jedenfalls wenn wir als Menschen überleben wollen – und das können wir. Es ist noch nicht zu spät. Wenn wir die Kraft zur Veränderung nicht aufbringen, dann könnten wir natürlich auch einfach weitermachen, bis alles aufgebraucht ist. Aber niemand kann das wirklich wollen. Es ist klar, dass der Schutz der Biodiversität alle Länder und alle Bereiche der Gesellschaften betrifft, die Politik natürlich, doch auch die Wirtschaft, Wissenschaft, Bildung, Justiz, Kultur und last but not least jeden Einzelnen als Bürger*in und Konsument*in. Noch fristet das Thema ein Schattendasein, aber es muss mitten hinein in die politische und gesellschaftliche Auseinandersetzung. Es darf nicht länger als »Orchideenfach« und Luxus gelten, sondern als das, was es tatsächlich ist: unsere Lebensgrundlage und damit schiere Notwendigkeit.

10 Punkte für einen besseren Umgang mit der Natur

Wir alle können etwas beitragen

Seit jeher streben die Menschen danach, etwas zu hinterlassen auf dieser Erde. Sie bauen Häuser oder Brücken, erschaffen Kunstwerke oder Grabdenkmäler, schreiben Bücher, bekommen Kinder, führen Kriege. Doch dieser allzu menschliche Hang, das Leben zu gestalten und nach dem Ableben etwas zurückzulassen, hat sich im Laufe der Zeit verselbständigt: Wir hinterlassen zu viele Spuren. Durch unseren steigenden Konsum und unseren wachsenden Bedarf nach Infrastruktur verändern wir die Erde, produzieren immer mehr menschengemachte Erzeugnisse und Müll.

Die Spuren davon werden noch in Millionen Jahren sichtbar sein, selbst wenn wir unsere Gewohnheiten sofort ändern würden. Deshalb ist es jetzt an der Zeit, diesen Trend zu brechen und als Ziel zu formulieren, dass wir als Einzelne und Einzelner möglichst wenig materielle Spuren hinterlassen und stattdessen andere Werte in den Vordergrund stellen. Alle Glücksforschung zeigt, dass materielle Güter und Geld nur bis zu einem gewissen Grad Zufriedenheit bringen; darüber hinaus erzeugen sie kein zusätzliches Wohlbefinden.

Mindestens ebenso viel zählen andere Werte wie Gesundheit, Natur, Sozialleben, Sicherheit, Zeit oder das Gefühl, gebraucht und geschätzt zu werden.

Klar ist auch: Technische Fortschritte reichen nicht, um diese fatale Entwicklung in den Griff zu bekommen. Wissenschaftlichen Modellierungen zufolge benötigen wir, um unser Überleben zu sichern, einen fundamentalen Wandel, der jede und jeden einschließt und viele Lebensbereiche erfasst. Dass dabei auch Verzicht zu üben ist, gehört zur Wahrheit, der wir uns stellen müssen. Aber dadurch könnten wir mehr Lebensqualität gewinnen und vor allem mehr Sicherheit. Behalten wir unsere Gewohnheiten bei, sind Umweltrisiken und -katastrophen, wie wir sie heute bereits erleben, erst der Anfang.

Biodiversität lässt sich nicht mehr durch Einzelmaßnahmen retten; es genügt nicht, ein Auswilderungsprogramm für den bedrohten Waldrapp – einen schwarzen Ibis – zu starten oder einen neuen Nationalpark im Schwarzwald, in der Bretagne oder in Kamerun auszuweisen. So wichtig und gut solche Maßnahmen sind, sie reichen nicht. Wir brauchen eine, wissenschaftlich gesprochen, »fundamentale sozialökologische Transformation«. Es muss sich überall etwas ändern, in der Politik, in der Wirtschaft, in der Rechtsprechung, in der Land- und Forstwirtschaft und bei uns allen. Naturerhalt muss zu einem Primat aller Entscheidungen werden, denn der Verlust an Biodiversität bedroht unsere Existenz, unsere Zukunft und schränkt die Freiheiten der nächsten Generationen ein. Je früher wir die nötigen Veränderungen in Angriff nehmen, desto einfacher wird es. Denn irgendwann geraten wir in immer größere Abhängigkeiten, in sogenannte »Pfadabhängigkeiten«, weil wir zum Beispiel dem schwindenden Wasser hinterherbohren müssen, weil wir Böden haben, auf denen kaum etwas oder gar nichts mehr wächst, oder weil die Zahl der Bestäuber für unsere Nahrungspflanzen zurückgegangen ist.

Zu den wichtigsten Maßnahmen, die schnell ergriffen und angegangen werden müssen, zählen folgende zehn Punkte. Sie sind nicht alle gleichwertig und auch nicht alle gleich effektiv. Das ist keine im gründlichen wissenschaftlichen Diskurs bis ins letzte Detail ausgefeilte Liste der zehn wirksamsten Eingriffe. Stattdessen basiert sie auf Erkenntnissen, die wir aus Erfahrungen der letzten Jahrzehnte und aus den Recherchen für dieses Buch gewonnen haben und von denen wir denken, dass sich damit viel bewirken lässt:

1. 30 Prozent der Erde unter Schutz stellen, 30 Prozent davon unter strengen Schutz *(Politik und Naturschutz).*

    Bis zum Jahr 2030 sollten weltweit mindestens dreißig Prozent der Erdoberfläche effektiv geschützt werden (nicht nur auf dem Papier) – von heute 17 Prozent an Land und acht Prozent im Meer; davon dreißig Prozent, das heißt zehn Prozent der Gesamtfläche, mit wenig menschlichen Eingriffen, als Wildnis. Diese Gebiete können dann die Funktion von Archen der Biodiversität für die Zukunft übernehmen. Dabei gilt es, die besten und wichtigsten Flächen auszuwählen, und zusammen mit den Menschen vor Ort ein gutes, ausreichend finanziertes, nachhaltiges Schutzkonzept zu entwickeln und umzusetzen.

2. Den Anteil des Ökolandbaus global bis 2030 auf 25 Prozent erhöhen, hier kann die EU mit ihrer Biodiversitätsstrategie als Vorbild und der deutsche

Koalitionsvertrag als Referenz dienen *(Politik und Landwirtschaft)*.

Ökologischer Landbau fördert Biodiversität. Bisher macht er in Europa rund neun Prozent, weltweit erst 1,5 Prozent aus. Den Ökolandbau auszuweiten, bei uns in Europa, aber auch in Ländern des globalen Südens, dient der Gesundheit der Natur, der Gesundheit von Nutzpflanzen und -tieren und damit auch der Gesundheit der Menschen.

3. Naturschädliche Subventionen schrittweise bis 2030 um mindestens 500 Milliarden Dollar jährlich reduzieren *(Politik)*.

Heute gehen irrsinnig hohe Summen in die Förderung von fossilen Energien, umweltschädlicher Landwirtschaft und Fischerei. Diese müssen umgelenkt werden, um biodiversitätsfreundliche Maßnahmen, wie Renaturierung und ökologischen Landbau, zu fördern und soziale Härten abzufedern. Statt staatliche Mittel in die Ausbeutung und Zerstörung von Natur zu stecken, sollte damit genau das Gegenteil geschehen.

4. Berichtspflichten von Unternehmen und der Finanzbranche zu ihrem Einfluss auf Biodiversität weltweit bis 2030 festlegen, auch hier kann die EU als Vorbild dienen *(Politik und Unternehmen)*.

Solche Berichtspflichten machen den negativen (und positiven) Einfluss der Wirtschaft auf die Natur sicht- und messbar. Das dürfte zum Umdenken in Unternehmen, zum Umlenken von Investitionen und zu neuen Geschäftsmodellen führen. Denn: *There is no business on a dead planet.*

5. Den Anteil der Green Bonds, die Naturschutz finanzieren, von derzeit drei Prozent bis 2030 auf dreißig Prozent erhöhen *(Finanzwirtschaft)*.

Bisher steht der Klimaschutz, z. B. mithilfe von Windkraft und Solaranlagen, bei Green Bonds im Vordergrund. Das ist grundsätzlich gut und richtig. Doch wir brauchen mehr Finanzprodukte, deren Gelder in den Erhalt der Natur fließen, in den Arten- und Naturschutz oder den Ökolandbau.

6. Den Fleischkonsum radikal herunterschrauben und höchstens 300 Gramm pro Person und Woche essen, davon maximal 100 Gramm rotes Fleisch, idealerweise von Weidetieren *(jede und jeder)*.

Derzeit werden weltweit rund siebzig Prozent der Ackerfläche für Tierfutter verwendet, statt direkt der menschlichen Ernährung zu dienen. Ein geringerer Fleischkonsum wäre eine wichtige Voraussetzung, um Flächen für Biodiversität oder menschliche Ernährung zu schaffen, selbst bei weiterem Bevölkerungswachstum. Klimafreundlicher und gesünder ist pflanzenbasiertes Essen obendrein.

7. So wenig Lebensmittel wie möglich verschwenden *(jede und jeder, Restaurants, Unternehmen)*.

Allein Europa verschwendet 173 Kilogramm Lebensmittel pro Person und Jahr; rechnerisch fast ein halbes Kilo pro Tag. Diese Praxis möglichst abzustellen, spart Flächen für den Anbau. Es hilft zudem, den Wert von Lebensmitteln zu entdecken, macht Spaß und schont den Geldbeutel.

8. Sich fünfzehn Minuten am Tag oder zwei Stunden in der Woche mit der Natur beschäftigen (*jede und jeder*).

Den Balkon begrünen, Gemüse anbauen, im Park spazieren, in den Wald gehen, mit anderen über Kräuter sprechen etc. Die Beschäftigung hilft, ein engeres Verhältnis zur Natur zu entwickeln oder zu pflegen und deren vielfältigen Wert besser zu begreifen. Man schützt nur, was man liebt, man liebt nur, was man kennt. Außerdem dient es der Entspannung, Erholung, macht uns nachweislich gesünder und zufriedener.

9. Die Städte wo immer möglich begrünen; Balkone, Dächer, Seitenstreifen, Hinterhöfe etc. (*Stadtverwaltungen, jede und jeder*).

Das ist ein Gewinn für die Biodiversität, kühlt die Innenstädte, stärkt unsere Gesundheit und unser Wohlbefinden. Wichtig ist auch hier die Vielfalt: Bäume und Sträucher mit Blüten und Beeren statt Thuja, Wiesen statt Rasen, Totholz statt Rabatten – und das Ganze darf gerne etwas unordentlich aussehen; mit etwas Übung entdeckt das Auge auch darin Schönheit.

10. Medien, Filme, Bücher, Ausstellungen und Lernmaterialien müssen sich ernsthaft mit Natur auseinandersetzen, sie weder überhöhen noch ignorieren (*Journalist*innen, Pädagog*innen und Kulturschaffende*).

Das Thema Natur muss in die Politik- und Wirtschaftsteile der Zeitungen, nicht nur in die Rubriken »Vermischtes« oder »Panorama«. Es geht um mehr als Koalabären, Gorillas und Tiger: um Zusammenhänge, Ökosysteme und um die Natur als Existenzgrundlage.

Dafür braucht es eingängige Geschichten und Bilder, die Menschen auf unterschiedlichste Weise erreichen und uns immer wieder klarmachen, dass es auf jede und jeden Einzelnen ankommt.

Wir alle sind keine Heiligen. Niemand – oder vermutlich fast niemand – verhält sich so, wie wir es tun müssten, um im Einklang mit der Natur zu leben. Um, wie UN-Generalsekretär António Guterres es formuliert, Frieden mit der Natur zu schließen. Doch wir können daran arbeiten, alle miteinander und jede und jeder für sich. Die Maßnahmen sind ehrgeizig und zum Teil komplex in der Umsetzung, aber sie sind machbar und zumutbar. Es besteht mithin kein Grund für Fatalismus, aber ein Gebot zur Eile.

Anmerkungen

Kapitel 1
Am Wendepunkt der Erdgeschichte

1 Bennett, C. E., Thomas, R., Williams, M., ... & Marume, U. (2018). The broiler chicken as a signal of a human reconfigured biosphere. *Royal Society open science*, 5(12), 180 325. https://royalsocietypublish ing.org/doi/10.1098/rsos.180325.

2 Bennett, C. E., Thomas, R., Williams, M., ... & Marume, U. (2018). The broiler chicken as a signal of a human reconfigured biosphere. *Royal Society open science*, 5(12), 180 325. https://royalsocietypublish ing.org/doi/10.1098/rsos.180325.

3 Rosenberg, K. V., Dokter, A. M., Blancher, P. J., ... & Marra, P. P. (2019). Decline of the North American avifauna. *Science*, 366(6461), 120–124. https://www.science.org/doi/10.1126/science.aaw1313.

4 IPBES (2019). Summary for policymakers of the global assessment report on biodiversity and ecosystem services of the Intergovernmental Science-Policy Platform on Biodiversity and Ecosystem Services. Díaz, S., Settele, J., Brondízio, E. S., ... & Zayas C. N. (eds.). IPBES secretariat, Bonn, Germany. DOI: https://doi.org/10.5281/zenodo.3553458, Seite 24: Abschnitt 6.

5 IPBES (2019). Summary for policymakers of the global assessment report on biodiversity and ecosystem services of the Intergovernmental Science-Policy Platform on Biodiversity and Ecosystem Services. Díaz, S., Settele, J., Brondízio, E. S., ... & Zayas C. N. (eds.). IPBES secretariat, Bonn, Germany. DOI: https://doi.org/10.5281/zenodo.3553458, Seite 24: Abschnitt 4.

6 Neues vom Dodo, dem ausgerotteten Vogel (28.08.2017, aufgerufen am 22.11.2022). *Süddeutsche Zeitung*. https://www.sueddeutsche.de/

wissen/wissenschaft-neues-vom-dodo-dem-ausgerotteten-vogel-
dpa.urn-newsml-dpa-com-20090101-170827-99-796488.

7 Darchinger, J. H., erschienen in: Honnef, K. (2021) Josef Heinrich
   Darchinger. Wirtschaftswunder. Taschen. Seite 101.

8 Erhard, L. (1964). Wohlstand für alle (Aufl. 8). Econ. https://www.
   ludwig-erhard.de/wp-content/uploads/wohlstand_fuer_alle.pdf.

9 Carson, R. (2021). Der Stumme Frühling (Aufl. 6, Paperback).
   C.H.Beck. Seite 24.

10 Hammarsjköld, D. (1955). Annual Report of the Secretary-General
   on the Work of the Organization. United Nations. https://www.un.
   org/depts/dhl/dag/docs/a2911e.pdf.

11 Hammarsjköld, D. [HammarskjoldProject]. (20.08.2011, aufgerufen
   am 22.11.2022). Dag Hammarskjöld speech on United Nations Day
   (1954) [Video]. YouTube. https://www.youtube.com/watch?v=
   HuppZpNG3kQ.

12 Meadows, D. L., Meadows, D. H. & Zahn, E. (1972). Die Grenzen
   des Wachstums. Bericht des Club of Rome zur Lage der Menschheit. Deutsche Verlagsgesellschaft (DVA).

13 Steffen, W., Broadgate, W., Deutsch, L., ... & Ludwig, C. (2015). The
   trajectory of the Anthropocene: the great acceleration. *The Anthropocene Review*, 2(1), 81–98. https://journals.sagepub.com/doi/full/
   10.1177/2053019614564785.

14 Dasgupta, P. (2021), The Economics of Biodiversity: The Dasgupta
   Review. HM Treasury. https://assets.publishing.service.gov.uk/
   government/uploads/system/uploads/attachment_data/file/962785/
   The_Economics_of_Biodiversity_The_Dasgupta_Review_Full_
   Report.pdf. Seite 25: Tabelle 0.2.

15 Dasgupta, P. (2021), The Economics of Biodiversity: The Dasgupta
   Review. HM Treasury. https://assets.publishing.service.gov.uk/
   government/uploads/system/uploads/attachment_data/file/962785/
   The_Economics_of_Biodiversity_The_Dasgupta_Review_Full_
   Report.pdf. Seite 23: Tabelle 0.1.

16 Steffen, W., Broadgate, W., Deutsch, L., ... & Ludwig, C. (2015). The
   trajectory of the Anthropocene: the great acceleration. *The Anthropocene Review*, 2(1), 81–98. https://journals.sagepub.com/doi/full/
   10.1177/2053019614564785

17 Dasgupta, P. (2021), The Economics of Biodiversity: The Dasgupta
   Review. HM Treasury. https://assets.publishing.service.gov.uk/
   government/uploads/system/uploads/attachment_data/file/962785/

The_Economics_of_Biodiversity_The_Dasgupta_Review_Full_
Report.pdf. Seite 23: Tabelle 0.1 und Seite 25: Tabelle 0.2.

18 Steffen, W., Broadgate, W., Deutsch, L., … & Ludwig, C. (2015). The
trajectory of the Anthropocene: the great acceleration. *The Anthropocene Review*, *2*(1), 81–98. https://journals.sagepub.com/doi/full/
10.1177/2053019614564785.

19 Bundesministerium für wirtschaftliche Zusammenarbeit & Entwicklung (aufgerufen am 22.11.2022). Biodiversität erhalten – Überleben
sichern. BMZ. https://www.bmz.de/de/themen/biodiversitaet.

Kapitel 2
Das große Sterben

1 Häfner, R. (05.05.2021, aufgerufen am 23.11.2022). Geier: Beweis für
ersten toten Geier durch Diclofenac in Europa. GEO. https://www.
geo.de/natur/tierwelt/geier--beweis-fuer-ersten-toten-geier-durch-
diclofenac-in-europa-30514490.html.

2 Markandya, A., Taylor, T., Longo, A., … & Dhavala, K. (2008).
Counting the cost of vulture decline – an appraisal of the human
health and other benefits of vultures in India. *Ecological Economics*,
67(2), 194–204. https://www.sciencedirect.com/science/article/pii/
S092180090800178X.

3 Markandya, A., Taylor, T., Longo, A., … & Dhavala, K. (2008).
Counting the cost of vulture decline – an appraisal of the human
health and other benefits of vultures in India. *Ecological Economics*,
67(2), 194–204. https://www.sciencedirect.com/science/article/pii/
S092180090800178X.

4 Häfner, R. (05.05.2021, aufgerufen am 23.11.2022). Geier: Beweis für
ersten toten Geier durch Diclofenac in Europa. GEO. https://www.
geo.de/natur/tierwelt/geier--beweis-fuer-ersten-toten-geier-durch-
diclofenac-in-europa-30514490.html.

5 KfW Bankengruppe (2021). Artenvielfalt erhalten. Wie die KfW
Entwicklungsbank Biodiversität fördert. KfW Bankengruppe.
https://www.kfw-entwicklungsbank.de/PDF/Entwicklungsfinanzie
rung/Themen/2021_BiodivBroschuere_DE.pdf. Seite 6.

6 15. Entwicklungspolitischer Bericht der Bundesregierung, Druck-
sache 18/12 300 (27.04.2017). https://dserver.bundestag.de/btd/18/
123/1812300.pdf. Seite 4.

7 Planet Wissen. (26.02.2018, aufgerufen am 23.11.2022). Evolution in 24 Stunden [Video]. planet-wissen.de. https://www.planet-wissen.de/video-evolution-in--stunden-100.html.

8 Kiprop, V. (20.03.2018, aufgerufen am 23.11.2022). How Many Animals Are There In The World ? WorldAtlas.com. https://www.worldatlas.com/articles/how-many-animals-are-there-in-the-world.html.

9 Jördens, J. & Mulch, A. (15.02.2022, aufgerufen am 23.11.2022). »Der quakt doch anders …« – Fast 300 Arten neu beschrieben. senckenberg.de. https://www.senckenberg.de/de/pressemeldungen/der-quakt-doch-anders-fast-300-arten-neu-beschrieben/.

10 Flier, C. (01.12.2011, aufgerufen am 23.11.2022). Schwerbewaffnete Terminator-Spinne und Blauwal in Miniaturausführung. WEB.de. https://web.de/magazine/wissen/schwerbewaffnete-terminator-spinne-blauwal-miniaturausfuehrung-5842730.

11 Glaubrecht, M. (2021). Das Ende der Evolution. Der Mensch und die Vernichtung der Arten. Pantheon. Seite 416.

12 Glaubrecht, M. (2021). Das Ende der Evolution. Der Mensch und die Vernichtung der Arten. Pantheon. Seite 415.

13 Ritchie, H. & Roser, M. (2021, aufgerufen am 23.11.2022). Forest and Deforestation. OurworldinData.org. https://ourworldindata.org/deforestation.

14 World Wide Fund For Nature (2022). Living Planet Report 2022 – Building a positive future in a volatile world. Almond, R. E. A., Grooten, M., Juffe Bignoli, D. & Petersen, T. (Eds). WWF, Gland, Switzerland. https://www.wwf.de/fileadmin/fm-wwf/Publikationen-PDF/WWF/WWF-lpr-living-planet-report-2022-kurzfassung.pdf. Seite 6.

15 May, H. (aufgerufen am 23.11.2022). Seltene Arten gerettet, häufige Arten gefährdet. Zur Roten Liste der Brutvögel Deutschlands 2016. NABU.de. https://www.nabu.de/tiere-und-pflanzen/voegel/artenschutz/rote-listen/21034.html.

16 Experten: »Das Rebhuhn verschwindet« (28.11.2019, aufgerufen am 23.11.2022). *Die Zeit*. https://www.zeit.de/news/2019-11/28/experten-das-rebhuhn-verschwindet.

17 NABU (aufgerufen am 23.11.2022). Der Star. NABU.de. https://www.nabu.de/tiere-und-pflanzen/voegel/portraets/star/.

18 NABU (aufgerufen am 23.11.2022). Stiller Rückgang beim Bestand. Lebensraum und Verbreitung des Stars. NABU.de. https://www.

nabu.de/tiere-und-pflanzen/aktionen-und-projekte/vogel-des-jahres/star/infos/23210.html.

19 IUCN (2022, aufgerufen am 23.11.2022). The IUCN Red List of Threatened Species. Version 2022–1. https://www.iucnredlist.org.

20 World Wide Fund For Nature (04.10.2022, aufgerufen am 23.11. 2022). Die Rote Liste bedrohter Tier- und Pflanzenarten. WWF. https://www.wwf.de/themen-projekte/artenschutz/rote-liste-gefaehrdeter-arten.

21 IUCN (2022, aufgerufen am 23.11.2022). The IUCN Red List of Threatened Species. Version 2022–1. IUCN. https://www.iucnredlist.org.

22 IUCN (2022, aufgerufen am 23.11.2022). The IUCN Red List of Threatened Species. Version 2022–1. IUCN. https://www.iucnredlist.org.

23 Glaubrecht, M. (2021). Das Ende der Evolution. Der Mensch und die Vernichtung der Arten. Pantheon. Seite 416.

24 Glaubrecht, M. (2021). Das Ende der Evolution. Der Mensch und die Vernichtung der Arten. Pantheon. Seite 421.

25 Elhacham, E., Ben-Uri, L., Grozovski, J., … & Milo, R. (2020). Global human-made mass exceeds all living biomass. *Nature*, *588*(7838), 442–444. https://www.nature.com/articles/s41586-020-3010-5?s=09.

26 Kann, D. (09.12.2022, aufgerufen am 23.11.2022). Human-made materials may now outweigh all living things on Earth, report finds. CNN. https://edition.cnn.com/2020/12/09/world/human-made-mass-exceeds-biomass-report-2020/index.html.

27 Smil, V. (2011). Harvesting the biosphere: The human impact. *Population and Development Review*, *37*(4), 613–636. https://onlinelibrary.wiley.com/doi/abs/10.1111/j.1728-4457.2011.00450.x.

28 IPBES (2019). Summary for policymakers of the global assessment report on biodiversity and ecosystem services of the Intergovernmental Science-Policy Platform on Biodiversity and Ecosystem Services. Díaz, S., Settele, J., Brondízio, E. S., … & Zayas C. N. (eds.). IPBES secretariat, Bonn, Germany. DOI: https://doi.org/10.5281/zenodo.3553458, Seite 24: Abschnitt 5.

29 Food and Agriculture Organization of the United Nations & United Nations Environment Programme (2020). The State of the World's Forests 2020. Forests, biodiversity and people. FAO, Rome, Italy. https://doi.org/10.4060/ca8642en. Seite 12 f. Berechnet auf Basis der Verlustzahlen der FAO.

30 Food and Agriculture Organization of the United Nations & United Nations Environment Programme (2020). The State of the World's Forests 2020. Forests, biodiversity and people. FAO, Rome, Itlay. https://doi.org/10.4060/ca8642en. Seite 10.

31 World Wide Fund For Nature (2021) Plastics: The costs to society, the environment and the economy.
DeWit, W., Burns, E., Guinchard, J. C. & Ahmed, N. (Eds). WWF, Gland, Switzerland. https://www.wwf.at/wp-content/uploads/2021/09/WWF-Plastik-Report-English.pdf. Seite 6.

32 Ellen MacArthur Foundation. (2017). The New Plastics Economy: Rethinking the future of plastics & catalysing action. https://emf.thirdlight.com/file/24/RrpCWLER-yBWPZRrwSoRrB9KM2/The%20New%20Plastics%20Economy%3A%20Rethinking%20the%20future%20of%20plastics%20%26%20catalysing%20action.pdf. Seite 12.

33 Tieso, I. (27.07.2022, aufgerufen am 23.11.2022). Global plastic production 1950–2020. Statista.com. https://www.statista.com/statistics/282732/global-production-of-plastics-since-1950/.

34 Blue Action Fund (2022). A Lifeline for the Ocean. Blue Action Fund, Frankfurt am Main, Germany. https://www.blueactionfund.org/wp-content/uploads/2019/04/About_us_brochure.pdf.

35 Bosch, T., Colijn, F., Ebinghaus, R., Körtzinger, A., … & Voss, R. (2010). World Ocean Review 2010: Mit den Meeren leben. Maribus. https://worldoceanreview.com/wp-content/downloads/wor1/WOR1_de.pdf. Seite 122: Abbildung 6.4.

36 IUCN (2022, aufgerufen am 23.11.2022). The IUCN Red List of Threatened Species. Version 2022–1. https://www.iucnredlist.org.

37 IPBES (2019). Summary for policymakers of the global assessment report on biodiversity and ecosystem services of the Intergovernmental Science-Policy Platform on Biodiversity and Ecosystem Services. Díaz, S., Settele, J., Brondízio, E. S., … & Zayas C. N. (eds.). IPBES secretariat, Bonn, Germany. DOI: https://doi.org/10.5281/zenodo.3553458, Seite 24: Abschnitt 6.

38 IPBES (2019). Summary for policymakers of the global assessment report on biodiversity and ecosystem services of the Intergovernmental Science-Policy Platform on Biodiversity and Ecosystem Services. Díaz, S., Settele, J., Brondízio, E. S., … & Zayas C. N. (eds.). IPBES secretariat, Bonn, Germany. DOI: https://doi.org/10.5281/zenodo.3553458, Seite 16: Abschnitt C5.

39 Dasgupta, P. (2021), The Economics of Biodiversity: The Dasgupta
    Review. HM Treasury. https://assets.publishing.service.gov.uk/
    government/uploads/system/uploads/attachment_data/file/962785/
    The_Economics_of_Biodiversity_The_Dasgupta_Review_Full_
    Report.pdf. Seite 97: Abbildung 3.3.1.
40 Holbrook, S. J., Schmitt, R. J., Adam, T. C., & Brooks, A. J. (2016).
    Coral reef resilience, tipping points and the strength of herbivory.
    Scientific Reports, 6(1), 1–11.
41 Hillebrand, H., Donohue, I., Harpole, W. S., ... & Freund, J. A.
    (2020). Thresholds for ecological responses to global change do not
    emerge from empirical data. *Nature Ecology & Evolution, 4*(11),
    1502–1509.
42 Reef Resilience Network (aufgerufen am 23.11.2022). Dornkronen
    Seestern. reefresilience.org. https://reefresilience.org/de/stressors/
    predator-outbreaks/crown-of-thorns-starfish/.
43 Peters, M. K., Hemp, A., Appelhans, T., ... & Steffen-Dewenter, I.
    (2019). Climate–land-use interactions shape tropical mountain bio-
    diversity and ecosystem functions. *Nature, 568*(7750), 88–92.
44 Dillinger, K. (27.02.2022, aufgerufen am 23.11.2022). Studies offer
    further evidence that the coronavirus pandemic began in animals
    in Wuhan market. CNN. https://edition.cnn.com/2022/02/26/
    health/coronavirus-origins-studies/index.html.
45 IPBES (2020) Workshop Report on Biodiversity and Pandemics of
    the Intergovernmental Platform on Biodiversity and Ecosystem
    Services. Daszak, P., Amuasi, J., das Neves, C. G., ... & Ngo, H. T.
    IPBES secretariat, Bonn, Germany, DOI: https://doi.org/10.5281/
    zenodo.4147317. Seite 11 und Seite 46.
46 Randall, I. (08.04.2021, aufgerufen am 23.11.2022). ›The path to
    pandemics‹: UN warns of 1.7 m undiscovered viruses in nature –
    HALF of which could infect humans. *Daily Mail.* https://www.
    dailymail.co.uk/sciencetech/article-9450099/Health-report-warns-
    1-7-MILLION-undiscovered-viruses-nature-half-infect-us.html.
47 Senckenberg (aufgerufen am 23.11.2022). Alle Wildtiermärkte
    schließen ist zu kurz gedacht – Im Gespräch mit Forscher Stefan
    Prost. senckenberg.de. https://www.senckenberg.de/de/presse/
    senckenberg-packt-aus/reportage-stefan-prost/.
48 IPBES (2020) Workshop Report on Biodiversity and Pandemics of
    the Intergovernmental Platform on Biodiversity and Ecosystem
    Services. Daszak, P., Amuasi, J., das Neves, C. G., ... & Ngo, H. T.,

IPBES secretariat, Bonn, Germany, DOI: https://doi.org/10.5281/
zenodo.4147317. Seite 2.

49 World Economic Forum (2022). The Global Risks Report 2022–17th
Edition. Franco, E. G., Kuritzky, M., Lukacs, R. & Zahidi, S. WEF,
Geneva, Switzerland. https://www3.weforum.org/docs/WEF_The_
Global_Risks_Report_2022.pdf. Seite 14.

50 United Nations Environment Programme (2021). Making Peace
with Nature: A scientific blueprint to tackle the climate, biodiversity and pollution emergencies. UNEP, Nairobi, Kenya. https://
www.unep.org/resources/global-assessments-sythesis-report-path-
to-sustainable-future. Seite 4. Im Original: »Humanity is waging
war on nature. This is senseless and suicidal.«

Kapitel 3
Wozu die ganze Pracht?

1 Dichmann, M. & Ludwig, M. (21.08.2019, aufgerufen am 25.11.
2022). Der Regenwurm ist bedroht. Deutschlandfunk Nova. https://
www.deutschlandfunknova.de/beitrag/regenwurm-ein-drittel-der-
arten-gilt-als-bedroht.

2 Bolte, A., Sanders, T. & Wellbrock (27.05.2022, aufgerufen am 25.11.
2022). Waldschäden durch Trockenheit und Hitze. thuenen.de.
https://www.thuenen.de/de/themenfelder/waelder/forstliches-
umweltmonitoring-mehr-als-nur-daten/waldschaeden-durch-
trockenheit-und-hitze.

3 Podbregar, N. (11.05.2018, aufgerufen am 25.11.2022). Mischwälder
sind widerstandsfähiger. Wissenschaft.de. https://www.wissen
schaft.de/erde-umwelt/mischwaelder-sind-widerstandsfaehiger/.

4 Petrovska, B. B. (2012). Historical review of medicinal plants' usage.
Pharmacognosy Reviews, 6(11), 1.

5 Laatsch, H. (2000). Mikroorganismen als biologische Quelle neuer
Wirkstoffe. Kayser, O. & Müller, R. H. (eds.). Pharmazeutische Bio-
technologie (1). Wissenschaftliche Verlagsgesellschaft. Stuttgart,
Germany. Seite 13–43.

6 Latham, K. (09.10.2021, aufgerufen am 29.11.2022). How biodiversity loss is jeopardizing the drugs of the future. *The Guardian*.
https://www.theguardian.com/environment/2021/oct/09/how-
biodiversity-loss-is-jeopardising-the-drugs-of-the-future.

7 World Health Organization (31.07.2020, aufgerufen am 29.11.2022). Antibiotic resistance. WHO. https://www.who.int/news-room/fact-sheets/detail/antibiotic-resistance.

8 Latham, K. (09.10.2021, aufgerufen am 29.11.2022). How biodiversity loss is jeopardizing the drugs of the future. *The Guardian*. https://www.theguardian.com/environment/2021/oct/09/how-biodiversity-loss-is-jeopardising-the-drugs-of-the-future.

9 European Food Safety Authority (aufgerufen am 29.11.2022). Aflatoxine in Lebensmitteln. EFSA. https://www.efsa.europa.eu/de/topics/topic/aflatoxins-food.

10 Bundesamt für Risikobewertung (aufgerufen am 29.11.2022). Aflatoxine. BfR. https://www.bfr.bund.de/de/a-z_index/aflatoxine-5225.html.

11 Koblmiller, C. (25.06.2019, aufgerufen am 29.11.2022). 5 Beispiele für Bionik im Leichtbau. Leichtbauwelt.de. https://www.leichtbauwelt.de/5-beispiele-fuer-bionik-im-leichtbau/#:~:text=5%20Beispiele%20f%C3%BCr%20Bionik%20im%20Leichtbau%201%20Der,3%20Der%20technische%20Pflanzenhalm.%20...%20Weitere%20Artikel...%20.

12 Nanotol (aufgerufen am 29.11.2022). Der Lotuseffekt – ein physikalisches Phänomen. nanotol.de. https://www.nanotol.de/lotuseffekt.

13 Rath, M. (16.08.2015, aufgerufen am 29.11.2022). So ein Mist ... – Guano-Gesetz von 1856. LTO. https://www.lto.de/recht/feuilleton/f/rechtsgeschichte-usa-inseln-guano-island-acts/.

14 Gampert, C. (25.07.2011, aufgerufen am 29.11.2022). Die turbulente Geschichte eines kleinen Inselstaates. Deutschlandfunk. https://www.deutschlandfunk.de/die-turbulente-geschichte-eines-kleinen-inselstaates-100.html.

15 IPBES (2016): Summary for policymakers of the assessment report of the Intergovernmental Science-Policy Platform on Biodiversity and Ecosystem Services on pollinators, pollination and food production. Potts, S. G., Imperatriz-Fonseca, V. L., Ngo, H. T., ... & Viana, B. F. (eds.). IPBES secretariat, Bonn, Germany. DOI: https://doi.org/10.5281/zenodo.2616458. Seite 8: Abschnitt 1 und 2.

16 IPBES (2016): Summary for policymakers of the assessment report of the Intergovernmental Science-Policy Platform on Biodiversity and Ecosystem Services on pollinators, pollination and food production. Potts, S. G., Imperatriz-Fonseca, V. L., Ngo, H. T., ... & Viana, B. F. (eds.). IPBES secretariat, Bonn, Germany. DOI: https://doi.org/10.5281/zenodo.2616458. Seite 8: Abschnitt 2.

17 IPBES (2016): Summary for policymakers of the assessment report of the Intergovernmental Science-Policy Platform on Biodiversity and Ecosystem Services on pollinators, pollination and food production. Potts, S. G., Imperatriz-Fonseca, V. L., Ngo, H. T., … & Viana, B. F. (eds.). IPBES secretariat, Bonn, Germany. DOI: https://doi.org/10.5281/zenodo.2616458. Seite 8: Abschnitt 3.

18 IPBES (2016): Summary for policymakers of the assessment report of the Intergovernmental Science-Policy Platform on Biodiversity and Ecosystem Services on pollinators, pollination and food production. Potts, S. G., Imperatriz-Fonseca, V. L., Ngo, H. T., … & Viana, B. F. (eds.). IPBES secretariat, Bonn, Germany. DOI: https://doi.org/10.5281/zenodo.2616458. Seite 14.

19 Bayerisches Staatsministerium für Umwelt und Verbraucherschutz (aufgerufen am 29.11.2022). Volksbegehren »Artenvielfalt und Naturschönheit in Bayern«. Bayerisches Staatsministerium für Umwelt und Verbraucherschutz. https://www.stmuv.bayern.de/themen/naturschutz/bayerns_naturvielfalt/volksbegehren_artenvielfalt/index.htm.

20 Roth, D. (08.02.2022, aufgerufen am 29.11.2022). »Rettet die Bienen«: Was das Volksbegehren in Bayern gebracht hat. *National Geographic*. https://www.nationalgeographic.de/umwelt/2022/02/rettet-die-bienen-was-das-volksbegehren-in-bayern-gebracht-hat.

21 IPBES (2016): Summary for policymakers of the assessment report of the Intergovernmental Science-Policy Platform on Biodiversity and Ecosystem Services on pollinators, pollination and food production. Potts, S. G., Imperatriz-Fonseca, V. L., Ngo, H. T., … & Viana, B. F. (eds.). IPBES secretariat, Bonn, Germany. DOI: https://doi.org/10.5281/zenodo.2616458. Seite 23.

22 Hemp, A. (2005). Climate change-driven forest fires marginalize the impact of ice cap wasting on Kilimanjaro. *Global Change Biology*, *11*(7), 1013–1023.

23 Padberg, A. (aufgerufen am 29.11.2022). Tsunami – Gefahr aus dem Meer. Welthungerhilfe. https://www.welthungerhilfe.de/informieren/themen/klimawandel/naturkatastrophen/tsunami-ursachen-und-hintergruende/.

24 World Wide Fund For Nature (28.10.2005, aufgerufen am 29.11.2022). Mangroves Shielded Communities Against Tsunami. *ScienceDaily*. www.sciencedaily.com/releases/2005/10/051028141252.htm.

25 Deutsche Stiftung Meeresschutz (aufgerufen am 29.11.2022). Mang-
roven und Mangrovenwälder. Deutsche Stiftung Meeresschutz.
https://www.stiftung-meeresschutz.org/foerderung/mangroven/.

26 Deutsche Stiftung Meeresschutz (aufgerufen am 29.11.2022). Mang-
roven und Mangrovenwälder. Deutsche Stiftung Meeresschutz.
https://www.stiftung-meeresschutz.org/foerderung/mangroven/.

27 Earth Economics (2021). The Sociocultural Significance of Pacific
Salmon to Tribes and First Nations. https://static1.squarespace.com/
static/561dcdc6e4b039470e9afc00/t/60c257dd24393c6a6c1bee54/
1623349236375/The-Sociocultural-Significance-of-Salmon-to-
Tribes-and-First-Nations.pdf.

28 Methorst, J., Bonn, A., Marselle, M., ... & Rehdanz, K. (2021).
Species richness is positively related to mental health – a study for
Germany. *Landscape and Urban Planning, 211*, 104 084.

29 Methorst, J., Rehdanz, K., Mueller, T., Hansjürgens, B., Bonn, A., &
Böhning-Gaese, K. (2021). The importance of species diversity for
human well-being in Europe. *Ecological Economics, 181*, 106 917.

30 IPBES (2019). Summary for policymakers of the global assessment
report on biodiversity and ecosystem services of the Intergovernmental Science-Policy Platform on Biodiversity and Ecosystem Services. Díaz, S., Settele, J., Brondízio, E. S., ... & Zayas C. N. (eds.).
IPBES secretariat, Bonn, Germany. DOI: https://doi.org/10.5281/
zenodo.3553458, Seite 23: Grafik SPM.1.

31 IPBES (2019). Summary for policymakers of the global assessment
report on biodiversity and ecosystem services of the Intergovernmental Science-Policy Platform on Biodiversity and Ecosystem Services. Díaz, S., Settele, J., Brondízio, E. S., ... & Zayas C. N. (eds.).
IPBES secretariat, Bonn, Germany. DOI: https://doi.org/10.5281/
zenodo.3553458, Seite 22: Abschnitt 1.

32 World Wide Fund For Nature (2020). WWF-Analyse: Waldverlust
in Zeiten der Corona-Pandemie – Holzeinschlag in den Tropen.
Winter, S. & Shapiro, A. (eds.). WWF-Deutschland, Berlin, Ger-
many. https://www.wwf.de/fileadmin/fm-wwf/Publikationen-PDF/
WWF-Analyse-Waldverlust-in-Zeiten-der-Corona-Pandemie.pdf.
Seite 11.

33 Bundesministerium für wirtschaftliche Zusammenarbeit und
Entwicklung (2014). Nachhaltige Energie für Entwicklung – Die
Deutsche Entwicklungszusammenarbeit im Energiesektor. BMZ.
https://www.bmz.de/resource/blob/23324/c258bb62cb8026cc6bb80f

cf3682dfod/materialie236-informationsbroschuere-01-2014-data.pdf. Seite 20.

34 Dasgupta, P. (2021), The Economics of Biodiversity: The Dasgupta Review. HM Treasury. https://assets.publishing.service.gov.uk/ government/uploads/system/uploads/attachment_data/file/962785/ The_Economics_of_Biodiversity_The_Dasgupta_Review_Full_ Report.pdf. Seite 37.

35 United Nations Environment Programme (2021). Making Peace with Nature: A scientific blueprint to tackle the climate, biodiversity and pollution emergencies. UNEP, Nairobi, Kenya. https:// www.unep.org/resources/global-assessments-sythesis-report-path-to-sustainable-future. Seite 4.

36 Bundesministerium für wirtschaftliche Zusammenarbeit & Entwicklung (2020). In Biodiversität investieren – Überleben sichern. BMZ. https://www.bmz.de/resource/blob/49492/2c10fb289ca228faa 9c56398877e013e/smaterialie525-biodiversitaet-data.pdf.

37 Howe, H. F., & Smallwood, J. (1982). Ecology of seed dispersal. *Annual Review of Ecology and Systematics, 13*, 201–228.

38 Hachtel, W. (01.03.1999, aufgerufen am 29.11.2022). Killerwale dezimieren Seeotter. *Spektrum*. https://www.spektrum.de/magazin/ killerwale-dezimieren-seeotter/825251.

39 Estes, J. A., Tinker, M. T., Williams, T. M., & Doak, D. F. (1998). Killer whale predation on sea otters linking oceanic and nearshore ecosystems. *Science, 282*(5388), 473–476.

40 Hachtel, W. (01.03.1999, aufgerufen am 29.11.2022). Killerwale dezimieren Seeotter. *Spektrum*. https://www.spektrum.de/magazin/ killerwale-dezimieren-seeotter/825251.

41 Albat, D. (14.03.2022). Artenreiche Tangwälder. Wissenschaft.de. https://www.wissenschaft.de/erde-umwelt/artenreiche-tangwaelder/.

42 Hachtel, W. (01.03.1999, aufgerufen am 29.11.2022). Killerwale dezimieren Seeotter. *Spektrum*. https://www.spektrum.de/magazin/ killerwale-dezimieren-seeotter/825251.

43 Schulze, S. (14.06.2022). Biologische Vielfalt – Unsere gemeinsame Verantwortung. BMZ. https://www.bmz.de/de/aktuelles/reden/ ministerin-svenja-schulze/220614-rede-schulze-biodiversitaet-113732.

Kapitel 4
Nein, es ist nicht Plastik

1 Sea Turtle Biologist (11.08.2015, aufgerufen am 01.12.2022). Sea Turtle with Straw up its Nostril – »NO« TO SINGLE-USE PLASTIC [Video]. YouTube. https://www.youtube.com/watch?v=4wH878t78bw.

2 Sea Turtle Biologist (11.08.2015, aufgerufen am 01.12.2022). Sea Turtle with Straw up its Nostril – »NO« TO SINGLE-USE PLASTIC [Video]. YouTube. https://www.youtube.com/watch?v=4wH878t78bw.

3 IPBES (2019). Summary for policymakers of the global assessment report on biodiversity and ecosystem services of the Intergovernmental Science-Policy Platform on Biodiversity and Ecosystem Services. Díaz, S., Settele, J., Brondízio, E. S., … & Zayas C. N. (eds.). IPBES secretariat, Bonn, Germany. DOI: https://doi.org/10.5281/zenodo.3553458, Seite 13: Abschnitt B3.

4 Plastic Ocean Project (aufgerufen am 01.12.2022). Jo Ruxton. plasticoceanproject.org. https://www.plasticoceanproject.org/joruxton.html.

5 Bundesregierung Deutschland (04.07.2021, aufgerufen am 01.12.2022). Einweg-Plastik wird verboten. Bundesregierung Deutschland. https://www.bundesregierung.de/breg-de/themen/nachhaltigkeitspolitik/einwegplastik-wird-verboten-1763390.

6 Deliciouseday (02.04.2012, aufgerufen am 01.12.2022). First Country to Ban Plastic Bag: Rwanda! http://www.thedeliciousday.com/environment/rwanda-plastic-bag-ban/.

7 Buchholz, K. (02.07.2021, aufgerufen am 01.12.2022). The Countries Banning Plastic Bags. Statista.com. https://www.statista.com/chart/14120/the-countries-banning-plastic-bags/#:~:text=According%20to%20a%20United%20Nations%20paper%20and%20several,limit%20plastic%20bag%20use%20are%20located%20in%20Europe.

8 Karlsruher Institut für Technologie (12.05.2021, aufgerufen am 01.12.2022). Globale Landnutzungsänderung größer als gedacht. KIT. https://www.kit.edu/kit/pi_2021_044_globale-landnutzungsanderungen-grosser-als-gedacht.php.

9 Winkler, K., Fuchs, R., Rounsevell, M., & Herold, M. (2021). Global

land use changes are four times greater than previously estimated. *Nature Communications, 12*(1), 1–10.

10 Die Gold-Flüsse im Inka-Land – und ihre dunkle Seite (12.02.2021, aufgerufen am 01.12.2022). *Stern.* https://www.stern.de/panorama/ weltgeschehen/spektakulaeres-nasa-foto-zeigt-die-gold-fluesse-im-ehemaligen-inka-reich-30374224.html.

11 Nasa-Fotots zeigen riesige »Gold-Flüsse« (12.02.2021, aufgerufen am 01.12.2022). n-tv. https://www.n-tv.de/wissen/Nasa-Fotos-zeigen-riesige-Gold-Fluesse-article22357414.html.

12 Leitzell, K. (06.02.2009, aufgerufen am 01.12.2022). Finite Forests. EarthData. https://www.earthdata.nasa.gov/learn/sensing-our-planet/finite-forests.

13 World Wide Fund For Nature (aufgerufen am 01.12.2022). State of Forests in Kenya. WWF-Kenya. https://www.wwfkenya.org/keep_kenya_breathing_/state_of_forest_in_kenya/.

14 Mbuvi, S. (18.06.2021, aufgerufen am 01.12.2022). Forests and Forest Cover in Kenya. kenyacradle.com. https://kenyacradle.com/forest-in-kenya/.

15 Kenya has lost nearly half its forests – time for the young to act (12.08.2019, aufgerufen am 01.12.2022). theafricareport.com. https:// www.theafricareport.com/16150/kenya-has-lost-nearly-half-its-forests-time-for-the-young-to-act/.

16 United Nations (aufgerufen am 01.12.2022). Kenya Demographic Profiles Line Charts. population.un.org. https://population.un.org/ wpp/Graphs/DemographicProfiles/Line/404.

17 Kenya Population Growth Rate 1950–2022 (aufgerufen am 01.12. 2022). macrotrends.net. https://www.macrotrends.net/countries/ KEN/kenya/population-growth-rate.

18 Deutsch-Französisches Institut (aufgerufen am 01.12.2022). Tullas Rheinkorrektur. Deutsch-Französisches Institut. http://www. nachhaltige-entwicklung-bilingual.eu/de/erinnerungsorte/die-rheinkorrektur/tullas-rheinkorrektur.html.

19 Töpfer, K. & Bauer, F. (2007). Arche in Aufruhr: Was wir tun müssen, um die Erde zu retten: Was wir tun können, um die Erde zu retten. S. Fischer Verlag.

20 Kölz, B. & Stadler, G. (2019, aufgerufen am 01.12. 2022). Der Tagliamento – König der Alpenflüsse [Video]. 3Sat.de. https://www.3sat. de/dokumentation/natur/der-tagliamento-108.html.

21 IPBES (2019). Summary for policymakers of the global assessment

report on biodiversity and ecosystem services of the Intergovernmental Science-Policy Platform on Biodiversity and Ecosystem Services. Díaz, S., Settele, J., Brondízio, E. S., … & Zayas C. N. (eds.). IPBES secretariat, Bonn, Germany. DOI: https://doi.org/10.5281/zenodo.3553458, Seite 12: Abschnitt B1.

22 Ritchie, H. & Roser, M. (09.2018, aufgerufen am 01.12.2022). Urbanization. OurworldinData.org. https://ourworldindata.org/urbanization.

23 BBC News (21.08.2017, aufgerufen am 01.12.2022). Lagos: The megacity set to triple by 2050 [Video]. BBC.com. https://www.bbc.com/news/av/world-africa-41004638.

24 The Growth of Lagos – How fast Lagos is growing? (aufgerufen am 01.12.2022). internetgeography.net. https://www.internetgeography.net/topics/the-growth-of-lagos/#:~:text=As%20we%20explored%20in%20the%20last%20section%20the,the%20population%20of%20the%20surrounding%20area%20is%20included.

25 Greenpeace (aufgerufen am 02.12.2022). Welche Fangmethoden gibt es? Greenpeace.de. https://www.greenpeace.de/biodiversitaet/meere/fischerei/fangmethoden.

26 Stadie, V. (22.09.1992, aufgerufen am 02.12.2022). Schleppnetz-Fischerei zerstört Nordsee-Boden. *taz.* https://taz.de/Schleppnetz-Fischerei-zerstoert-Nordsee-Boden/!1651873/.

27 Greenpeace (aufgerufen am 02.12.2022). Leere Meere verhindern. Greenpeace.de. https://www.greenpeace.de/biodiversitaet/meere/fischerei.

28 Dambeck, H. (12.01.2010, aufgerufen am 14.12.2022). Piraterie stärkt Fischbestände. *Der Spiegel.* https://www.spiegel.de/wissenschaft/natur/ostafrika-piraterie-staerkt-fischbestaende-a-671468.html.

29 International Rhino Foundation (aufgerufen am 02.12.2022). Facing down a crisis – how we almost lost the white rhino. Rhinos.org. https://rhinos.org/blog/facing-down-a-crisis-how-we-almost-lost-the-white-rhino/.

30 Emslie, R. H., Milledge, S., Brooks, M. & H. T. Dublin (2007). African and Asian rhinoceroses–status, conservation and trade. A report from the IUCN Species Survival Commission (IUCN/SSC) African and Asian Rhino Specialist Groups and TRAFFIC to the CITES Secretariat. http://www.rhinoresourcecenter.com/pdf_files/118/1181374230.pdf. Seite 9.

31 Bega, S. (14.12.2021, aufgerufen am 02.12.2022). South Africa wit-

nesses alarming spike in rhino poaching. Mail & Guardian. https://
mg.co.za/environment/2021-12-14-south-africa-witnesses-alarming-
spike-in-rhino-poaching/.

32 Benítez-López, A., Alkemade, R., Schipper, A. M., Ingram, D. J.,
Verweij, P. A., Eikelboom, J. A. J., & Huijbregts, M. A. J. (2017). The
impact of hunting on tropical mammal and bird populations.
Science, *356*(6334), 180–183.

33 Redford, K. H. (1992). The empty forest. *BioScience*, *42*(6), 412–422.

34 IUCN (2022, aufgerufen am 02.12.2022). The IUCN Red List of
Threatened Species. Version 2022–1. https://www.iucnredlist.org.

35 Edwards, D. P., Socolar, J. B., Mills, S. C., Burivalova, Z., Koh, L. P.,
& Wilcove, D. S. (2019). Conservation of tropical forests in the anthropocene. *Current Biology*, *29*(19), R1008-R1020.

36 IPBES (2019). Summary for policymakers of the global assessment
report on biodiversity and ecosystem services of the Intergovernmental Science-Policy Platform on Biodiversity and Ecosystem Services. Díaz, S., Settele, J., Brondízio, E. S., … & Zayas C. N. (eds.).
IPBES secretariat, Bonn, Germany. DOI: https://doi.org/10.5281/
zenodo.3553458, Seite 28: Abschnitt 10.

37 Time left till the end of rainforests (aufgerufen am 02.12.2022).
theworldcounts.com. https://www.theworldcounts.com/challenges/
planet-earth/state-of-the-planet/when-will-the-rainforests-be-gone.

38 Hamrud, E. (30.04.2021, aufgerufen am 02.12.2022). Fact Check:
Will The Oceans Be Empty of Fish by 2048, And Other Seaspiracy
Concerns. sciencealert.com. https://www.sciencealert.com/no-the-
oceans-will-not-be-empty-of-fish-by-2048.

39 IPCC (2022). Summary for Policymakers. Pörtner, H.-O., Roberts,
D. C., Poloczanska, & Okem, A. (eds.). Cambridge University Press,
Cambridge, UK and New York, NY, USA, pp. 3–33. https://www.
ipcc.ch/report/ar6/wg2/downloads/report/IPCC_AR6_WGII_
SummaryForPolicymakers.pdf. Seite 15.

40 Chen, I. C., Hill, J. K., Ohlemüller, R., Roy, D. B., & Thomas, C. D.
(2011). Rapid range shifts of species associated with high levels of
climate warming. *Science*, *333*(6045), 1024–1026.

41 Bowler, D. E., Hof, C., Haase, P., … & Böhning-Gaese, K. (2017).
Cross-realm assessment of climate change impacts on species'
abundance trends. *Nature Ecology & Evolution*, *1*(3), 1–7.

42 Lemoine, N., Bauer, H. G., Peintinger, M. & Böhning-Gaese, K.
(2007). Effects of climate and land-use change on species abun-

dance in a central European bird community. *Conservation Biology*, *21*(2), 495–503.

43 IPBES (2019). Zusammenfassung für politische Entscheidungsträger des globalen Assessments der biologischen Vielfalt und Ökosystemleistungen der Zwischenstaatlichen Plattform für Biodiversität und Ökosystemleistungen. Díaz, S., Settele, J., Brondízio, E. S., … & Zayas C. N. (eds.). IPBES secretariat, Bonn, Germany. DOI: https://doi.org/10.5281/zenodo.3553458, Seite 32: Abschnitt 14.

44 Hof, C., Levinsky, I., Araujo, M. B., & Rahbek, C. (2011). Rethinking species' ability to cope with rapid climate change. *Global Change Biology*, *17*(9), 2987–2990.

45 Lindsey, R. (19.04.2022, aufgerufen am 02.12.2022). Climate Change: Global Sea Level. NOAA. https://www.climate.gov/news-features/understanding-climate/climate-change-global-sea-level.

46 Nunez, C. (15.02.2022, aufgerufen am 02.12.2022). Sea level rise, explained. *National Geographic*. https://www.nationalgeographic.com/environment/article/sea-level-rise-1.

47 Blue Action Fund (2022). A Lifeline for the Ocean. Blue Action Fund, Frankfurt am Main, Germany. https://www.blueactionfund.org/wp-content/uploads/2019/04/About_us_brochure.pdf. Seite 3.

48 KfW Entwicklungsbank (10.11.2017, aufgerufen am 02.12.2022). Mehr in den Küstenschutz investieren. KfW Entwicklungsbank. https://www.kfw-entwicklungsbank.de/Internationale-Finanzierung/KfW-Entwicklungsbank/News/News-Details_441280.html.

49 Potsdam-Institut für Klimafolgenforschung (18.05.2021, aufgerufen am 02.12.2022). Neue Frühwarnsignale: Teile des grönländischen Eisschildes könnten Kipppunkt überschreiten. PIK. https://www.pik-potsdam.de/de/aktuelles/nachrichten/neue-fruehwarnsignale-teile-des-groenlaendischen-eisschildes-koennten-kipppunkt-ueberschreiten.

50 Potsdam-Institut für Klimafolgenforschung (05.05.2021, aufgerufen am 02.12.2022). Die Begrenzung der globalen Erwärmung auf 1,5 °C könnte den Meeresspiegelanstieg um 50 Prozent reduzieren. PIK. https://www.pik-potsdam.de/de/aktuelles/nachrichten/die-begrenzung-der-globalen-erwaermung-auf-1-5degc-koennte-den-meeresspiegelanstieg-um-50-prozent-reduzieren.

51 Dönges, J. (14.06.2016, aufgerufen am 02.12.2022). Erstes Säugetier durch Klimawandel ausgestorben. *Spektrum*. https://www.spektrum.

de/news/erstes-saeugetier-durch-klimawandel-ausgestorben/
1413510.

52 Universität Konstanz (03.02.2021, aufgerufen am 14.12.2022). Korallen verhungern noch bevor sie bleichen. Universität Konstanz.
https://www.uni-konstanz.de/universitaet/aktuelles-und-medien/
aktuelle-meldungen/aktuelles/korallen-verhungern-noch-bevor-
sie-bleichen/.

53 Korallenbleichen in 98 Prozent des Great Barrier Reefs (06.11.2021,
aufgerufen am 02.12.2022). forschung-und-lehre.de. https://www.
forschung-und-lehre.de/forschung/korallenbleichen-in-98-
prozent-des-great-barrier-reefs-4155.

54 IPBES (2019). Summary for policymakers of the global assessment
report on biodiversity and ecosystem services of the Intergovernmental Science-Policy Platform on Biodiversity and Ecosystem Services. Díaz, S., Settele, J., Brondízio, E. S., … & Zayas C. N. (eds.).
IPBES secretariat, Bonn, Germany. DOI: https://doi.org/10.5281/
zenodo.3553458, Seite 39: Abschnitt 28.

55 Veeraraghav, A. (15.02.2022, aufgerufen am 02.12.2022). Endangered
koalas emphasize consequences of climate change. dailycampus.
com. https://dailycampus.com/2022/02/15/endangered-koalas-
emphasize-consequences-of-climate-change/.

56 Hollingsworth, J. (09.09.2019, aufgerufen am 02.12.2022). Austra-
lia's severe fires an ›omen‹ of blazes to come. CNN. https://edition.
cnn.com/2019/09/09/australia/australia-wildfires-omen-intl-hnk-
scli/index.html.

57 World Wide Fund For Nature (07.12.2020, aufgerufen am 02.12.
2022). 60,000 koalas impacted by bushfire crisis. WWF-Australia.
https://www.wwf.org.au/news/news/2020/wwf-60000-koalas-
impacted-by-bushfire-crisis.

58 Woinarski, J. & Burbidge, A. A. (2020). *Phascolarctos cinereus*
(amended version of 2016 assessment). The IUCN Red List of
Threatened Species 2020: e.T16892A166 496 779. https://dx.doi.
org/10.2305/IUCN.UK.2020-1.RLTS.T16892A166496779.en.

59 Ghai, R. (11.02.2022, aufgerufen am 02.12.2022). How climate
change has pushed the koala towards ›Endangered‹ status.
downtoearth.org. https://www.downtoearth.org.in/news/wildlife-
biodiversity/how-climate-change-has-pushed-the-koala-towards-
endangered-status-81528.

60 IPCC (2022). Summary for Policymakers. Pörtner, H.-O., Roberts,

D. C., Poloczanska, & Okem, A. (eds.). Cambridge University Press, Cambridge, UK and New York, NY, USA, pp. 3–33. https://www. ipcc.ch/report/ar6/wg2/downloads/report/IPCC_AR6_WGII_ SummaryForPolicymakers.pdf. Seite 14.

61 IPCC (2022). Summary for Policymakers. Pörtner, H.-O., Roberts, D. C., Poloczanska, & Okem, A. (eds.). Cambridge University Press, Cambridge, UK and New York, NY, USA, pp. 3–33. https://www. ipcc.ch/report/ar6/wg2/downloads/report/IPCC_AR6_WGII_ SummaryForPolicymakers.pdf. Seite 14.

62 Mayer, A. (25.10.2016, aufgerufen am 02.12.2022). 32 Jahre Sandoz-Unfall 1986 in Basel am Rhein aus Sicht des BUND. BUND-RVSO. http://www.bund-rvso.de/sandoz-unfall.html?msclkid=a19edde5ce 9611ec80e62766bdbab437.

63 Kirchner, S. (10.08.2019, aufgerufen am 02.12.2022). Zu viel Stickstoff in den Böden. *Frankfurter Rundschau*. https://www.fr.de/ wissen/viel-stickstoff-boeden-12901527.html.

64 Umweltbundesamt (01.12.2022, aufgerufen am 02.12.2022). Überschreitung der Belastungsgrenzen für Eutrophierung. Umweltbundesamt. https://www.umweltbundesamt.de/daten/flaeche-boden-land-oekosysteme/land-oekosysteme/ueberschreitung-der-belastungsgrenzen-fuer-0#ziele-und-massnahmen-zur-verringerung-der-stickstoffeintrage.

65 Römer, J. (28.03.2022, aufgerufen am 02.12.2022). Studie zeigt deutliche Zunahme der globalen Ammoniak-Emissionen. *Der Spiegel*. https://www.spiegel.de/wissenschaft/mensch/studie-zeigt-deutliche-zunahme-der-globalen-ammoniak-emissionen-a-ba123405-3b2b-4e 62-a42c-44c14aba0950?msclkid=8aa7c06fce9f11ecb139c0dc8af50a05.

66 Mohr, K., Suda, J., Kros, H., … & Wesseling. W (2015) Atmosphärische Stickstoffeinträge in Hochmoore Nordwestdeutschlands und Möglichkeiten ihrer Reduzierung – eine Fallstudie aus einer landwirtschaftlich intensiv genutzten Region. Braunschweig: Johann Heinrich von Thünen-Institut, 108 p, Thünen Rep 23.

67 United Nations (2021). The Second World Ocean Assessment. United Nations, New York, USA. https://www.un.org/regularprocess/ sites/www.un.org.regularprocess/files/2011859-e-woa-ii-vol-i.pdf. Seite 8.

68 National Park Service (aufgerufen am 02.12.2022). Invasive Zebra Mussels. National Park Service. https://www.nps.gov/articles/zebra-mussels.htm.

69 National Park Service (aufgerufen am 02.12.2022). Burmese Python. National Park Service. https://www.nps.gov/articles/zebra-mussels.htm.

70 Meyer, K. (24.07.2015, aufgerufen am 02.12.2022). Die Tigermücke setzt sich in Südbaden fest. *Badische Zeitung*. https://www.badische-zeitung.de/freiburg/die-tigermuecke-setzt-sich-in-suedbaden-fest--108264273.html.

71 Regierungspräsidium Gießen (12.2018). Krebspest – Tödliche Gefahr für heimische Krebse. Regierungspräsidium Gießen. https://natureg.hessen.de/resources/recherche/Schutzgebiete/GI/Sonstige/Flyer_Invasive_Krebse.pdf.

72 Wendler, S. & Theissinger, K. (20.08.2021, aufgerufen am 02.12.2022). Der Untergang der Europäischen Flusskrebse: Wenn Wirtschaft über Naturschutz siegt. senckenberg.de. https://www.senckenberg.de/de/pressemeldungen/der-untergang-der-europa eischen-flusskrebse-wenn-wirtschaft-ueber-naturschutz-siegt/.

73 IPBES (2019). Summary for policymakers of the global assessment report on biodiversity and ecosystem services of the Intergovernmental Science-Policy Platform on Biodiversity and Ecosystem Services. Díaz, S., Settele, J., Brondízio, E. S., … & Zayas C. N. (eds.). IPBES secretariat, Bonn, Germany. DOI: https://doi.org/10.5281/zenodo.3553458, Seite 13: Abschnitt B3.

74 Jördens, J. & Haubrock, P. J. (09.02.2022, aufgerufen am 01.12.2022). Invasive Arten: Vorsorge könnte weltweit eine Billion Euro einsparen. senckenberg.de. https://www.senckenberg.de/de/presse meldungen/invasive-arten-vorsorge-koennte-weltweit-eine-billion-euro-einsparen/.

75 Roser, M., Ritchie, H., Ortiz-Ospina, E. & Rodés-Guirao L. (2013, aufgerufen am 02.12.2022). World Population Growth. OurworldinData.org. https://ourworldindata.org/world-population-growth.

76 How many Earths? How many Countries? (aufgerufen am 02.12.2022). overshootday.org. https://www.overshootday.org/how-many-earths-or-countries-do-we-need/.

77 Dasgupta, P. (2021), The Economics of Biodiversity: The Dasgupta Review. HM Treasury. https://assets.publishing.service.gov.uk/government/uploads/system/uploads/attachment_data/file/962785/The_Economics_of_Biodiversity_The_Dasgupta_Review_Full_Report.pdf. Seite 118.

78 United Nations Population Fund (30.03.2022, aufgerufen am

02.12.2022). Nearly half of all pregnancies are unintended – a global crisis, says new UNFPA report. United Nations Population Fund. https://www.unfpa.org/press/nearly-half-all-pregnancies-are-unintended-global-crisis-says-new-unfpa-report.

Kapitel 5
Essen für alle! Aber ohne Artenverlust

1 United Nations Population Fund (15.11.2022, aufgerufen am 06.12.2022). Day of 8 Billion. United Nations Population Fund. https://www.unfpa.org/events/day-of-8-billion.

2 Welthungerhilfe (aufgerufen am 06.12.2022). Hunger: Verbreitung, Ursachen & Folgen. Welthungerhilfe. https://www.welthungerhilfe.de/hunger/.

3 Welthungerhilfe (aufgerufen am 06.12.2022). Hunger: Verbreitung, Ursachen & Folgen. Welthungerhilfe. https://www.welthungerhilfe.de/hunger/.

4 Bauer, F. & Ziller, D. (aufgerufen am 06.12.2022). Wir entfernen uns gerade wieder von SDG 2. KfW Entwicklungsbank. https://www.kfw-entwicklungsbank.de/Unsere-Themen/SDGs/SDG-2/Interview-Ziller/.

5 Bandsom, K. (08.02.2021, aufgerufen am 06.12.2022). Befragung: Cornona steigert Hunger. Welthungerhilfe. https://www.welthungerhilfe.de/corona-spenden/alliance2015-studie-corona-pandemie-verschaerft-hunger/.

6 Jering, A., Klatt, A., Seven, J., … & Mönch, L. (2013). Globale Landflächen und Biomasse. Umweltbundesamt. https://www.umweltbundesamt.de/sites/default/files/medien/479/publikationen/globale_landflaechen_biomasse_bf_klein.pdf. Seite 12.

7 Food and Agriculture Organization of the United Nations (2004). What is happening to agrobiodiversity? Building on gender, agrobiodiversity and local knowledge. FAO.

8 Hallmann, C. A., Sorg, M., Jongejans, E., … & de Kroon, H. (2017). More than 75 percent decline over 27 years in total flying insect biomass in protected areas. *PloS one*, *12*(10), e0 185 809.

9 Habel, J. C., Segerer, A., Ulrich, W., … & Schmitt, T. (2016). Butterfly community shifts over two centuries. *Conservation Biology*, *30*(4), 754–762.

10 Nationale Akademie der Wissenschaften Leopoldina, Deutsche
    Akademie der Technikwissenschaften & Union der deutschen Aka-
    demien der Wissenschaften (2020). Biodiversität und Management
    von Agrarlandschaften – Umfassendes Handeln ist jetzt wichtig.
    Halle (Saale), Germany. Seite 10–11.

11 NABU (aufgerufen am 09.12.2022). Rote Liste das heimischen
    Wildpflanzen. NABU.de. https://www.nabu.de/tiere-und-pflanzen/
    artenschutz/roteliste/25607.html.

12 Ahrens, S. (09.12.2022, aufgerufen am 14.12.2022). Ernährte Perso-
    nen durch einen Landwirt in Deutschland bis 2020. Statista.com.
    https://de.statista.com/statistik/daten/studie/201243/umfrage/
    anzahl-der-menschen-die-durch-einen-landwirt-ernaehrt-werden/.

13 Deutscher Bauernverband (2022). Situationsbericht 2022/23 – Trends
    und Fakten zur Landwirtschaft. Deutscher Bauernverband e. V., Ber-
    lin, Germany. https://magazin.diemayrei.de/storage/media/1ed75fd6-
    6af3-6bec-b3d0-5254a201e2da/Sit_2023_Kapitel1.pdf. Seite 17.

14 Nationale Akademie der Wissenschaften Leopoldina, Deutsche
    Akademie der Technikwissenschaften & Union der deutschen Aka-
    demien der Wissenschaften (2020). Biodiversität und Management
    von Agrarlandschaften – Umfassendes Handeln ist jetzt wichtig.
    Halle (Saale), Germany. Seite 25.

15 Simon-Delso, N., Amaral-Rogers, V., Belzunces, L. P., … &
    Wiemers, M. (2015). Systemic insecticides (neonicotinoids and
    fipronil): trends, uses, mode of action and metabolites. *Environ-
    mental Science and Pollution Research*, 22(1), 5–34.

16 Nationale Akademie der Wissenschaften Leopoldina, Deutsche
    Akademie der Technikwissenschaften & Union der deutschen Aka-
    demien der Wissenschaften (2020). Biodiversität und Management
    von Agrarlandschaften – Umfassendes Handeln ist jetzt wichtig.
    Halle (Saale), Germany. Seite 25.

17 Bundesministerium für Ernährung & Landwirtschaft (aufgerufen
    am 09.12.2022). Betriebsstruktur in der Landwirtschaft. BMEL.
    https://www.bmel-statistik.de/landwirtschaft/landwirtschaftliche-
    betriebe/?L=0.

18 Deutscher Bauernverband (2022). Situationsbericht 2022/23 –
    Trends und Fakten zur Landwirtschaft. Deutscher Bauernverband
    e. V., Berlin, Germany. https://magazin.diemayrei.de/storage/
    media/1ed75fd6-6af3-6bec-b3d0-5254a201e2da/Sit_2023_Kapitel1.
    pdf. Seite 17.

19 Deter, A. (13.11.2017, aufgerufen am 09.12.2022). Immer mehr Land-
    wirte leiden unter Burn-out. TopAgrar.com. https://www.topagrar.
    com/management-und-politik/news/immer-mehr-landwirte-
    leiden-unter-burn-out-9586381.html.

20 Deter, A. (06.06.2021, aufgerufen am 09.12.2022). Burnout & De-
    pression: Immer mehr Bauern an Belastungsgrenze. TopAgrar.com.
    https://www.topagrar.com/panorama/news/burnout-depression-
    immer-mehr-bauern-an-belastungsgrenze-12584448.html.

21 Tuck, S. L., Winqvist, C., Mota, F., … & Bengtsson, J. (2014). Land-
    use intensity and the effects of organic farming on biodiversity: a
    hierarchical meta-analysis. *Journal of Applied Ecology*, *51*(3), 746–755.

22 Umweltbundesamt (29.11.2022, aufgerufen am 09.12.2022).
    Ökologischer Landbau. Umweltbundesamt. https://www.umwelt
    bundesamt.de/daten/land-forstwirtschaft/oekologischer-
    landbau#okolandbau-in-deutschland.

23 Eurostat (22.02.2022, aufgerufen am 19.12.2022). EU's organic far-
    ming area reaches 14.7 million hectares. Eurostat. https://ec.europa.
    eu/eurostat/de/web/products-eurostat-news/-/ddn-20220222-1.

24 Forschungsinstitut für biologischen Landbau (17.02.2021, aufge-
    rufen am 19.12.2022). Global organic area continues to grow – Over
    72.3 million hectares of farmland are organic. FiBL. https://www.
    fibl.org/en/info-centre/news/global-organic-area-continues-to-
    grow-over-723-million-hectares-of-farmland-are-organic.

25 SPD, Bündnis 90/Die Grünen, FDP (2021). Mehr Fortschritt wa-
    gen. Bündnis für Freiheit, Gerechtigkeit und Nachhaltigkeit, Koali-
    tionsvertrag 2021–2025. https://www.bundesregierung.de/resource/
    blob/974430/1990812/04221173eef9a6720059cc353d759a2b/2021-12-
    10-koav2021-data.pdf?download=1. Seite 46.

26 European Commission (aufgerufen am 09.12.2022). Organic action
    plan. European Commission. https://agriculture.ec.europa.eu/
    farming/organic-farming/organic-action-plan_en.

27 Umweltbundesamt (27.07.2022, aufgerufen am 09.12.2022). Öko-
    landbau. Umweltbundesamt. https://www.umweltbundesamt.de/
    themen/boden-landwirtschaft/landwirtschaft-umweltfreundlich-
    gestalten/oekolandbau#Umweltleistungen%20des%20%C3%96ko
    landbaus.

28 Slow Food Deutschland (aufgerufen am 09.12.2022). Alblinse.
    slowfood.de. https://www.slowfood.de/was-wir-tun/projekte-
    aktionen-und-kampagnen/presidi/alblinse.

29 Hartmann, B. (18.09.2011, aufgerufen am 09.12.2022). Heimkehr einer Hülsenfrucht. *Stuttgarter Nachrichten*. https://www.stuttgarter-nachrichten.de/inhalt.alblinsen-heimkehr-einer-huelsenfrucht.2a455bd6-064f-417f-bf23-ff25c02314c9.html.

30 F. R. A. N. Z. (2020). Zwischenbilanz 2020. Für Ressourcen, Agrarwirtschaft & Naturschutz mit Zukunft (F. R. A. N. Z.). https://www.franz-projekt.de/uploads/Downloads/Veranstaltungen/FRANZ%20Zwischenfazit_2020.pdf (Zitat bezieht sich auf den kompletten Absatz).

31 Bundesministerium für Landwirtschaft & Ernährung (2022). Digitalisierung in der Landwirtschaft- Chancen nutzen – Risiken minimieren. BMEL. https://www.bmel.de/SharedDocs/Downloads/DE/Broschueren/digitalpolitik-landwirtschaft.pdf?__blob=publicationFile&v=9.

32 Grüne Stadt Logistik (aufgerufen am 09.12.2022). Emissionsfreie Transportlösung für die Stadt. grünestadtlogistik.de. https://www.grünestadtlogistik.de/.

33 European Commission (aufgerufen am 09.12.2022). Die Gemeinsame Agrarpolitik auf einen Blick. agriculture.ec.europa.eu. https://agriculture.ec.europa.eu/common-agricultural-policy/cap-overview/cap-glance_de.

34 European Commission (aufgerufen am 09.12.2022). Die Gemeinsame Agrarpolitik auf einen Blick. agriculture.ec.europa.eu. https://agriculture.ec.europa.eu/common-agricultural-policy/cap-overview/cap-glance_de.

35 EU überweist 6,7 Milliarden Euro an Agrarsubventionen nach Deutschland (29.05.2020, aufgerufen am 09.12.2022). *Handelsblatt*. https://www.handelsblatt.com/politik/international/landwirtschaft-und-ernaehrung-eu-ueberweist-6-7-milliarden-euro-an-agrarsubventionen-nach-deutschland/25871582.html.

36 Bundesinformationszentrum Landwirtschaft (25.08.2022, aufgerufen am 09.12.2022). Wie funktioniert die Gemeinsame Agrarpolitik der EU? Bundesinformationszentrum Landwirtschaft. https://www.landwirtschaft.de/landwirtschaft-verstehen/wie-funktioniert-landwirtschaft-heute/wie-funktioniert-die-gemeinsame-agrarpolitik-der-eu.

37 Bundesinformationszentrum Landwirtschaft (25.08.2022, aufgerufen am 09.12.2022). Wie funktioniert die Gemeinsame Agrarpolitik der EU? Bundesinformationszentrum Landwirtschaft. https://www.

landwirtschaft.de/landwirtschaft-verstehen/wie-funktioniert-landwirtschaft-heute/wie-funktioniert-die-gemeinsame-agrarpolitik-der-eu.

38 Nationale Akademie der Wissenschaften Leopoldina, Deutsche Akademie der Technikwissenschaften & Union der deutschen Akademien der Wissenschaften (2020). Biodiversität und Management von Agrarlandschaften – Umfassendes Handeln ist jetzt wichtig. Halle (Saale), Germany. Seite 39. Eigene Berechnung der Jahre 2010–2016 nach Farm Accountancy Data Network (FADN) 2019, öffentliche Datenbank.

39 Nationale Akademie der Wissenschaften Leopoldina, Deutsche Akademie der Technikwissenschaften & Union der deutschen Akademien der Wissenschaften (2020). Biodiversität und Management von Agrarlandschaften – Umfassendes Handeln ist jetzt wichtig. Halle (Saale), Germany. Seite 39.

40 Wegen des Ukraine-Kriegs wurden zur Sicherung der Nahrungsmittelversorgung einige Änderungen einmalig für das Jahr 2023 ausgesetzt, z. B. die verpflichtende Flächenstilllegung von vier Prozent der Ackerfläche zu Gunsten von sogenannten Artenvielfaltsflächen. Bundesministerium für Landwirtschaft & Ernährung (06.08.2022, aufgerufen am 09.12.2022). Özdemir: Kompromiss zugunsten der Ernährungssicherung. BMEL. https://www.bmel.de/SharedDocs/Pressemitteilungen/DE/2022/110-kompromiss-gloez.html.

41 Bundesinformationszentrum Landwirtschaft (25.08.2022, aufgerufen am 09.12.2022). Wie funktioniert die Gemeinsame Agrarpolitik der EU? Bundesinformationszentrum Landwirtschaft. https://www.landwirtschaft.de/landwirtschaft-verstehen/wie-funktioniert-landwirtschaft-heute/wie-funktioniert-die-gemeinsame-agrarpolitik-der-eu.

42 Bundesinformationszentrum Landwirtschaft (25.08.2022, aufgerufen am 09.12.2022). Wie funktioniert die Gemeinsame Agrarpolitik der EU? Bundesinformationszentrum Landwirtschaft. https://www.landwirtschaft.de/landwirtschaft-verstehen/wie-funktioniert-landwirtschaft-heute/wie-funktioniert-die-gemeinsame-agrarpolitik-der-eu.

43 Bundesinformationszentrum Landwirtschaft (25.08.2022, aufgerufen am 09.12.2022). Wie funktioniert die Gemeinsame Agrarpolitik der EU? Bundesinformationszentrum Landwirtschaft. https://

www.landwirtschaft.de/landwirtschaft-verstehen/wie-funktioniert-landwirtschaft-heute/wie-funktioniert-die-gemeinsame-agrarpolitik-der-eu.

44 Bundesinformationszentrum Landwirtschaft (25.08.2022, aufgerufen am 09.12.2022). Wie funktioniert die Gemeinsame Agrarpolitik der EU? Bundesinformationszentrum Landwirtschaft. https://www.landwirtschaft.de/landwirtschaft-verstehen/wie-funktioniert-landwirtschaft-heute/wie-funktioniert-die-gemeinsame-agrarpolitik-der-eu.

45 Deutscher Bundestag (14.01.2022, aufgerufen am 09.12.2022). Minister Özdemir will neue Agrarpolitik. Deutscher Bundestag. https://www.bundestag.de/dokumente/textarchiv/2022/kw02-de-landwirtschaft-874476.

46 Bundesministerium für Landwirtschaft & Ernährung (25.05.2022, aufgerufen am 09.12.2022). Özdemir: Klimaschutz, Erhalt der Artenvielfalt und Ernährungssicherung nicht als Gegensätze betrachten. BMEL. https://www.bmel.de/SharedDocs/Pressemitteilungen/DE/2022/64-agrarrat.html.

47 Lakner, S., & Breustedt, G. (2017). Efficiency analysis of organic farming systems a review of concepts, topics, results and conclusions. *German Journal of Agricultural Economics*, *66*(670–2020–978), 85–108.

48 Nationale Akademie der Wissenschaften Leopoldina, Deutsche Akademie der Technikwissenschaften & Union der deutschen Akademien der Wissenschaften (2020). Biodiversität und Management von Agrarlandschaften – Umfassendes Handeln ist jetzt wichtig. Halle (Saale), Germany. Seite 35.

49 Kastner, T., Erb, K. H., & Haberl, H. (2014). Rapid growth in agricultural trade: effects on global area efficiency and the role of management. *Environmental Research Letters*, *9*(3), 034 015.

50 World Wide Fund For Nature (2022). Europe eats the world – How the EU's food production and consumption impact the planet. WWF European Policy Office, Brussels, Belgium. https://wwfeu.awsassets.panda.org/downloads/europe_eats_the_world_report_ws.pdf. Seite 10.

51 Food and Agriculture Organization of the United Nations (2019). The State of Food and Agriculture 2019. Moving forward on food loss and waste reduction. FAO, Rome, Italy. https://www.fao.org/3/ca6030en/ca6030en.pdf. Seite 12.

52 Food and Agriculture Organization of the United Nations (aufgerufen am 09.12.2022). Nutrition. FAO. https://www.fao.org/nutrition/capacity-development/food-loss-and-waste/en/.

53 World Wide Fund For Nature (2022). Europe eats the world – How the EU's food production and consumption impact the planet. WWF European Policy Office, Brussels, Belgium. https://wwfeu.awsassets.panda.org/downloads/europe_eats_the_world_report_ws.pdf. Seite 16.

54 Statistisches Bundesamt (2019). Umweltökonomische Gesamtrechnung – Flächenbelegung von Ernährungsgütern tierischen Ursprungs 2010–2017. Destatis. https://www.destatis.de/DE/Themen/Gesellschaft-Umwelt/Umwelt/UGR/landwirtschaft-wald/Publikationen/Downloads/flaechenbelegung-pdf-5851309.pdf?__blob=publicationFile. Seite 12: Tabelle 5.

55 Bundesinformationszentrum Landwirtschaft (24.08.2022, aufgerufen am 09.12.2022). Was wächst auf Deutschlands Feldern? Bundesinformationszentrum Landwirtschaft. https://www.landwirtschaft.de/landwirtschaft-verstehen/wie-arbeiten-foerster-und-pflanzenbauer/was-waechst-auf-deutschlands-feldern.

56 Jering, A., Klatt, A., Seven, J., … & Mönch, L. (2013). Globale Landflächen und Biomasse. Umweltbundesamt. https://www.umweltbundesamt.de/sites/default/files/medien/479/publikationen/globale_landflaechen_biomasse_bf_klein.pdf. Seite 12.

57 Bundesinformationszentrum Landwirtschaft (24.08.2022, aufgerufen am 09.12.2022). Was wächst auf Deutschlands Feldern? Bundesinformationszentrum Landwirtschaft. https://www.landwirtschaft.de/landwirtschaft-verstehen/wie-arbeiten-foerster-und-pflanzenbauer/was-waechst-auf-deutschlands-feldern.

58 Jering, A., Klatt, A., Seven, J., … & Mönch, L. (2013). Globale Landflächen und Biomasse. Umweltbundesamt. https://www.umweltbundesamt.de/sites/default/files/medien/479/publikationen/globale_landflaechen_biomasse_bf_klein.pdf. Seite 12.

59 Willett, W., Rockström, J., Loken, B, … & Murray, C. J. (2019). Food in the Anthropocene: the EAT–Lancet Commission on healthy diets from sustainable food systems. *The Lancet*, *393*(10 170), 447–492. Seite 488.

60 Willett, W., Rockström, J., Loken, B, … & Murray, C. J. (2019). Food in the Anthropocene: the EAT–Lancet Commission on healthy diets from sustainable food systems. *The Lancet*, *393*(10 170), 447–492.

61 Bundesministerium für wirtschaftliche Zusammenarbeit und Entwicklung (2017). Partner für den Wandel. Stimmen gegen den Hunger. EINEWELT – Unsere Verantwortung. BMZ. https://www.bmz.de/resource/blob/23310/8f86a2c4d1526b26352bc52389d581e4/materialie321-stimmen-gegen-hunger-data.pdf. Seite 6.

62 Bundesministerium für wirtschaftliche Zusammenarbeit und Entwicklung (2017). Partner für den Wandel. Stimmen gegen den Hunger. EINEWELT – Unsere Verantwortung. BMZ. https://www.bmz.de/resource/blob/23310/8f86a2c4d1526b26352bc52389d581e4/materialie321-stimmen-gegen-hunger-data.pdf. Seite 6.

63 Bundesministerium für wirtschaftliche Zusammenarbeit und Entwicklung (2017). Partner für den Wandel. Stimmen gegen den Hunger. EINEWELT – Unsere Verantwortung. BMZ. https://www.bmz.de/resource/blob/23310/8f86a2c4d1526b26352bc52389d581e4/materialie321-stimmen-gegen-hunger-data.pdf. Seite 6.

64 Wissenschaftlicher Beirat der Bundesregierung Globale Umweltveränderungen (2020). Landwende im Anthropozän: Von der Konkurrenz zur Integration. WBGU. https://www.wbgu.de/fileadmin/user_upload/wbgu/publikationen/hauptgutachten/hg2020/pdf/WBGU_HG2020.pdf. Seite 134.

65 Bruzzone, B. (12.04.2021, aufgerufen am 09.12.2022). Agriculture in Africa 2021: Focus Report. Oxford Business Group. https://oxfordbusinessgroup.com/blog/bernardo-bruzzone/focus-reports/agriculture-africa-2021-focus-report.

66 African Union (22.02.2021, aufgerufen am 09.12.2022). The Comprehensive African Agricultural Development Programme. African Union. https://au.int/en/articles/comprehensive-african-agricultural-development-programme.

67 Bundesministerium für wirtschaftliche Zusammenarbeit und Entwicklung (2017). Partner für den Wandel. Stimmen gegen den Hunger. EINEWELT – Unsere Verantwortung. BMZ. Seite 53.

68 Helbig-Bonitz, M., Ferger, S. W., Böhning-Gaese, K., … & Kalko, E. K. (2015). Bats are not birds–different responses to human land-use on a tropical mountain. *Biotropica*, *47*(4), 497–508.

69 Hemp, C. (2005). The Chagga home gardens – relict areas for endemic *Saltatoria* species (Insecta: Orthoptera) on Mount Kilimanjaro. *Biological Conservation*, *125*(2), 203–209.

70 Mganga, K. Z., Razavi, B. S., & Kuzyakov, Y. (2016). Land use affects

soil biochemical properties in Mt. Kilimanjaro region. *Catena, 141*, 22–29.

71 KfW Entwicklungsbank (08.2022, aufgerufen am 09.12.2022). Schutz von natürlichen Ressourcen und Landwirtschaft in Indien. KfW Entwicklungsbank. https://www.kfw-entwicklungsbank.de/ Weltweites-Engagement/Asien/Indien/Projektinformation-Agrar%C3%B6kologie/.

72 Wissenschaftlicher Beirat der Bundesregierung Globale Umwelt-veränderungen (2020). Landwende im Anthropozän: Von der Kon-kurrenz zur Integration. WBGU. https://www.wbgu.de/fileadmin/ user_upload/wbgu/publikationen/hauptgutachten/hg2020/pdf/ WBGU_HG2020.pdf. Seite 1.

Kapitel 6
Der Natur Raum geben

1 National Park Service (18.07.2019, aufgerufen am 20.12.2022). John Muir. National Park Service. https://www.nps.gov/articles/john-muir.htm.

2 National Park Service (26.08.2021, aufgerufen am 20.12.2022). Roosevelt, Muir, and the Grace of Place. National Park Service. https://www.nps.gov/yose/learn/historyculture/roosevelt-muir-and-the-grace-of-place.htm.

3 National Park Service (16.11.2017, aufgerufen am 20.12.2022). Theo-dore Roosevelt and Conservation. National Park Service. https:// www.nps.gov/yose/learn/historyculture/roosevelt-muir-and-the-grace-of-place.htm.

4 Dasgupta, P. (2021), The Economics of Biodiversity: The Dasgupta Review. HM Treasury. https://assets.publishing.service.gov.uk/ government/uploads/system/uploads/attachment_data/file/962785/ The_Economics_of_Biodiversity_The_Dasgupta_Review_Full_ Report.pdf. Seite 118.

5 IUCN (2010). 50 Years of Working for Protected Areas. IUCN, Gland, Switzerland. Seite 2.

6 IUCN (2010). 50 Years of Working for Protected Areas. IUCN, Gland, Switzerland. Seite 1.

7 United Nations Environment Programme World Conservation Monitoring Centre & IUCN (2021). Protected Planet Report 2020.

UNEP-WCMC, Cambridge, United Kingdom; and IUCN, Gland, Switzerland.

8 Bundesamt für Naturschutz (aufgerufen am 20.12.2022). Schutzgebiete. BfN. https://www.bfn.de/schutzgebiete.

9 Bundesamt für Naturschutz (aufgerufen am 09.01.2023). Naturschutzgebiete in Deutschland. BfN. https://www.bfn.de/daten-und-fakten/naturschutzgebiete-deutschland.

10 Bundesamt für Naturschutz (aufgerufen am 09.01.2023). Wildnis. BfN. https://www.bfn.de/wildnisgebiete.

11 Bundesministerium für Umwelt, Naturschutz, nukleare Sicherheit und Verbraucherschutz (28.02.2022, aufgerufen am 09.01.2023). Natura 2000. BMUV. https://www.bmuv.de/themen/naturschutz-artenvielfalt/naturschutz-biologische-vielfalt/gebietsschutz-und-vernetzung/natura-2000.

12 United Nations Environment Programme World Conservation Monitoring Centre (24.12.2020, aufgerufen am 20.12.2022). IUCN Protected Area Management Categories. UNEP-WCMC. https://www.biodiversitya-z.org/content/iucn-protected-area-management-categories.

13 Cazalis, V., Princé, K., Mihoub, J. B., … & Rodrigues, A. S. (2020). Effectiveness of protected areas in conserving tropical forest birds. *Nature Communications*, *11*(1), 1–8.

14 Barnes, M. D., Craigie, I. D., Harrison, L. B., … & Woodley, S. (2016). Wildlife population trends in protected areas predicted by national socio-economic metrics and body size. *Nature Communications*, *7*(1), 1–9.

15 Bolam, F. C., Mair, L., Angelico, M., Brooks, T. M., Burgman, M., Hermes, C., … & Butchart, S. H. (2021). How many bird and mammal extinctions has recent conservation action prevented? *Conservation Letters*, *14*(1), e12762.

16 Bauer, F. & Knigge, M. (08.06.2022, aufgerufen am 20.12.2022). Meeresschutz – Schutzfläche so groß wie Deutschland. KfW Entwicklungsbank. https://www.kfw.de/stories/umwelt/naturschutz/blue-action-fund-knigge/.

17 Güsten, S. & Roser, T. (17.05.2020, aufgerufen am 20.12.2022). Pandemie verschafft der Natur etwas Ruhe – Tierisches Spektakel im Mittelmeer. *Tagesspiegel*. https://www.tagesspiegel.de/gesellschaft/panorama/tierisches-spektakel-im-mittelmeer-5067328.html

18 Roser, T. (14.05.2020, aufgerufen am 20.12.2022). In der Corona-

Krise kehren Delfine und Wale an die Adria zurück. *Frankfurter Rundschau*. https://www.fr.de/panorama/corona-krise-delfine-wale-adria-rueckkehr-rueckenflossen-13760422.html.

19 Fische in Venedig, Tauben in Benidorm: Tiere in der Corona-Krise (21.03.2020, aufgerufen am 20.12.2022). *Greenpeace Magazin*. https://www.greenpeace-magazin.de/ticker/fische-venedig-tauben-benidorm-tiere-der-corona-krise.

20 Orme, C. D. L., Davies, R. G., Burgess, M., … & Owens, I. P. (2005). Global hotspots of species richness are not congruent with endemism or threat. *Nature, 436*(7053), 1016–1019.

21 BirdLife International (aufgerufen am 09.01.2023). Species factsheet: *Ploceus golandi*. BirdLife International. http://datazone.birdlife.org/species/factsheet/clarkes-weaver-ploceus-golandi.

22 Orme, C. D. L., Davies, R. G., Burgess, M., … & Owens, I. P. (2005). Global hotspots of species richness are not congruent with endemism or threat. *Nature, 436*(7053), 1016–1019.

23 Newbold, T., Hudson, L. N., Arnell, A. P., … & Purvis, A. (2016). Has land use pushed terrestrial biodiversity beyond the planetary boundary? A global assessment. *Science, 353*(6296), 288–291.

24 Bundesministerium für wirtschaftliche Zusammenarbeit & Entwicklung (aufgerufen am 20.12.2022). Biodiversität erhalten – Überleben sichern. BMZ. https://www.bmz.de/de/themen/biodiversitaet.

25 Bundesministerium für wirtschaftliche Zusammenarbeit & Entwicklung (aufgerufen am 20.12.2022). Der Legacy Landscapes Fund: Biologische Vielfalt für die Menschheit bewahren. BMZ. https://www.bmz.de/de/themen/biodiversitaet/legacy-landscapes-fund.

26 Bundesministerium für wirtschaftliche Zusammenarbeit & Entwicklung (aufgerufen am 20.12.2022). Der Legacy Landscapes Fund: Biologische Vielfalt für die Menschheit bewahren. BMZ. https://www.bmz.de/de/themen/biodiversitaet/legacy-landscapes-fund.

27 Bundesministerium für wirtschaftliche Zusammenarbeit & Entwicklung (aufgerufen am 20.12.2022). Der Legacy Landscapes Fund: Biologische Vielfalt für die Menschheit bewahren. BMZ. https://www.bmz.de/de/themen/biodiversitaet/legacy-landscapes-fund.

28 Namibia rhino poaching surges in June, ministry says (15.06.2022,

aufgerufen am 20.12.2022). Reuters. https://www.reuters.com/
world/africa/namibia-rhino-poaching-surges-june-ministry-says-
2022-06-15/.

29 Fuhr, E. (12.07.2013, aufgerufen am 20.12.2022). Das Nashorn hat
viele Beschützer – die ihm schaden. *Die Welt*. https://www.welt.de/
debatte/kolumnen/Fuhrs-Woche/article117989110/Das-Nashorn-
hat-viele-Beschuetzer-die-ihm-schaden.html.

30 Duden (aufgerufen am 20.12.2022). Natur. Duden. https://www.
duden.de/rechtschreibung/Natur.

31 Survival International (2014). Parks need peoples – why evictions
of tribal communities from protected areas spell disaster for both
people and nature. Survival International. https://assets.survival
international.org/documents/1324/parksneedpeoples-report.pdf.

32 Vidal, J. (26.11.2020, aufgerufen am 20.12.2022). »Large-scale
human rights violations« taint Congo national park project. *The
Guardian*. https://www.theguardian.com/world/2020/nov/26/you-
have-stolen-our-forest-rights-of-baka-people-in-the-congo-
ignored.

33 Munro, P. (29.11.2021, aufgerufen am 05.02.2023). Colonial Wildlife
Conservation and National Parks in Sub-Saharan Africa. Oxford
Research Encyclopedia of African History. https://doi.org/10.1093/
acrefore/9780190277734.013.195.

34 Sie töten Tiere zum Spaß (03.08.2015, aufgerufen am 20.12.2022).
Gala. https://www.gala.de/stars/news/prominente-grosswildjaeger--
sie-toeten-tiere-zum-spass-20240828.html.

35 World Wide Fund For Nature (23.07.2012, aufgerufen am 20.12.
2022). Juan Carlos nicht mehr Ehrenpräsident von WWF Spanien.
WWF. https://www.wwf.at/juan-carlos-nicht-mehr-ehrenpraesident-
von-wwf-spanien/.

36 Sie töten Tiere zum Spaß (03.08.2015, aufgerufen am 20.12.2022).
Gala. https://www.gala.de/stars/news/prominente-grosswildjaeger--
sie-toeten-tiere-zum-spass-20240828.html.

37 Semcer, C. E. (06.09.2019, aufgerufen am 20.12.2022). Conservatio-
nists Should Support Trophy Hunting. PERC. https://www.perc.
org/2019/09/06/conservationists-should-support-trophy-hunting/.

38 Mace, G. M. (2014). Whose conservation? *Science*, *345*(6204), 1558–
1560.

39 Pereira, L. M., Davies, K. K., den Belder, E., … & Lundquist, C. J.
(2020). Developing multiscale and integrative nature – people

scenarios using the Nature Futures Framework. *People and Nature*, 2(4), 1172–1195.

40 Mace, G. M. (2014). Whose conservation? *Science, 345*(6204), 1558–1560.

41 Pereira, L. M., Davies, K. K., den Belder, E., … & Lundquist, C. J. (2020). Developing multiscale and integrative nature – people scenarios using the Nature Futures Framework. *People and Nature*, 2(4), 1172–1195.

42 Berghöfer, A., Bisom, N., Huland, E., … & van Zyl, H. (2021). Africa's Protected Natural Assets: The importance of conservation areas for prosperous and resilient societies in Africa. Deutsche Gesellschaft für Internationale Zusammenarbeit, Eschborn, Germany, and Helmholtz Centre for Environmental Research, Leipzig, Germany. https://www.giz.de/de/downloads/giz-2021-en-africas-protected-natural-assets-executive-summary-english.pdf. Seite 3.

43 Berghöfer, A., Bisom, N., Huland, E., … & van Zyl, H. (2021). Africa's Protected Natural Assets: The importance of conservation areas for prosperous and resilient societies in Africa. Deutsche Gesellschaft für Internationale Zusammenarbeit, Eschborn, Germany, and Helmholtz Centre for Environmental Research, Leipzig, Germany. https://www.giz.de/de/downloads/giz-2021-en-africas-protected-natural-assets-executive-summary-english.pdf. Seite 4.

44 Berghöfer, A., Bisom, N., Huland, E., … & van Zyl, H. (2021). Africa's Protected Natural Assets: The importance of conservation areas for prosperous and resilient societies in Africa. Deutsche Gesellschaft für Internationale Zusammenarbeit, Eschborn, Germany, and Helmholtz Centre for Environmental Research, Leipzig, Germany. https://www.giz.de/de/downloads/giz-2021-en-africas-protected-natural-assets-executive-summary-english.pdf. Seite 4.

45 Garnett, S. T., Burgess, N. D., Fa, J. E., Fernández-Llamazares, Á., Molnár, Z., Robinson, C. J., … & Leiper, I. (2018). A spatial overview of the global importance of Indigenous lands for conservation. *Nature Sustainability, 1*(7), 369–374.

46 Fa, J. E., Watson, J. E., Leiper, I., Potapov, P., Evans, T. D., Burgess, N. D., … & Garnett, S. T. (2020). Importance of Indigenous Peoples' lands for the conservation of Intact Forest Landscapes. *Frontiers in Ecology and the Environment, 18*(3), 135–140.

47 Schleicher, J., Peres, C. A., Amano, T., … & Leader-Williams, N.

(2017). Conservation performance of different conservation governance regimes in the Peruvian Amazon. *Scientific Reports*, *7*(1), 1–10.

48 Notess, L. & Veit, P. (11.07.2018, aufgerufen am 20.12.2022). As Indigenous Groups Wait Decades for Land Titles, Companies Are Acquiring Their Territories. World Resources Institute. https://www.wri.org/insights/indigenous-groups-wait-decades-land-titles-companies-are-acquiring-their-territories.

49 United Nations Environment Programme (aufgerufen am 20.12.2022). Article 8. In-situ Conservation. Convention on Biological Diversity. UNEP. https://www.cbd.int/convention/articles/?a=cbd-08.

50 IPBES (2019). Summary for policymakers of the global assessment report on biodiversity and ecosystem services of the Intergovernmental Science-Policy Platform on Biodiversity and Ecosystem Services. Díaz, S., Settele, J., Brondízio, E. S., … & Zayas C. N. (eds.). IPBES secretariat, Bonn, Germany. DOI: https://doi.org/10.5281/zenodo.3553458, Seite 15 und 16: Abschnitt C3.

51 European Commission (20.05.2020, aufgerufen am 20.12.2022). EU-Biodiversitätsstrategie. European Commission. https://eur-lex.europa.eu/legal-content/DE/TXT/HTML/?uri=CELEX:52020DC0380&from=DE. Punkt 2.1.

52 Bauer, F. & Lang, S. (19.05.2021, aufgerufen am 20.12.2022). Umwelt – »Eine neue Dimension im Naturschutz«. KfW Entwicklungsbank. https://www.kfw.de/stories/umwelt/naturschutz/legacy-landscapes-fund/.

53 Bauer, F. (12.09.2022, aufgerufen am 09.01.2023). Der Natur mehr Raum geben. Deutschland.de. https://www.deutschland.de/de/topic/umwelt/deutschland-finanziert-schutzgebiete-legacy-landscapes-fund.

54 Senckenberg Biodiversity and Climate Research Centre & Frankfurt Zoological Society (aufgerufen am 20.12.2022). Setting global priorities for longterm conservation. ll-evaluation-support-tool.shinyapps.io. https://ll-evaluation-support-tool.shinyapps.io/legacy_landscapes_dst/.

55 Legacy Landscapes Fund (aufgerufen am 20.12.2022). North Luangwa National Park Zambia, Africa. legacylandscapes.org. https://legacylandscapes.org/project/north-luangwa-national-park-zambia-africa/.

56 Legacy Landscapes Fund (aufgerufen am 20.12.2022). Odzala-Kokoua National Park Republic of Congo, Africa. legacylandscapes.org. https://legacylandscapes.org/project/odzala-kokoua-national-park/.

57 Legacy Landscapes Fund (aufgerufen am 20.12.2022). Madidi National Park Bolivia, South America. legacylandscapes.org. https://legacylandscapes.org/project/madidi-national-park-bolivia-south-america/.

58 Bundesministerium für wirtschaftliche Zusammenarbeit & Entwicklung (aufgerufen am 20.12.2022). Der Legacy Landscapes Fund: Biologische Vielfalt für die Menschheit bewahren. BMZ. https://www.bmz.de/de/themen/biodiversitaet/legacy-landscapes-fund.

59 Berghöfer, A., Bisom, N., Huland, E., … & van Zyl, H. (2021). Africa's Protected Natural Assets: The importance of conservation areas for prosperous and resilient societies in Africa. Deutsche Gesellschaft für Internationale Zusammenarbeit, Eschborn, Germany, and Helmholtz Centre for Environmental Research, Leipzig, Germany. https://www.giz.de/de/downloads/giz-2021-en-africas-protected-natural-assets-executive-summary-english.pdf. Seite 4.

60 IUCN (2010). 50 Years of Working for Protected Areas. IUCN, Gland, Switzerland. Seite 1.

61 Farwig, N., Sajita, N., & Böhning-Gaese, K. (2008). Conservation value of forest plantations for bird communities in western Kenya. *Forest Ecology and Management*, 255(11), 3885–3892.

62 Farwig, N., Sajita, N., & Böhning-Gaese, K. (2008). Conservation value of forest plantations for bird communities in western Kenya. *Forest Ecology and Management*, 255(11), 3885–3892.

63 Poorter, L., Craven, D., Jakovac, C. C., … & Hérault, B. (2021). Multidimensional tropical forest recovery. *Science*, 374(6573), 1370–1376.

64 Großmann-Krieger, J., Carstens, P. & Rinaudo, T. (17.01.2019, aufgerufen am 20.12.2022). Dieser Mann verwandelt Wüsten in blühende Landschaften. *GEO*. https://www.geo.de/natur/nachhaltigkeit/20772-rtkl-tony-rinaudo-dieser-mann-verwandelt-wueste-bluehende-landschaften.

65 African Forest Landscape Restoration Initiative (aufgerufen am 20.12.2022). arf100. afr100.org. https://afr100.org/content/home.

66 Deutsche Bundesstiftung Umwelt (27.08.2021, aufgerufen am 20.12.2022). Joosten: Moor muss nass! DBU. https://www.dbu.de/123artikel39143_2418.html.

67 Greifswald Moor Centrum (aufgerufen am 20.12.2022). Moore in Deutschland. Greifswald Moor Centrum. https://www.moorwissen.de/moore-in-deutschland.html.

68 Deutsche Bundesstiftung Umwelt (27.08.2021, aufgerufen am 20.12.2022). Joosten: Moor muss nass! DBU. https://www.dbu.de/123artikel39143_2418.html.

69 Greifswald Moor Centrum (aufgerufen am 20.12.2022). Moore in Deutschland. Greifswald Moor Centrum. https://www.moorwissen.de/moore-in-deutschland.html.

70 Tucholsky, K. (2019). »Vorn die Ostsee, hinten die Friedrichstraße«. Insel-Verlag.

Kapitel 7
Hoffentlich der ersehnte Aufbruch

1 United Nations Climate Change (13.12.2015, aufgerufen am 16.01.2023). Historic Paris Agreement on Climate Change: 195 Nations Set Path to Keep Temperature Rise Well Below 2 Degrees Celsius. UNFCCC. https://unfccc.int/news/finale-cop21.

2 BlackRock (aufgerufen am 16.01.2023). Environmental sustainability. BlackRock. https://www.blackrock.com/corporate/responsibility/environmental-sustainability.

3 Convention on Biological Diversity & United Nations Environment Programme (18.12.2022, aufgerufen am 09.01.2023). Kunming-Montreal Global biodiversity framework – Draft decision submitted by the President. CBD, Montreal, Quebec, Canada & UNEP, Nairobi, Kenya. https://www.cbd.int/doc/c/e6d3/cd1d/daf663719a03902a9b116c34/cop-15-l-25-en.pdf.

4 Bundesministerium für wirtschaftliche Zusammenarbeit und Entwicklung (aufgerufen am 16.01.2023). UN-Konferenz für Umwelt und Entwicklung (Rio-Konferenz 1992). BMZ. https://www.bmz.de/de/service/lexikon/un-konferenz-fuer-umwelt-und-entwicklung-rio-konferenz-1992-22238.

5 Convention on Biological Diversity & United Nations Environment Programme (05.06.1992, aufgerufen am 16.01.2023). Convention on

Biological Diversity. CBD, Montreal, Quebec, Canada & UNEP, Nairobi, Kenya. https://www.cbd.int/doc/legal/cbd-en.pdf.

6 Convention on Biological Diversity & United Nations Environment Programme (29.01.2000, aufgerufen am 16.01.2023). Cartagena Protocol on Biosafety to the Convention on Biological Diversity. CBD, Montreal, Quebec, Canada & UNEP, Nairobi, Kenya. https://bch.cbd.int/protocol/outreach/new%20protocol%20text%202021/cbd%20cartagenaprotocol%202020%20en-f%20web.pdf.

7 Convention on Biological Diversity (aufgerufen am 16.01.2023). Aichi Biodiversity Targets. CBD. https://www.cbd.int/sp/targets/.

8 Gries, T. & Lemke, S. (20.12.2022, aufgerufen am 16.01.2023). Neues Weltnaturabkommen – Bundesumweltministerin: »Große Schwierigkeit diese Ziele auch umzusetzen«. Deutschlandfunk. https://www.deutschlandfunk.de/weltnaturkonferenz-montral-biodiversitaet-steffi-lemke-weltnaturabkommen-100.html.

9 Léveillé, J. T. & Champagne, É. P. (19.12.2022, aufgerufen am 16.01.2023). Un accord »historique« pour renverser le déclin mondial de la biodiversité a été arraché dans la nuit de dimanche à lundi, à la 15e conférence des Nations unies sur la biodiversité (COP15), à Montréal. *La Presse*. https://www.lapresse.ca/actualites/environnement/2022-12-19/cop15/un-accord-historique-adopte-dans-la-bisbille.php.

10 Convention on Biological Diversity & United Nations Environment Programme (18.12.2022, aufgerufen am 09.01.2023). Kunming-Montreal Global biodiversity framework – Draft decision submitted by the President. CBD, Montreal, Quebec, Canada & UNEP, Nairobi, Kenya. https://www.cbd.int/doc/c/e6d3/cd1d/daf663719a03902a9b116c34/cop-15-l-25-en.pdf. Seite 4. Die Inhalte in den folgenden zwei Absätzen stammen aus dieser Quelle. Die Ziele im Text beziehen sich auf die Targets in diesem Dokument.

11 Convention on Biological Diversity & United Nations Environment Programme (18.12.2022, aufgerufen am 16.01.2023). Kunming-Montreal Global biodiversity framework – Draft decision submitted by the President. CBD, Montreal, Quebec, Canada & UNEP, Nairobi, Kenya. https://www.cbd.int/doc/c/e6d3/cd1d/daf663719a03902a9b116c34/cop-15-l-25-en.pdf. Seite 8.

12 Bundesministerium für wirtschaftliche Zusammenarbeit und Entwicklung (aufgerufen am 16.01.2023). 15. Weltnaturkonferenz schafft starke neue Basis im globalen Einsatz gegen Naturzerstö-

rung und Artensterben. BMZ. https://www.bmz.de/de/aktuelles/
aktuelle-meldungen/cop15-neue-basis-einsatz-gegen-naturzer
stoerung-und-artensterben-135672.

13 Convention on Biological Diversity & United Nations Environment Programme (18.12.2022, aufgerufen am 16.01.2023). Resource
mobilization – Draft decision submitted by the President. CBD,
Montreal, Quebec, Canada & UNEP, Nairobi, Kenya. https://www.
cbd.int/doc/c/22fb/be2c/02e31154c4d4429de03caefe/cop-15-l-29-en.
pdf.

14 Convention on Biological Diversity & United Nations Environment
Programme (18.12.2022, aufgerufen am 16.01.2023).Resource mobilization – Draft decision submitted by the President. CBD, Montreal, Quebec, Canada & UNEP, Nairobi, Kenya. https://www.cbd.
int/doc/c/22fb/be2c/02e31154c4d4429de03caefe/cop-15-l-29-en.pdf.
Seite 3.

15 Global Environment Facility (aufgerufen am 16.12.2023). Funding.
https://www.thegef.org/who-we-are/funding.

16 Convention on Biological Diversity & United Nations Environment
Programme (18.12.2022, aufgerufen am 16.01.2023). Kunming-Montreal Global biodiversity framework – Draft decision submitted by
the President. CBD, Montreal, Quebec, Canada & UNEP, Nairobi,
Kenya. https://www.cbd.int/doc/c/e6d3/cd1d/
daf663719a03902a9b116c34/cop-15-l-25-en.pdf. Seite 9.

17 Biodiversity Information System for Europe (aufgerufen am 16.01.
2023). Other effective area-based conservation measures. Biodiversity Information System for Europe. https://biodiversity.europa.eu/
protected-areas/other-effective-area-based-conservation-measures.

18 Appsilon (21.11.2021, aufgerufen am 16.01.2023). Protecting Gabon
Wildlife – Using AI for Biodiversity Conservation. Appsilon. https://
appsilon.com/gabon-wildlife-ai-for-biodiversity-conservation/.

19 The World Bank (aufgerufen am 16.01.2023). Terrestrial protected
areas (% of total land area) – Gabon. The World Bank. https://data.
worldbank.org/indicator/ER.LND.PTLD.ZS?locations=GA.

20 World Wide Fund For Nature (20.03.2017, aufgerufen am
16.01.2023). Meeresschutzgebiete in Deutschland. WWF-
Deutschland. https://www.wwf.de/themen-projekte/meere-kuesten/
meeresschutzgebiete/meeresschutzgebiete-in-deutschland.

21 Bundesamt für Naturschutz (18.10.2017, aufgerufen am 16.01.2023).
Die Meeresschutzgebiete in der deutschen ausschließlichen Wirt-

schaftszone der Nordsee – Beschreibung und Zustandsbewertung. BfN. https://www.bfn.de/sites/default/files/BfN/service/Dokumente/ skripten/skript477.pdf. Seite 27: Tabelle B und Seite 32: Tabelle D.

22 Bundesministerium für Umwelt, Naturschutz, nukleare Sicherheit und Verbraucherschutz (aufgerufen am 16.02.2023). Meeresschutz-gebiete. BMUV. https://www.bmuv.de/faqs/meereschutzgebiete/.

23 Baer J., Smaal A., van der Reijden K. & Nehls G. (2017, aufgerufen am 16.01.2023). Wadden Sea Quality Status Report 2017. Common Wadden Sea Secretariat, Wilhelmshaven, Germany. qsr.waddensea-worldheritage.org/reports/fisheries.

24 Nationalpark Wattenmeer (aufgerufen am 16.01.2023). Fischerei & Aquakultur. Nationalpark Wattenmeer. https://www.nationalpark-wattenmeer.de/wissensbeitrag/fischerei/.

25 Convention on Biological Diversity & United Nations Environment Programme (18.12.2022, aufgerufen am 16.01.2023). Kunming-Montreal Global biodiversity framework – Draft decision submitted by the President. CBD, Montreal, Quebec, Canada & UNEP, Nairobi, Kenya. https://www.cbd.int/doc/c/e6d3/cd1d/daf663719a03902a9b11 6c34/cop-15-l-25-en.pdf. Seite 10.

26 Umweltbundesamt (03.12.2021, aufgerufen am 16.01.2023). Umwelt-schädliche Subventionen in Deutschland. Umweltbundesamt. https://www.umweltbundesamt.de/daten/umwelt-wirtschaft/ umweltschaedliche-subventionen-in-deutschland#umwelt schadliche-subventionen.

27 Convention on Biological Diversity & United Nations Environment Programme (18.12.2022, aufgerufen am 16.01.2023). Kunming-Montreal Global biodiversity framework – Draft decision submitted by the President. CBD, Montreal, Quebec, Canada & UNEP, Nairobi, Kenya. https://www.cbd.int/doc/c/e6d3/cd1d/ daf663719a03902a9b116c34/cop-15-l-25-en.pdf. Seite 11.

28 World Economic Forum (2020). The Future of Nature And Busi-ness – New Nature Economy Report II. WEF, Geneva, Switzerland. https://www3.weforum.org/docs/WEF_The_Future_Of_Nature_ And_Business_2020.pdf. Seite 8.

29 PBL Netherlands Environmental Assessment Agency (19.06.2020, aufgerufen am 16.01.2023). Indebted to nature. Exploring biodiver-sity risks for the Dutch financial sector. PBL Netherlands Environ-mental Assessment Agency. https://www.pbl.nl/en/publications/ indebted-to-nature.

30 Svartzman, R., Espagne E., Gauthey, J., ... & Vallier, A. (27.08.2021, aufgerufen am 16.01.2023). A »Silent Spring« for the Financial System? Exploring Biodiversity-Related Financial Risks in France. Banque de France. https://publications.banque-france.fr/en/silent-spring-financial-system-exploring-biodiversity-related-financial-risks-france.

31 Peiß, S. (2022, aufgerufen am 16.01.2023). Verlust der Biodiversität – das unterschätzte Risiko. Linkedin. https://www.linkedin.com/posts/stefan-pei%C3%9F_biodiversity-biodiversitycollapse-cop15-activity-6954683634230419456-3kPo/.

32 Sparkasse (aufgerufen am 16.01.2023). So investieren Sie in Green Bonds. Sparkasse. https://www.sparkasse.de/themen/wertpapiere-als-geldanlage/green-bonds.html.

33 Sparkasse (aufgerufen am 16.01.2023). So investieren Sie in Green Bonds. Sparkasse. https://www.sparkasse.de/themen/wertpapiere-als-geldanlage/green-bonds.html.

34 Global Green Bond Market Report 2022: Market was Valued $ 433.30 Billion in 2021 – Forecast to 2027 (22.03.2022, aufgerufen am 16.01.2023). PRNewswire. https://www.prnewswire.com/news-releases/global-green-bond-market-report-2022-market-was-valued-at-433-30-billion-in-2021---forecast-to-2027--301507857.html.

35 Henry, P. (26.10.2021, aufgerufen am 16.01.2023). What are green bonds and why is this market growing so fast? World Economic Forum. https://www.weforum.org/agenda/2021/10/what-are-green-bonds-climate-change/.

36 Cordon, S. (29.10.2020, aufgerufen am 16.01.2023). Green bonds fall short in biodiversity and sustainable land-use finance, says research. Global Landscapes Forum. https://news.globallandscapesforum.org/48072/green-bonds-fall-short-in-biodiversity-and-sustainable-land-use-finance-says-research/.

37 Bauer, F. & Pörtner, H. O. (04.10.2022, aufgerufen am 16.01.2023). Wir übersehen permanent die rote Ampel. KfW Entwicklungsbank https://www.kfw.de/stories/umwelt/klimaschutz/interview_poertner/.

38 Legacy Landscapes Fund (19.05.2021, aufgerufen am 16.01.2023). Launch of the Legacy Landscapes Fund [Video]. YouTube. https://www.youtube.com/watch?v=eSy313IiDU0. Ab Minute 50.

39 IPBES & IPCC (2021). IPBES-IPCC Co-Sponsored Workshop Report on Biodiversity and Climate Change. Pörtner, H. O., Scholes,

R. J., Agard, J., ... & Ngo, H. T. (eds.). IPBES secretariat, Bonn, Germany & IPCC, Cambridge, UK and New York, NY, USA. DOI: https://doi.org/10.5281/zenodo.4920414.

40 Gardner, C. J., Bicknell, J. E., Baldwin-Cantello, W., Struebig, M. J., & Davies, Z. G. (2019). Quantifying the impacts of defaunation on natural forest regeneration in a global meta-analysis. *Nature Communications*, *10*(1), 1–7.

41 Bastin, J. F., Finegold, Y., Garcia, C., ... & Crowther, T. W. (2019). The global tree restoration potential. *Science*, *365*(6448), 76–79.

42 Das ist die wirksamste Waffe gegen den Klimawandel (05.07.2019, aufgerufen am 16.01.2023). *Handelsblatt*. https://www.handelsblatt.com/technik/forschung-innovation/studie-der-eth-zuerich-das-ist-die-wirksamste-waffe-gegen-den-klimawandel/24527970.html.

43 Krapp, C. (19.10.2019, aufgerufen am 16.01.2023). Forscher dämpfen Erwartung an Aufforstung. *Forschung und Lehre*. https://www.forschung-und-lehre.de/forschung/forscher-daempfen-erwartungen-an-aufforstung-2228/.

44 Wissenschaftlicher Beirat der Bundesregierung Globale Umweltveränderungen (2020). Landwende im Anthropozän: Von der Konkurrenz zur Integration. WBGU. https://www.wbgu.de/fileadmin/user_upload/wbgu/publikationen/hauptgutachten/hg2020/pdf/WBGU_HG2020.pdf. Seite 72.

45 Wissenschaftlicher Beirat der Bundesregierung Globale Umweltveränderungen (2020). Landwende im Anthropozän: Von der Konkurrenz zur Integration. WBGU. https://www.wbgu.de/fileadmin/user_upload/wbgu/publikationen/hauptgutachten/hg2020/pdf/WBGU_HG2020.pdf. Seite 72.

46 Seddon, N. (2022). Harnessing the potential of nature-based solutions for mitigating and adapting to climate change. *Science*, *376*(6600), 1410–1416.

47 Seddon, N. (2022). Harnessing the potential of nature-based solutions for mitigating and adapting to climate change. *Science*, *376*(6600), 1410–1416.

48 Hof, C., Voskamp, A., Biber, M. F., Böhning-Gaese, K., ... & Hickler, T. (2018). Bioenergy cropland expansion may offset positive effects of climate change mitigation for global vertebrate diversity. *Proceedings of the National Academy of Sciences*, *115*(52), 13294–13299.

49 Seddon, N. (2022). Harnessing the potential of nature-based solu-

tions for mitigating and adapting to climate change. *Science*, 376(6600), 1410–1416.

50 Fernandes, G. W., Coelho, M. S., Machado, R. B., … & Lopes, C. R. (2016). Afforestation of savannas: an impending ecological disaster. *Natureza & Conservacao* 14, 146–151.

51 Dudley, N., Timmers, J. F., Fleckenstein, M., … & Shapiro, A (2020). Grasslands, Savannahs and the UN Decade on Ecosystem Restoration. World Wide Fund For Nature. https://globallandusechange.org/wp-content/uploads/2021/04/ABSTRACT_UN_DECADE_GRASSLAND_ECOSYSTEMS.pdf.

52 Lenz, J., Fiedler, W., Caprano, T., … & Böhning-Gaese, K. (2011). Seed-dispersal distributions by trumpeter hornbills in fragmented landscapes. *Proceedings of the Royal Society B: Biological Sciences*, 278(1716), 2257–2264.

53 IPBES & IPCC (2021). IPBES-IPCC Co-Sponsored Workshop Report on Biodiversity and Climate Change. Pörtner, H. O., Scholes, R. J., Agard, J., … & Ngo, H. T. (eds.). IPBES secretariat, Bonn, Germany & IPCC, Cambridge, UK and New York, NY, USA. DOI: https://doi.org/10.5281/zenodo.4920414.

54 Convention on Biological Diversity & United Nations Environment Programme (18.12.2022, aufgerufen am 16.01.2023). Monitoring framework for the Kunming-Montreal global biodiversity framework – Draft decision submitted by the President. CBD, Montreal, Quebec, Canada & UNEP, Nairobi, Kenya. https://www.cbd.int/doc/c/179e/aecb/592f67904bf07dca7d0971da/cop-15-l-26-en.pdf.

55 Convention on Biological Diversity & United Nations Environment Programme (18.12.2022, aufgerufen am 16.01.2023). Mechanisms for planning, monitoring, reporting and review – Draft decision submitted by the President. CBD, Montreal, Quebec, Canada & UNEP, Nairobi, Kenya. https://www.cbd.int/doc/c/eob8/a1e2/177ad9514f99b2cff9b251a2/cop-15-l-27-en.pdf.

56 European Commission (2022). Protecting 30% of the EU for Nature and People. European Commission. https://op.europa.eu/o/opportal-service/download-handler?identifier=2f41bbd8-9916-11ec-8d29-01aa75ed71a1&format=pdf&language=en&productionSystem=cellar&part=. Die Prozentsätze umfassen Natura2000-Gebiete plus länderspezifische Schutzgebiete und sind damit höher als die in Kapitel 6 angegebenen Zahlen.

57 Minister befürwortet lockerere Agrar-Umweltregeln der EU (23.07.

2022, aufgerufen am 16.01.2023). *Zeit Online*. https://www.zeit.de/news/2022-07/23/minister-befuerwortet-lockerere-agrar-umweltregeln-der-eu.

58 Fortuna, G. & Foote, N. (27.07.2022, aufgerufen am 16.01.2023). EU adopts further relaxation of environmental measures to increase cereal production. Euractive. https://www.euractiv.com/section/agriculture-food/news/eu-adopts-further-relaxation-of-environ mental-measures-to-increase-cereal-production/.

59 Convention on Biological Diversity (aufgerufen am 16.01.2023). Aichi Biodiversity Targets. CBD. https://www.cbd.int/sp/targets/.

Kapitel 8
Vom Wissen zum Handeln

1 Goodall, J. (03.11.2018, aufgerufen am 20.12.2022). »The most intel-lectual creature to ever walk Earth is destroying its only home«. *The Guardian*. https://www.theguardian.com/environment/2018/nov/03/the-most-intellectual-creature-to-ever-walk-earth-is-destroying-its-only-home.

2 Leclère, D., Obersteiner, M., Barrett, M., … & Young, L. (2020). Bending the curve of terrestrial biodiversity needs an integrated strategy. *Nature*, *585*(7826), 551–556.

3 Kimmerer, R. W. (2021) Geflochtenes Süßgras. Aufbau Verlag.

4 Filmdienst (aufgerufen am 20.12.2022). Mein Lehrer, der Krake. filmdienst.de. https://www.filmdienst.de/film/details/617010/mein-lehrer-der-krake.

5 Convention on Biological Diversity & United Nations Environment Programme (aufgerufen am 09.01.2023). Strategic Plan for Biodi-versity 2011–2020 and the Aichi Targets. CBD, Montreal, Quebec, Canada & UNEP, Nairobi, Kenya. https://www.cbd.int/doc/strategic-plan/2011-2020/Aichi-Targets-EN.pdf.

6 Convention on Biological Diversity & United Nations Environment Programme (18.12.2022, aufgerufen am 09.01.2023). Kunming-Montreal Global biodiversity framework – Draft decision submit-ted by the President. CBD, Montreal, Quebec, Canada & UNEP, Nairobi, Kenya. https://www.cbd.int/doc/c/e6d3/cd1d/daf663719a03902a9b116c34/cop-15-l-25-en.pdf. Seiten 9–13.

7 Convention on Biological Diversity & United Nations Environment

Programme (18.12.2022, aufgerufen am 09.01.2023). Kunming-Montreal Global biodiversity framework – Draft decision submitted by the President. CBD, Montreal, Quebec, Canada & UNEP, Nairobi, Kenya. https://www.cbd.int/doc/c/e6d3/cd1d/daf663719a03902a9b11 6c34/cop-15-l-25-en.pdf. Seite 11 und 13.

8   REN21 (2022). Renewables 2022 Global Status Report. REN21 Secretariat, Paris, France. https://www.ren21.net/wp-content/uploads/2019/05/GSR2022_Full_Report.pdf. Seite 24.

9   Convention on Biological Diversity & United Nations Environment Programme (18.12.2022, aufgerufen am 09.01.2023). Kunming-Montreal Global biodiversity framework – Draft decision submitted by the President. CBD, Montreal, Quebec, Canada & UNEP, Nairobi, Kenya. https://www.cbd.int/doc/c/e6d3/cd1d/daf663719a03902a9b116c34/cop-15-l-25-en.pdf. Seiten 8.

10 World Economic Forum (2020). The Future of Nature And Business – New Nature Economy Report II. WEF, Geneva, Switzerland. https://www3.weforum.org/docs/WEF_The_Future_Of_Nature_And_Business_2020.pdf. Seite 8.

11 European Commission (aufgerufen am 20.12.2022). Die Gemeinsame Agrarpolitik auf einen Blick. agriculture.ec.europa.eu. https://agriculture.ec.europa.eu/common-agricultural-policy/cap-overview/cap-glance_de.

12 Dasgupta, P. (2021), The Economics of Biodiversity: The Dasgupta Review. HM Treasury. https://assets.publishing.service.gov.uk/government/uploads/system/uploads/attachment_data/file/962785/The_Economics_of_Biodiversity_The_Dasgupta_Review_Full_Report.pdf. Seite 219–220: Tabelle A8.1.

13 Dasgupta, P. (2021), The Economics of Biodiversity: The Dasgupta Review. HM Treasury. https://assets.publishing.service.gov.uk/government/uploads/system/uploads/attachment_data/file/962785/The_Economics_of_Biodiversity_The_Dasgupta_Review_Full_Report.pdf. Seite 219–220: Tabelle A8.1.

14 Dasgupta, P. (2021), The Economics of Biodiversity: The Dasgupta Review. HM Treasury. https://assets.publishing.service.gov.uk/government/uploads/system/uploads/attachment_data/file/962785/The_Economics_of_Biodiversity_The_Dasgupta_Review_Full_Report.pdf. Seite 219–220: Tabelle A8.1.

15 Dasgupta, P. (2021), The Economics of Biodiversity: The Dasgupta Review. HM Treasury. https://assets.publishing.service.gov.uk/

government/uploads/system/uploads/attachment_data/file/962785/ The_Economics_of_Biodiversity_The_Dasgupta_Review_Full_ Report.pdf. Seite 467.

16 Bethge, P. (02.02.2021, aufgerufen am 20.12.2022). Was kostet die Welt? *Der Spiegel.* https://www.spiegel.de/wissenschaft/natur/ dasgupta-report-zur-biodiversitaet-was-kostet-die-welt-a-8447cc51- be9d-4774-9201-1da427c60816.

17 Dallmus, A. (03.08.2021, aufgerufen am 20.12.2022). Was sind unsere Lebensmittel wirklich wert? Bayerischer Rundfunk. https:// www.br.de/radio/bayern1/lebensmittelpreise-104.html.

18 Dasgupta, P. (2021), The Economics of Biodiversity: The Dasgupta Review. HM Treasury. https://assets.publishing.service.gov.uk/ government/uploads/system/uploads/attachment_data/file/962785/ The_Economics_of_Biodiversity_The_Dasgupta_Review_Full_ Report.pdf.

19 Gallai, N., Salles, J. M., Settele, J., & Vaissière, B. E. (2009). Economic valuation of the vulnerability of world agriculture confronted with pollinator decline. *Ecological Economics, 68*(3), 810–821.

20 Lautenbach, S., Seppelt, R., Liebscher, J., & Dormann, C. F. (2012). Spatial and temporal trends of global pollination benefit. *PLoS one, 7*(4), e35 954.

21 Kleijn, D., Winfree, R., Bartomeus, I., Carvalheiro, L. G., Henry, M., Isaacs, R., … & Potts, S. G. (2015). Delivery of crop pollination services is an insufficient argument for wild pollinator conservation. *Nature Communications, 6*(1), 1–9.

22 KPMG (aufgerufen am 21.12.2022). Reporting the risk of biodiversity loss. KPMG. https://kpmg.com/xx/en/home/insights/2022/09/ survey-of-sustainability-reporting-2022/biodiversity.html.

23 Business for Nature (aufgerufen am 21.12.2022). Make it mandatory. Business for Nature. https://www.businessfornature.org/make-it- mandatory-campaign#MIM-signatory-list.

24 Fenwick, C. (17.11.2022, aufgerufen am 21.12.2022). EFRAG approved the European Sustainability Reporting Standards. Onetrust. https://www.onetrust.com/blog/efrag-eu-sustainability-reporting- standards/.

25 European Financial Reporting Advisory Group (aufgerufen am 21.12.2022). First Set of draft ESRS. EFRAG. https://www.efrag.org/ lab6?AspxAutoDetectCookieSupport=1.

26 European Financial Reporting Advisory Group (23.11.2022, aufge-

rufen am 21.12.2022). EFRAG delivers the first set of draft ESRS to the European Commission. EFRAG. https://www.efrag.org/News/Public-387/EFRAG-delivers-the-first-set-of-draft-ESRS-to-the-European-Commission.

27 Kateifides, A. (19.12.2022, aufgerufen am 21.12.2022). CSRD: EU ESG disclosure rule is approved. Onetrust. https://www.onetrust.com/blog/eu-csrd-corporate-sustainability-reporting-directive/.

28 International Financial Reporting Standards Foundation (31.03. 2022, aufgerufen am 21.12.2022). ISSB delivers proposals that create comprehensive global baseline of sustainability disclosures. IFRS. https://www.ifrs.org/news-and-events/news/2022/03/issb-delivers-proposals-that-create-comprehensive-global-baseline-of-sustainability-disclosures/.

29 International Financial Reporting Standards Foundation (2022). ISSB Consultation on Agenda Priorities – Projects to be included in Request for Information. IFRS. https://www.ifrs.org/content/dam/ifrs/meetings/2022/december/issb/ap2-issb-consultation-on-agenda-priorities-projects-to-be-included-in-request-for-information.pdf.

30 Bundesinformationszentrum Landwirtschaft (26.01.2022, aufgerufen am 21.12.2022). Digitalisierung in der Landwirtschaft. Bundesinformationszentrum Landwirtschaft. https://www.landwirtschaft.de/landwirtschaft-verstehen/wie-funktioniert-landwirtschaft-heute/digitalisierung-in-der-landwirtschaft/.

31 Bundesinformationszentrum Landwirtschaft (26.01.2022, aufgerufen am 21.12.2022). Digitalisierung in der Landwirtschaft. Bundesinformationszentrum Landwirtschaft. https://www.landwirtschaft.de/landwirtschaft-verstehen/wie-funktioniert-landwirtschaft-heute/digitalisierung-in-der-landwirtschaft/.

32 Elliott, R. (08.07.2019, aufgerufen am 21.12.2022). Mobile Phone Penetration Throughout Sub-Saharan Africa. GeoPoll. https://www.geopoll.com/blog/mobile-phone-penetration-africa/.

33 Servico Nacional Forestal y de Fauna Silvestre (aufgerufen am 21.12. 2022). DataBOSQUE. SERFOR. https://www.serfor.gob.pe/databosque/.

34 Bao, C. (2020). Ein digitaler Personalausweis für Bäume. GIZ. https://cooperacionalemana.pe/GD/1133/Infosheet_Ein_digitaler_Personalausweis_f%C3%BCr_B%C3%A4ume.pdf.

35 Cordon, S. (29.10.2020, aufgerufen am 21.12.2022). Green bonds fall

short in biodiversity and sustainable land-use finance, says research. Landscape News. https://news.globallandscapesforum.org/48072/green-bonds-fall-short-in-biodiversity-and-sustainable-land-use-finance-says-research/.

36 Mukherjee, P. & Sithole-Matarise, E. (25.03.2022, aufgerufen am 21.12.2022). World Bank sells first ›rhino‹ bond to help South Africa's conservation efforts. *Reuters.* https://www.reuters.com/business/sustainable-business/world-bank-sells-first-rhino-bond-help-safricas-conservation-efforts-2022-03-24/.

37 The World Bank (23.03.2022, aufgerufen am 21.12.2022). Wildlife Conservation Bond Boosts South Africa's Efforts to Protect Black Rhinos and Support Local Communities.

38 Sguazzin, A. (24.03.2022, aufgerufen am 21.12.2022). Rhino Bond Sold by World Bank in First Issuance of Its Kind. Bloomberg. https://www.bloomberg.com/news/articles/2022-03-24/rhino-bond-is-sold-by-world-bank-in-first-issuance-of-its-kind?leadSource=uverify%20wall.

39 Naturwald Akademie (aufgerufen am 21.12.2022). FFH-Wälder besser geschützt – Urteil mit Signalwirkung. Naturwald Akademie. https://naturwald-akademie.org/waldwissen/walddiskurs/urteil-schuetzt-ffh-waelder-besser/.

40 Sächsisches Oberverwaltungsgericht (09.06.2020). Aktenzeichen: 4B 126/19. Sächsisches Oberverwaltungsgericht. https://www.justiz.sachsen.de/ovgentschweb/documents/19B126.pdf.

41 Bundesverfassungsgericht (29.04.2021, aufgerufen am 21.12.2022). Verfassungsbeschwerde gegen das Klimaschutzgesetz teilweise erfolgreich. BVerfG. https://www.bundesverfassungsgericht.de/SharedDocs/Entscheidungen/DE/2021/03/rs20210324_1bvr265618.html;jsessionid=DD2A7085A0A9706A506C597E9CA4CAF1.1_cid329.

42 Bundesverfassungsgericht (24.03.2021). – 1 BvR 2656/18 –, Rn. 1–270. BVerfG. https://www.bundesverfassungsgericht.de/SharedDocs/Downloads/DE/2021/03/rs20210324_1bvr265618.pdf?__blob=publicationFile&v=7.

43 IWR-Institut der Regenerativen Energiewirtschaft (08.07.2022, aufgerufen am 21.12.2022). Bundestag beschließt Osterpaket. IWR. https://www.iwr.de/news/bundestag-beschliesst-osterpaket-news37978.

44 Weydt, E. (06.07.2022, aufgerufen am 21.12.2022). Im Namen

der Natur. *Chrismon Plus*. https://chrismon.evangelisch.de/artikel/2022/52818/ecuador-die-rechte-der-natur.

45 Republic of Ecuador (20.10.2008, aufgerufen am 21.12.2022). Constitution of the Republic of Ecuador. Political Database of the Americas. https://pdba.georgetown.edu/Constitutions/Ecuador/english08.html.

46 Gutmann, A. (2019). Pachamama als Rechtssubjekt. *Zeitschrift für Umweltrecht*, *11*, 611.

47 Gutmann, A. (2019). Pachamama als Rechtssubjekt. *Zeitschrift für Umweltrecht*, *11*, 611.

48 Guzmán, V. (09.12.2021, aufgerufen am 21.12.2022). Verfassungsgericht in Ecuador: Bergbau im Nebelwald verstößt gegen die Rechte der Natur. Amerika21. https://amerika21.de/2021/12/255888/ecuador-verfassungsgericht-rechte-natur.

49 United Nations Harmony with Nature (aufgerufen am 21.12.2022). Rights of Nature Law and Policy. United Nations Harmony with Nature. http://www.harmonywithnatureun.org/rightsOfNature/.

50 Kersten, J. (06.03.2020, aufgerufen am 21.12.2022). Natur als Rechtssubjekt – Für eine ökologische Revolution des Rechts. Bundeszentrale für politische Bildung. https://www.bpb.de/shop/zeitschriften/apuz/305893/natur-als-rechtssubjekt/.

51 Billig, S. (30.11.2022, aufgerufen am 21.12.2022). So könnte eine grüne Verfassung aussehen. Deutschlandfunk. https://www.deutschlandfunkkultur.de/jens-kersten-das-oekologische-grundgesetz-100.html.

52 Senckenberg (aufgerufen 21.12.2022). Senckenberg Biodiversität und Klima Forschungszentrum Frankfurt/M. Senckenberg. https://www.senckenberg.de/de/institute/sbik-f/.

53 Bayerischer Philologenverband (10.10.2019, aufgerufen am 21.12.2022). Nachhaltige Gymnasien. Bildungsklick. https://bildungsklick.de/schule/detail/nachhaltige-gymnasien.

54 Dasgupta, P. (2021), The Economics of Biodiversity: The Dasgupta Review. HM Treasury. https://assets.publishing.service.gov.uk/government/uploads/system/uploads/attachment_data/file/962785/The_Economics_of_Biodiversity_The_Dasgupta_Review_Full_Report.pdf. Seite 6.

55 Cox, D. T., Shanahan, D. F., Hudson, H. L., … & Gaston, K. J. (2017). Doses of neighborhood nature: the benefits for mental health of living with nature. *BioScience*, *67*(2), 147–155.

56 NABU (aufgerufen am 21.12.2022). Extensive Beweidung steigert die Artenvielfalt – Rinder und Schafe schaffen Lebensraum für Insekten und Vögel. NABU. https://www.nabu.de/natur-und-landschaft/landnutzung/landwirtschaft/artenvielfalt/lebensraum/23771.html.

57 Granskog, A., Laizet, F., Lobis, M. & Sawers, C. (23.07.2020, aufgerufen am 21.12.2022). Biodiversity: The next frontier in sustainable fashion. McKinsey & Company. https://www.mckinsey.com/industries/retail/our-insights/biodiversity-the-next-frontier-in-sustainable-fashion.

58 Granskog, A., Laizet, F., Lobis, M. & Sawers, C. (23.07.2020, aufgerufen am 21.12.2022). Biodiversity: The next frontier in sustainable fashion. McKinsey & Company. https://www.mckinsey.com/industries/retail/our-insights/biodiversity-the-next-frontier-in-sustainable-fashion.

Danksagung

Dieses Buch ist nicht nur eine Leistung von uns beiden Autorinnen, sondern es waren viele Personen aus unserem persönlichen und beruflichen Umfeld am Zustandekommen beteiligt. Ihnen allen gebührt unser herzlicher Dank. In erster Linie trifft das auf unseren Lektor Dr. Christoph Selzer zu, der das Manuskript kritisch-wohlwollend begleitet hat und auch immer wieder inhaltlich mit uns ins Gespräch gegangen ist. Es gilt zudem für unsere Agentin Aenne Glienke, die den Kontakt zum Verlag hergestellt und uns freundlich gefordert und stets ermutigt hat.

Danken möchten wir auch Aaron Kauffeldt für die gründliche und unermüdliche Bearbeitung der Referenzen sowie Leonhard Stoll und Sabine Heinrichsohn für die kontinuierliche und souveräne logistische Unterstützung. Aus dem Senckenberg Biodiversität und Klima Forschungszentrum und der DFG Forschungsgruppe Kilimanjaro kamen wichtige wissenschaftliche Erkenntnisse, die in dieses Buch einflossen. Das gilt ebenfalls für die Deutsche Forschungsgemeinschaft, die Leibniz Gemeinschaft, die Leopoldina, das Institut für Sozial-ökologische Forschung und die Zoologische Gesellschaft Frankfurt, die unsere Perspektive weiteten und unterschiedliche Standpunkte einbrachten. Wertvollen Input haben wir auch von den Biodiversitäts-Kolleg*innen der KfW Entwicklungsbank und vom Legacy Landscapes Fund erhalten.

Schließlich möchten wir unseren Familien und Freund*innen danken, die uns in den Monaten des Schreibens und Recherchierens auf vielfältige und bedingungslose Weise unterstützt oder von anderen Aufgaben entlastet haben: Dr. Bernhard Gaese, Eberhard Bauer, Dr. Annedore Bauer-Lachenmaier, Christiane Bauer und Dr. Björn Magnusson Staaf. Bert Bostelmann hat uns mit schönen Fotos versorgt. Bleibt, last but not least, noch ein Dank an Margret Baumann sowie den Stab Kommunikation von Senckenberg auszusprechen, die uns vor einigen Jahren über das Buch »200 Jahre Senckenberg« überhaupt erst zueinander gebracht haben, woraus die Idee für diese Zusammenarbeit entstanden ist.